2025

Critical Point Biology

Critical
포인트 객관식 생 물

23년분 기출문제 · 예상문제 · 파이널 모의고사

박윤 저

고시계사
THE GOSHIGYE

Preface

 크리티컬 포인트 객관식 생물은 지난 23년분 과년도 변리사 기출문제를 철저히 분석하여 단원별로 정리한 교재입니다. 기출문제를 기반으로 제작된 교재이므로 수험 생들의 효율적이고 효과적인 학습이 가능할 것입니다. 기출문제보다 더 좋은 문제는 이 세상에 없습니다. 현재 대부분의 변리사 생물 기출 문제집의 경우, 15년치 분량이 대부분입니다. 자연과학은 과목 특성상 변화가 제일 적은 과목입니다. 따라서 최대한 많은 기출문제를 정리해서 시험장에 들어가는 것이 최상의 수험 전략입니다. 수험생 들의 이런 요구를 적극적으로 반영해서 23년분에 해당하는 변리사 기출문제를 제작 하게 되었습니다. 그 어떤 교재보다도 수험생 여러분들의 합격을 보장해주는 버팀목 이 될 것입니다. 수능 생물 교재로 공부하거나 의약대 편입 생물 교재로 막연히 공부 하는 학생들을 위해서 본 교재가 제작되었습니다. 부디 이 교재가 여러분들의 꿈을 이 루는데 기여하기를 바랍니다.

 이 책의 구성과 특징은 다음과 같습니다.

 1. 23년분 변리사 기출문제 및 해설지 수록
 2. 변리사 객관식 예상문제 및 해설지 수록
 3. 적중 파이널 모의고사

 변리사 생물의 학습 순서는 **23년분 변리사 기출문제**를 먼저 학습을 하고, **객관식 예상 문제**를 풀어봄으로써 문제해결에 필요한 능력을 키움과 동시에 1차 변리사 생 물 시험에서 고득점을 획득할 수 있을 것입니다. 그리고 **적중 파이널 모의고사**를 통 해서 최종 정리를 하면 됩니다. 적중 파이널 모의고사는 변리사 생물 전 범위를 학습

할 수 있도록 구성하였으며, 총 4회차로 제작되었습니다. 빈틈없는 최적의 교재로 공부해서 꼭 합격하는 우리 수험생들이 되기를 응원합니다.

우리 수험생들은 생물학을 연구하는 연구원들이 아닙니다. 변리사 생물 시험을 쳐서 좋은 성적을 얻는 것이 최종 목적입니다. 그 목적에 부합되는 최적의 교재를 가지고, 여러분들의 꿈을 이루기를 바랍니다. 저도 현장에서 여러분들의 생물 시험 향상을 위해서 최선을 다해 생물이론 및 문제 풀이 강의를 하도록 하겠습니다.

이 교재가 나오기까지 열심히 도와주신 고시계 정상훈 대표님, 전병주 국장님, 신아름 팀장님께 감사인사 드립니다. 이보다 더 좋은 생물 편집은 본 적이 없습니다(진심입니다). 수험생들이 편안하게 변리사 전용 생물 교재로 공부할 수 있도록 변리사 수험서를 출판해주셔서 감사합니다. 그리고 병원에서 환자들을 진료하고 치료하느라 많이 바쁘지만 항상 기도로 응원해주는 아내와 강의 후에 집에 갔을 때 늘 기쁨으로 반겨주는 두 아들 랑이, 샘솔이에게도 고마움을 전합니다. 마지막으로 여러분들의 합격을 위해서 진심으로 기도합니다.

2024년 2월 29일

박 윤

Contents

PART 02 기출문제와 예상문제 답안과 해설

Contents

PART 03 파이널 모의고사

PART 04 파이널 모의고사 답안과 해설

PART
01

기출문제와 예상문제

23개년도 기출문제

1 생물의 진화체계

01 다음 중 서로 잘못 짝지어진 것은? [2006 변리사 자연과학개론 18번]

① 해면동물문 – 해파리, 해면
② 환형동물문 – 지렁이, 거머리
③ 자포동물문 – 히드라, 말미잘
④ 편형동물문 – 촌충, 플라나리아
⑤ 선형동물문 – 편충, 십이지장충

----

2 생물의 원자적 구성

01 물은 생명체의 대부분을 구성하고 있으며, 생명을 유지하는데 매우 중요한 역할을 한다. 다음 중 물에 대한 설명으로 옳은 것은? [2006 변리사 자연과학개론 15번]

① 하나의 물 분자에서 O와 H는 수소결합으로 결합되어 있다.
② 물의 비열이 높은 주된 이유는 물이 증발될 때 공유결합이 깨져야 하기 때문이다.
③ 액체 상태에서 물의 표면장력과 응집력이 큰 이유는 극성끼리의 이온결합으로 인해 강한 결합력을 유지하기 때문이다.
④ 물 분자 하나의 쌍극자 모멘트의 총합은 0이다.
⑤ 자연 상태에서 물이 얼 때 물 분자들의 결정이 형성되면서, 액체 상태의 물보다 비중이 낮아진다.

----

3 생명의 구성분자

01 곤충의 외골격과 갑각류의 껍질 및 곰팡이 세포벽에서 공통적으로 발견되는 다당류 구성 성분으로 옳은 것은? [2024 변리사 자연과학개론 21번]

① 큐틴 ② 키틴 ③ 펙틴 ④ 리그닌 ⑤ 셀룰로오스

---

02 포화지방에 관한 설명으로 옳은 것은? [2022 변리사 자연과학개론 21번]

① 주로 식물의 종자에 존재한다.
② 트랜스지방(trans fat)은 포화지방이다.
③ 포화지방은 불포화지방보다 녹는점이 높다.
④ 포화지방산은 탄소와 탄소 사이에 이중결합이 있다.
⑤ 포화지방산은 펩티드결합으로 글리세롤에 연결되어 있다.

---

03 왓슨과 크릭이 DNA 이중나선 구조 모델에서 제안한 DNA의 특징을 〈보기〉에서 있는 대로 고른 것은? [2015 변리사 자연과학개론 28번]

〈보 기〉

ㄱ. 유전 물질이다.
ㄴ. 반보존적 복제가 가능하다.
ㄷ. 복제는 스스로 일어날 수 있다.
ㄹ. 퓨린과 피리미딘 염기는 상보적으로 결합한다.

① ㄱ, ㄷ ② ㄱ, ㄹ ③ ㄴ, ㄹ ④ ㄱ, ㄴ, ㄷ ⑤ ㄴ, ㄷ, ㄹ

---

04 다음 중 DNA 이중나선 구조를 밝히는 데 있어서 가장 중요한 정보를 제공한 학자는?

[2010 변리사 자연과학개론 28번]

① 다양한 종에서 DNA 염기의 비율을 조사한 샤가프(Erwin Chargaff)

② 옥수수의 전이인자 DNA에 대해 연구한 맥클린토크(Barbara McClintock)

③ 바이러스를 이용하여 DNA가 유전물질임을 증명한 허시(Alfred Hershey)

④ 빵곰팡이를 이용하여 유전자와 단백질의 관계를 정립한 비들(george Beadle)

⑤ 폐렴균을 이용하여 DNA에 의한 형질전환을 연구한 에이버리(Oswald Avery)

05 단백질의 2차 구조에서 베타병풍구조(β-pleated sheet)는 다음 중 어떤 결합에 의해 유지되는가?

[2004 변리사 자연과학개론 21번]

① 공유결합

② 소수성 상호작용

③ 하전을 띤 두 개의 아미노산 사이의 이온결합

④ 이황화결합

⑤ 수소결합

06 세포에 존재하는 거대분자(macromolecule) 중 생체 내에서 손상에 의해 변성되더라도 원상태로 회복(repair)될 수 있는 것은?

[2004 변리사 자연과학개론 24번]

① 게놈 DNA   ② mRNA   ③ 단백질

④ 지질   ⑤ 탄수화물

07 다음 중 생명체를 구성하는 중요 분자에 대한 설명으로 틀린 것은?

[2003 변리사 자연과학개론 21번]

① 포도당(glucose)과 과당(fructose)의 화학식은 $C_6H_{12}O_6$로서 똑같다.

② 글리코겐(glycogen)은 $\beta-1,6$ 결합에 대한 분지(branch)형태를 볼 때 아밀로스(amylose)보다 아밀로펙틴(amylopectin)에 더 가깝다.

③ 글리세롤과 지방산이 결합하여 트리글리세라이드(triglyceride)가 형성될 때 물 3분자가 형성된다.

④ 10개의 아미노산이 모두 결합하여 하나의 선형 폴리펩타이드(polypeptide)를 만들 때 10개의 물분자가 형성된다.

⑤ RNA의 5탄당과 DNA의 5탄당은 화학 구조가 서로 다르다.

---

08 2003년은 왓슨-크릭이 DNA 구조를 밝힌 지 50주년 되는 해이다. 다음의 왓슨-크릭 DNA 구조에 대한 설명 중 틀린 것은?

[2003 변리사 자연과학개론 24번]

① 퓨린과 피리미딘이 서로 마주보고 있다.

② 나선과 나선 사이에 파인 홈의 거리는 한가지로서 일정하다.

③ 나선의 두 가닥은 서로 반대방향으로 배열되어 있다.

④ 인산은 나선의 바깥 부분에 노출되어 있다.

⑤ 나선의 1회전 속에 약 10쌍의 뉴클레오티드가 존재한다.

---

09 지방에 관한 설명이다. 잘못된 것은?

[2001 변리사 자연과학개론 1번]

① 지방은 주로 탄소와 수소 원자로 이루어진 비극성 물질이다.

② 지방은 glycerol과 fatty acid로 구성되어 있다.

③ 버터가 실온에서 고체인 까닭은 포화지방이기 때문이다.

④ 대부분의 식물성 지방은 불포화지방이며 실온에서 응고하지 않는다.

⑤ 탄소와 탄소사이에 이중결합을 포함하는 지방산을 포화 지방산이라 한다.

---

10 다음 중 땅속에 존재하는 원소 인(Phosphorus)이 부족한 경우, 식물이 합성하기 어려운 물질은?

[2000 변리사 자연과학개론 21번]

① DNA   ② 단백질   ③ 셀룰로오스
④ 녹말   ⑤ 지방산

4 세포구조

01 세포소기관에 관한 설명으로 옳은 것은?   [2023 변리사 자연과학개론 21번]

① 세포골격을 구성하는 중간섬유, 미세섬유, 미세소관 중 미세소관이 가장 굵다.

② 리소좀 내의 효소들은 중성 환경에서만 작용한다.

③ 골지체의 트랜스(trans) 면 쪽은 소포체로부터 떨어져 나온 소낭(vesicle)을 받는 쪽이다.

④ 글리옥시좀(glyoxysome)은 동물세포에서만 발견된다.

⑤ 활면소포체는 칼륨이온(K^+)을 저장한다.

----

02 세균의 세포벽에 관한 설명으로 옳지 않은 것은?   [2022 변리사 자연과학개론 26번]

① 그람음성균의 지질다당체의 지질 성분은 동물의 독성을 나타낸다.

② 페니실린은 펩티도글리칸의 교차연결 형성을 저해한다.

③ 곰팡이의 세포벽과 조성이 다르다.

④ 분자 이동의 주된 선택적 장벽이다.

⑤ 세균의 형태를 유지한다.

----

03 그림은 분열 중인 동물세포를 나타낸 것이다. (가)는 중심체로부터 뻗어 나온 섬유이다.

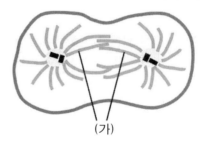

(가)

(가)의 단량체는?　　　　　　　　　　　　　　　　　　　　　　　[2021 변리사 자연과학개론 22번]

① 액틴　　　② 튜불린　　　③ 라미닌　　　④ 미오신　　　⑤ 케라틴

----

04 다음 중 어떤 생물이 세균(Bacteria) 영역에 속하는 생물이라고 판단한 근거로 가장 적절한 것은?　　　　　　　　　　　　　　　　　　　　　　[2021 변리사 자연과학개론 30번]

① RNA 중합효소는 한 종류만 있다.
② 히스톤과 결합한 DNA가 있다.
③ 세포 표면에 섬모가 있다.
④ 셀룰로오스로 구성된 세포벽이 있다.
⑤ 막으로 둘러싸인 세포소기관이 세포질에 있다.

----

05 리보솜에 관한 설명으로 옳은 것만은 〈보기〉에서 있는 대로 고른 것은?

　　　　　　　　　　　　　　　　　　　　　　　　　　[2020 변리사 자연과학개론 22번]

〈보 기〉

ㄱ. RNA와 단백질로 이루어져 있다.
ㄴ. 단백질 합성이 일어나는 장소이다.
ㄷ. 거대분자를 단량체로 가수분해시킨다.

① ㄱ　　　② ㄴ　　　③ ㄱ, ㄴ　　　④ ㄱ, ㄷ　　　⑤ ㄴ, ㄷ

----

06 세균의 세포벽에 관한 설명으로 옳은 것만을 〈보기〉에서 있는 대로 고른 것은?

[2020 변리사 자연과학개론 30번]

〈보 기〉

ㄱ. 펩티도글리칸(peptidoglycan)으로 이루어진 그물망구조를 가지고 있다.

ㄴ. 섬유소(cellulose)로 이루어진 다당류로 구성되어 있다.

ㄷ. 분자 이동의 주된 선택적 장벽이다.

① ㄱ   ② ㄴ   ③ ㄷ   ④ ㄱ, ㄴ   ⑤ ㄴ, ㄷ

---

07 표는 세포 A~C의 특징을 나타낸 것이다. A~C는 각각 진정세균, 고세균, 식물세포 중 하나이다.

세 포	클로람페니콜(chloramphenicol) 감수성	미토콘드리아
A	없음	있음
B	있음	없음
C	없음	없음

이에 관한 설명으로 옳은 것만을 〈보기〉에서 있는 대로 고른 것은?

[2019 변리사 자연과학개론 22번]

〈보 기〉

ㄱ. A의 염색체 DNA에는 히스톤이 결합되어 있다.

ㄴ. B의 세포질에는 70S 리보솜이 존재한다.

ㄷ. C의 단백질 합성에서 개시 아미노산은 포밀메티오닌(formylmethionine)이다.

① ㄱ   ② ㄴ   ③ ㄱ, ㄴ   ④ ㄴ, ㄷ   ⑤ ㄱ, ㄴ, ㄷ

08 진핵세포의 세포골격에 관한 설명으로 옳은 것만을 〈보기〉에서 있는 대로 고른 것은?

[2018 변리사 자연과학개론 26번]

〈보 기〉

ㄱ. 동물세포가 분열할 때 세포질분열 과정에서 형성되는 수축환(contractile ring)의 주요 구성성분은 미세섬유이다.

ㄴ. 유사분열 M기에서 염색체를 이동시키는 방추사는 미세소관으로 구성된다.

ㄷ. 핵막을 지지하는 핵막층(nuclear lamina)의 구성 성분은 중간섬유이다.

① ㄴ   ② ㄷ   ③ ㄱ, ㄴ   ④ ㄱ, ㄷ   ⑤ ㄱ, ㄴ, ㄷ

---

09 표는 세 종류의 생물 A~C를 특성의 유무에 따라 구분한 것이다. A~C는 효모, 대장균, 메탄생성균을 순서 없이 나타낸 것이다.

[2018 변리사 자연과학개론 30번]

특 성 \ 생 물	A	B	C
미토콘드리아	없다	없다	있다
스트렙토마이신에 대한 감수성	있다	없다	없다
리보솜	있다	있다	있다

A, B, C로 옳은 것은?

	A	B	C
①	대장균	메탄생성균	효모
②	대장균	효모	메탄생성균
③	효모	대장균	메탄생성균
④	메탄생성균	대장균	효모
⑤	메탄생성균	효모	대장균

---

10 다음 중 진핵세포의 세포골격을 구성하는 단백질은? [2016 변리사 자연과학개론 21번]

① 콜라겐　　② 미오신　　③ 디네인　　④ 키네신　　⑤ 액틴

---

11 다음 중 사람의 결합조직을 구성하는 세포가 아닌 것은? [2016 변리사 자연과학개론 26번]

① 섬유아세포(fibroblast)　　② 지방세포(adipocyte)　　③ 연골세포(chondrocyte)

④ 대식세포(macrophage)　　⑤ 상피세포(epithelial cell)

---

12 다음 중 진핵세포는 갖고 있으나 고세균은 갖고 있지 않은 것은?

[2014 변리사 자연과학개론 23번]

〈보 기〉

| ㄱ. 미토콘드리아 | ㄴ. 리보솜 | ㄷ. 히스톤 | ㄹ. 핵 | ㅁ. RNA 중합효소 |

① ㄱ, ㄴ, ㄹ　　② ㄱ, ㄷ　　③ ㄱ, ㄹ　　④ ㄴ, ㄹ　　⑤ ㄹ, ㅁ

---

13 세포 외부로 분비되는 당단백질이 합성되는 동안 단백질에 당이 붙는 세포소기관으로 옳은 것을 〈보기〉에서 모두 고른 것은? [2010 변리사 자연과학개론 21번]

〈보 기〉

| ㄱ. 리소좀 | ㄴ. 조면소포체 | ㄷ. 활면소포체 | ㄹ. 골지체 |

① ㄱ, ㄴ　　② ㄱ, ㄷ　　③ ㄱ, ㄹ　　④ ㄴ, ㄷ　　⑤ ㄴ, ㄹ

---

14 다음 중 세포내공생설(endosymbiosis theory)을 설명하거나 뒷받침해주는 것을 모두 고른 것은? [2005 변리사 자연과학개론 31번]

> ───── 〈보 기〉 ─────
> ㄱ. 미토콘드리아는 호흡과 산화적 인산화(oxidative phosphorylation) 과정을 수행하여 ATP를 만들어낸다.
> ㄴ. 스트렙토마이신 항생제는 미토콘드리아와 엽록체의 단백질 합성을 저해한다.
> ㄷ. 진핵세포는 커다란 세포가 원핵세포를 감쌈으로써 기인되었다.
> ㄹ. 진핵세포의 미토콘드리아와 엽록체는 환형(covalently closed circle)의 DNA를 가지고 있다.
> ㅁ. 바이러스는 진핵세포와 원핵세포를 감염시킬 수 있다.

① ㄱ, ㄴ, ㄷ   ② ㄱ, ㄷ, ㄹ   ③ ㄴ, ㄷ, ㄹ   ④ ㄷ, ㄹ, ㅁ   ⑤ ㄴ, ㄷ, ㄹ, ㅁ

---

15 다음 특징을 갖고 있는 생물계는? [2002 변리사 자연과학개론 21번]

· 다세포	· 정교한 생식구조	· 단순 관상체 형태	· 종속영양생물

① 식물   ② 동물   ③ 균류   ④ 원생생물   ⑤ 모네라

---

16 유전물질에 대한 다음 설명 중 맞는 것은? [2002 변리사 자연과학개론 26번]

① DNA에 관계없이 염기의 절반은 퓨린이고, 다른 절반은 피리미딘이다.
② 인간의 genome을 구성하는 염기의 수가 모든 생물체에서 가장 많다.
③ RNA와 DNA의 차이는 리보오스의 4' 탄소에 있는 -OH기에 기인한다.
④ DNA와 RNA의 3' 말단은 인산으로 끝난다.
⑤ DNA는 RNA에 비해 보다 복잡한 2차, 3차 구조를 지닌다.

5-1 세포의 물질수송

01 동물세포의 생체막에 관한 설명으로 옳지 않은 것은?　　　　[2020 변리사 자연과학개론 21번]

① 유동모자이크 모형으로 설명된다.

② 선택적 투과성을 갖는다.

③ 인지질은 친수성 머리와 소수성 꼬리로 구성된다.

④ 인지질 이중층은 비대칭적 구조이다.

⑤ 포화지방산의 '꺾임(kink)'은 느슨하고 유동적인 막을 만든다.

----

02 세포 내에서 합성되어 분비되는 항체의 이동경로를 순서대로 옳게 나열한 것은?

　　　　[2017 변리사 자연과학개론 28번]

① 핵 → 활면소포체 → 골지체 → 수송낭　　② 핵 → 조면소포체 → 리소좀 → 수송낭

③ 조면소포체 → 골지체 → 수송낭　　④ 조면소포체 → 리소좀 → 수송당

⑤ 활면소포체 → 리보솜 → 리소좀 → 수송낭

----

03 세포에서의 물질 수송에 관한 설명으로 옳은 것만을 〈보기〉에서 있는 대로 고른 것은?

　　　　[2016 변리사 자연과학개론 22번]

──────── 〈보 기〉 ────────

ㄱ. 삼투는 세포막을 통한 용질의 확산이다.

ㄴ. 폐포로부터 대기로의 CO_2 이동은 세포막을 통한 능동수송에 의해 일어난다.

ㄷ. 세포 안의 물질을 막으로 싸서 세포 밖으로 내보내는 작용을 세포외배출작용(exocytosis)이라고 한다.

① ㄱ　　　　② ㄷ　　　　③ ㄱ, ㄴ　　　　④ ㄴ, ㄷ　　　　⑤ ㄱ, ㄴ, ㄷ

----

04 세포에서 일어나는 삼투현상에 관한 설명으로 옳은 것만을 〈보기〉에서 있는 대로 고른 것은?

[2015 변리사 자연과학개론 21번]

─────── 〈보기〉 ───────

ㄱ. 세포막을 통한 물의 확산 현상이다.

ㄴ. 용질이 세포막을 통과하면서 일어난다.

ㄷ. 삼투에 의해 용질의 농도기울기가 커진다.

ㄹ. 막의 선택적 투과성과 용질의 농도기울기 때문에 생긴다.

① ㄱ, ㄷ　　　② ㄱ, ㄹ　　　③ ㄴ, ㄹ　　　④ ㄱ, ㄴ, ㄷ　　　⑤ ㄴ, ㄷ, ㄹ

---

05 다음 중 세포막에 대한 설명으로 옳지 않은 것은?

[2013 변리사 자연과학개론 24번]

① 세포막의 유동성은 불포화 지방산이 많아질수록 커진다.

② 세포막을 구성하는 인지질은 수평 이동을 하지 않는다.

③ 세포막 외부로 돌출된 일부 당단백질은 세포간 인식에 관여한다.

④ 세포막의 인지질은 양친매성 분자(amphipathic molecule)이다.

⑤ 지질 이중층 내부와의 친화력은 내재성 막단백질(integral membrane protein)이 표재성 막단백질(peripheral membrane protein)보다 크다.

---

06 약물 A가 생체 조직으로 흡수되려면 지질 이중막인 세포막을 통과하여야 한다. 이때 세포막을 통해 흡수되는 A의 양을 감소시키는 요인으로 옳은 것을 〈보기〉에서 모두 고른 것은?

[2008 변리사 자연과학개론 21번]

─────── 〈보기〉 ───────

ㄱ. 흡수 부위의 혈류량을 증가시킨다.

ㄴ. 흡수 부위에 A의 농도를 증가시킨다.

ㄷ. 간에서 A의 대사를 촉진하여 A의 수용성을 증가시킨다.

① ㄱ　　　② ㄴ　　　③ ㄷ　　　④ ㄱ, ㄴ　　　⑤ ㄴ, ㄷ

07 엔도시토시스(endocytosis)와 관련이 없는 것은?　　　[2002 변리사 자연과학개론 22번]

① 식세포작용(phagocytosis)　　　　　② clathrin

③ 콜레스테롤 제거　　　　　　　　　④ 철(Fe)의 세포내 수송

⑤ K^+이온 이동

----

08 세포막의 Na^+-K^+ pump는 다음의 물질 이동 방법 중 어느 것에 해당하는가?

[2000 변리사 자연과학개론 27번]

① 단순확산(simple diffusion)　　　　② 삼투현상(osmosis)

③ 능동수송(active transport)　　　　④ 촉진 확산(facilitated diffusion)

⑤ 음세포작용(pinocytosis)

5-2 　세포에너지와 효소

01 다음 그림에서 Y축은 일정한 양의 효소를 시험관에 넣었을 때 일반적인 효소 활성의 증가를 나타낸다.

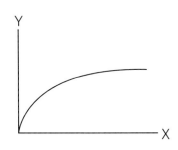

X축은 무엇의 증가를 나타내는가?　　　[2004 변리사 자연과학개론 22번]

① 0 ~ 100℃ 까지의 온도　　　　　　② 기질의 농도

③ 1~14 까지의 pH　　　　　　　　　④ 경쟁적 저해제의 농도

⑤ 비경쟁적 저해제의 농도

----

02 효소의 특징이 아닌 것은? [2002 변리사 자연과학개론 23번]

① 효소는 자유에너지 변화(ΔG)에 영향을 주지 않는다.

② 효소는 반응의 평형농도를 변화시킨다.

③ RNA도 효소가 될 수 있다.

④ 각 효소는 특정한 기질과 반응한다.

⑤ 효소를 이용하는 반응은 효소 없이 반응하는 것보다 낮은 활성화에너지를 필요로 한다.

---

03 효소의 반응속도에 영향을 주지 않는 것은? [2000 변리사 자연과학개론 25번]

① 기질의 농도   ② pH   ③ 온도

④ salt 농도   ⑤ ATP

---

6 세포호흡

01 진핵세포에서 포도당이 피루브산으로 분해되는 과정에 관한 설명으로 옳은 것만을 〈보기〉에서 있는 대로 고른 것은? [2024 변리사 자연과학개론 23번]

〈보 기〉

ㄱ. 세포질에서 일어난다.

ㄴ. 산소가 없어도 일어난다.

ㄷ. 사용되는 ATP 분자보다 더 많은 ATP 분자가 방출된다.

① ㄱ   ② ㄴ   ③ ㄱ, ㄷ   ④ ㄴ, ㄷ   ⑤ ㄱ, ㄴ, ㄷ

---

02 세포호흡과 광합성에 관한 설명으로 옳은 것만을 〈보기〉에서 있는 대로 고른 것은?

[2023 변리사 자연과학개론 22번]

> ────────── 〈보 기〉 ──────────
> ㄱ. 광인산화와 산화적 인산화는 화학삼투를 통하여 ATP를 생성한다.
> ㄴ. C3 식물과 C4 식물의 탄소고정 경로는 다르나 캘빈회로는 같다.
> ㄷ. C3 식물의 캘빈회로로부터 직접 생성되는 탄수화물은 포도당이다.

① ㄱ   ② ㄴ   ③ ㄷ   ④ ㄱ, ㄴ   ⑤ ㄴ, ㄷ

----

03 (가)는 미토콘드리아의 산화적 인산화 과정에서 작용하는 전자전달 사슬의 최종 전자 수용체이고, (나)는 광합성의 명반응에서 작용하는 전자전달 사슬의 최종 전자 수용체이다. (가)와 (나)로 옳은 것은?

[2022 변리사 자연과학개론 23번]

① (가) O_2 - (나) NADPH   ② (가) O_2 - (나) $NADP^+$

③ (가) H_2O - (나) NADPH   ④ (가) H_2O - (나) $NADP^+$

⑤ (가) H_2O - (나) NADH

----

04 세포호흡이 일어나고 있는 진핵세포에서 포도당이 분해되어 ATP가 합성되는 과정에 관한 설명으로 옳은 것은?

[2016 변리사 자연과학개론 24번]

① 해당과정의 최종 산물은 피루브산이다.
② 전자전달계에서 최종 전자수용체는 H_2O이다.
③ 전자전달계에서 기질수준 인산화과정을 통해 ATP가 합성된다.
④ 시트르산회로에서 숙신산이 숙시닐-CoA로 전환될 때 GTP가 합성된다.
⑤ 미토콘드리아에서 ATP 합성효소는 막간 공간에 비해 기질의 pH가 낮을 때 ATP를 합성한다.

Chapter 01. 23개년도 기출문제 23

05 진핵세포의 세포호흡에 관한 설명으로 옳지 않은 것은?　　[2015 변리사 자연과학개론 22번]

① 최종 전자수용체는 O_2이다.

② O_2 공급이 중단되면 ATP 생산이 감소한다.

③ 시트르산의 농도가 높아지면 해당작용이 억제된다.

④ 해당과정에서 나온 ATP는 산화적 인산화에 의해서 생성된 것이다.

⑤ 포도당에 들어있는 에너지의 일부는 ATP에 저장되고, 나머지는 열로 발산된다.

----

06 아래 그림은 인공막에서 일어나는 ATP 합성을 위한 모식도이다. 인공막에 세균에서 분리한 양성자펌프, C-P-Q(carotene-porphyrin-naphthoquinone)와 시금치의 엽록체에서 분리한 ATP 합성효소를 삽입하였다. 이 인공막에서 일어나는 ATP 합성에 관한 설명으로 옳은 것만을 〈보기〉에서 모두 고른 것은?　　[2014 변리사 자연과학개론 28번]

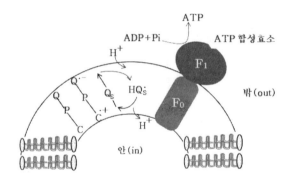

──────── 〈보 기〉 ────────

ㄱ. ATP합성효소의 F_0 부위로 양성자가 통과하면서 F_0가 회전되어야만 ATP가 생성된다.

ㄴ. C-P-Q는 엽록소 관련 안테나시스템을 모방한 것이다.

ㄷ. ATP합성효소의 F_1 부위가 인공막 안으로 향하게 반대방향으로 뒤집어 삽입하면 ATP가 생성되지 않는다.

① ㄱ, ㄴ　　② ㄱ, ㄴ, ㄷ　　③ ㄱ, ㄷ　　④ ㄴ　　⑤ ㄴ, ㄷ

----

07 세포호흡과정을 알아보기 위하여, 박테리아를 모든 탄소가 ^{14}C으로 표지된 포도당 배지에서 진탕 배양하였다. 다음의 (가), (나), (다)에 들어갈 용어를 순서대로 옳게 나열한 것은?

[2012 변리사 자연과학개론 27번]

> 포도당이 해당과정을 거치면 (가)에서 ^{14}C가 최초로 발견되고 이후, TCA회로가 시작되면서 생성되는 (나)에서 ^{14}C가 처음 발견된다. TCA회로가 끝나면 포도당이 가지고 있던 에너지는 대부분 (다)에 저장된다.

① 피루브산, acetyl-CoA, ATP   ② 피루브산, 옥살아세트산, ATP

③ 피루브산, 시트르산, NADH   ④ 포도당-6-인산, 시트르산, NADH

⑤ 포도당-6-인산, 옥살아세트산, ATP

---

08 다음 문장에서 A, B, C에 들어갈 적합한 단어를 순서대로 나열한 것은?

[2011 변리사 자연과학개론 21번]

> 해당과정과 시트르산 회로에서 운반체와 결합한 형태로 생성된 (A)은(는) 미토콘드리아 내막에 위치한 시토크롬 단백질의 작용을 받아 산화-환원 과정을 반복하다가, 전자전달계의 마지막 전자 수용체인 (B)와(과) 반응하여 (C)로 된다.

① 물, 수소, 산소   ② 산소, 물, 수소   ③ 산소, 수소, 물

④ 수소, 물, 산소   ⑤ 수소, 산소, 물

---

09 한 분자의 포도당이 해당과정을 거쳐 시트르산 회로를 마쳤을 때, 최종적으로 생성되는 ATP, NADH, FADH$_2$의 분자수는?

[2011 변리사 자연과학개론 29번]

① ATP : 1, NADH : 4, FADH$_2$: 4

② ATP : 2, NADH : 8, FADH$_2$: 2

③ ATP : 3, NADH : 6, FADH$_2$: 4

④ ATP : 4, NADH : 8, FADH$_2$: 2

⑤ ATP : 4, NADH : 10, FADH$_2$: 2

10 세포호흡과 관련된 다음 사항 중 옳은 것은? [2002 변리사 자연과학개론 24번]

    ① 무산소호흡에서 생성되는 ATP의 대부분은 발효와 마찬가지로 화학삼투적 인산화에 의해
       생성된다.
    ② 해당과정은 한 분자의 포도당에서 시작하여 최종산물로 3개의 피루브산을 만든다.
    ③ 아세틸 CoA는 4개의 탄소를 갖는 시트르산과 반응하여 시트르산 회로로 들어간다.
    ④ 포도당 한 분자 당 36개의 ATP가 생산된다.
    ⑤ 전자전달계의 전자 운반체들은 환원력이 낮은 순서로 배열되어 있어 운반체가 받은 전자는
       에너지가 높은 다음 운반체에 전달된다.

---

11 다음 중 Krebs cycle(citric acid cycle)에서 만들어지지 않는 것은?

[2000 변리사 자연과학개론 22번]

    ① ATP(또는 GTP)   ② NADH   ③ $FADH_2$
    ④ CO_2 ⑤ H^+

---

12 다음 중 포도당을 이용하여 가장 효율적으로 에너지(ATP)를 만드는 것은?

[2000 변리사 자연과학개론 26번]

    ① 산소 호흡   ② 무산소 호흡
    ③ 젖산 발효(lactic fermentation)   ④ 알콜 발효
    ⑤ 위의 네 가지 방법의 ATP 생성률은 차이가 없다.

---

7 광합성

01 식물의 광합성에 관한 설명으로 옳은 것만을 〈보기〉에서 있는 대로 고른 것은?

[2024 변리사 자연과학개론 22번]

〈보 기〉

ㄱ. C_4 식물은 C_3 식물에 비해 광호흡에 의한 손실을 최소화한다.
ㄴ. C_3 식물은 유관속초세포(bundle-sheath cell)에서 CO_2를 고정한다.
ㄷ. CAM 식물은 밤에 CO_2를 흡수하여 고정한다.

① ㄱ   ② ㄴ   ③ ㄱ, ㄷ   ④ ㄴ, ㄷ   ⑤ ㄱ, ㄴ, ㄷ

---

02 C_4 식물에 관한 설명으로 옳은 것만을 〈보기〉에서 있는 대로 고른 것은?

[2022 변리사 자연과학개론 22번]

〈보 기〉

ㄱ. 옥수수는 C4 식물에 속한다.
ㄴ. 캘빈 회로는 유관속초세포에서 일어난다.
ㄷ. 대기 중에 있는 CO2는 엽육세포에서 고정된다.

① ㄱ   ② ㄷ   ③ ㄱ, ㄴ   ④ ㄴ, ㄷ   ⑤ ㄱ, ㄴ, ㄷ

---

03 식물에서 일어나는 광합성에 관한 설명으로 옳은 것만을 〈보기〉에서 있는 대로 고른 것은?

[2021 변리사 자연과학개론 21번]

〈보 기〉

ㄱ. NAD^+가 전자운반체 역할을 한다.
ㄴ. 암반응에서 탄소고정이 일어난다.
ㄷ. 배출되는 O_2는 CO_2에서 유래된 것이다.
ㄹ. 광계 II에서 얻은 에너지는 ATP 생성에 이용된다.

① ㄱ, ㄴ   ② ㄱ, ㄷ   ③ ㄴ, ㄷ   ④ ㄴ, ㄹ   ⑤ ㄷ, ㄹ

04 광합성에 관한 설명으로 옳은 것은?　　　　　　　　　　　[2020 변리사 자연과학개론 26번]

① 광계 I의 반응중심 색소는 스트로마에 있다.

② 광계 II의 반응 중심에 있는 엽록소는 700 nm 파장의 빛을 최대로 흡수한다.

③ 틸라코이드에서 $NADP^+$의 환원이 일어난다.

④ 캘빈회로는 엽록체의 틸라코이드에서 일어난다.

⑤ 스트로마에서 명반응 산물을 이용하여 포도당이 합성된다.

---

05 세포호흡과 광합성에 관한 설명으로 옳은 것만을 〈보기〉에서 있는 대로 고른 것은?

[2019 변리사 자연과학개론 24번]

〈보 기〉

ㄱ. 광합성은 ATP를 생성하지 않는다.

ㄴ. 광합성의 명반응은 포도당을 합성하지 않는다.

ㄷ. 세포호흡에서 산소는 전자전달계의 최종 전자수용체(electron acceptor)로 작용한다.

ㄹ. 광합성의 부산물인 산소(O_2)는 탄소고정 과정에서 이산화탄소(CO_2)로부터 방출된 것이다.

① ㄱ, ㄴ　　　② ㄱ, ㄷ　　　③ ㄴ, ㄷ　　　④ ㄴ, ㄹ　　　⑤ ㄷ, ㄹ

---

06 식물의 광합성 특징에 관한 설명으로 옳은 것만을 〈보기〉에서 있는 대로 고른 것은?

[2018 변리사 자연과학개론 23번]

〈보 기〉

ㄱ. 명반응이 진행될 때 캘빈회로 반응은 일어난다.

ㄴ. RuBP의 재생반응은 스트로마에서 일어난다.

ㄷ. 틸라코이드막을 따라 전자전달이 일어날 때, 틸라코이드 공간(lumen)의 pH는 증가한다.

① ㄱ　　　② ㄴ　　　③ ㄷ　　　④ ㄱ, ㄴ　　　⑤ ㄴ, ㄷ

---

07 광합성에 관한 설명으로 옳은 것만을 〈보기〉에서 있는 대로 고른 것은?

[2017 변리사 자연과학개론 29번]

〈보 기〉

ㄱ. 진핵생물에서 광합성은 엽록체에서 일어난다.
ㄴ. 광합성의 최종 전자 수용체는 H_2O이다.
ㄷ. 남세균은 세균이지만 광합성에 의해 산소를 발생시킨다.
ㄹ. 식물은 명반응을 통해서 이산화탄소를 고정한다.
ㅁ. 식물세포도 광합성 세균과 같이 근적외선을 주로 이용한다.

① ㄱ, ㄴ   ② ㄱ, ㄷ   ③ ㄴ, ㄷ   ④ ㄱ, ㄷ, ㅁ   ⑤ ㄱ, ㄹ, ㅁ

---

08 광합성에 대한 설명으로 옳은 것은?   [2014 변리사 자연과학개론 22번]

① 자색세균(purple bacteria)은 이산화탄소와 물을 이용하여 포도당과 산소를 생성한다.
② 남조류(cyanobacteria)는 광합성을 할 때 물을 분해하여 산소를 발생시킨다.
③ 암반응에서 NADPH와 ATP가 합성된다.
④ 캘빈회로에서 사용되는 Rubisco는 이산화탄소보다 산소에 대해 기질친화력이 더 크다.
⑤ 산화적 인산화 과정에 의해 ATP가 생성된다.

---

09 다음 중 엽록체와 미토콘드리아에서 공통적으로 일어나는 것은?

[2013 변리사 자연과학개론 25번]

① 빛에너지의 화학에너지로의 전환   ② H_2O를 분해하여 O_2를 방출하는 과정
③ 막을 통한 H^+의 이동   ④ CO_2로부터 당이 합성되는 과정
⑤ $NADP^+$의 환원반응

---

10 식물이 ATP를 합성하는 방법으로 옳은 것만을 〈보기〉에서 있는 대로 고른 것은?

[2012 변리사 자연과학개론 23번]

───────────── 〈보 기〉 ─────────────
ㄱ. 기질수준의 인산화   ㄴ. 산화적 인산화   ㄷ. 광인산화   ㄹ. 캘빈회로에서의 인산화

① ㄱ, ㄴ, ㄷ   ② ㄱ, ㄴ, ㄹ   ③ ㄱ, ㄷ   ④ ㄴ, ㄷ   ⑤ ㄷ, ㄹ

---

11 광합성의 암반응이 진행되고 있는 도중, CO_2의 공급이 중단된다면 엽록체에 가장 많이 축적되는 물질은?

[2009 변리사 자연과학개론 21번]

① PGA   ② DPGA   ③ PGAL   ④ $C_6H_{12}O_6$ ⑤ RuBP

---

12 광합성에 대한 설명으로 옳은 것만을 〈보기〉에서 있는 대로 고른 것은?

[2009 변리사 자연과학개론 22번]

───────────── 〈보 기〉 ─────────────
ㄱ. 광합성은 식물에서만 일어나는 현상이다.
ㄴ. 광합성 시 방출되는 산소는 이용된 물에서 유래된 것이다.
ㄷ. Rubisco 효소는 이산화탄소에 대한 기질친화력이 있다.
ㄹ. 광의존성-반응의 결과물로 NADH와 ATP가 생성된다.

① ㄱ, ㄷ   ② ㄱ, ㄹ   ③ ㄴ, ㄷ   ④ ㄱ, ㄴ, ㄹ   ⑤ ㄴ, ㄷ, ㄹ

13 다음 중 광합성의 암반응에 대한 설명으로 옳지 않은 것은? [2008 변리사 자연과학개론 22번]

① 캘빈회로에서 RuBP가 재생된다.

② 엽록체의 스트로마에서 일어난다.

③ 이산화탄소가 RuBP와 결합하여 PGA가 형성된다.

④ 명반응에서 만들어진 고에너지 화합물이 이용된다.

⑤ 분해된 물에서 나온 전자가 NADPH 합성에 이용된다.

---

14 캘빈회로(Calvin cycle)를 설명한 내용 중 틀린 것은? [2005 변리사 자연과학개론 32번]

① 직접적으로 빛에 영향을 받지 않으므로 암반응(dark reaction)이라 불리기도 한다.

② 명반응(light reaction)에서 만들어진 ATP와 NADH를 이용하여 이산화탄소를 당으로 전환한다.

③ 엽록체(chloroplast)의 스트로마에서 일어난다.

④ 캘빈회로가 작동되는 동안 RuBP(ribulose biphosphate)는 재생된다.

⑤ Rubisco(1,5-RuBP 카르복시화 효소)는 RuBP와 CO_2 사이의 반응을 촉매한다.

---

15 계절변화에 따른 식물의 반응에 대한 설명 중 옳지 않은 것은? [2004 변리사 자연과학개론 28번]

① 광주기성은 낮과 밤의 상대적 길이에 대한 식물의 반응이다.

② 가을에 나타나는 낙엽의 아름다운 색채는 엽록소 파괴에 의한 노화현상의 일부분이다.

③ 식물의 광주기성은 명기(light period)에 의해 결정된다.

④ 피토크롬(phytochrome)은 광주기성을 조절하는 색소이다.

⑤ 식물은 종종 추위나 가뭄과 같은 어려운 환경 조건이 시작되기 전에 휴면(dormancy)을 취하거나 물질대사를 감소시킨다.

---

16 광합성에 관한 설명 중 옳지 않은 것은?   [2004 변리사 자연과학개론 29번]

① 광합성속도는 빛의 강도를 점차 강하게 하면 그에 비례하여 높아지지만, 포화상태를 초과하면 빛의 강도가 증가하더라도 더 이상 변화하지 않는다.

② 광합성은 2단계로 이루어지는데, 빛에 의존하는 명반응은 스트로마(stroma)에서 일어나는 반면 이산화탄소를 고정하는 암반응은 틸라코이드(thylakoid)에서 일어난다.

③ 진핵식물세포는 두 개의 광계를 사용하기 때문에 두 종류의 작용중심 엽록소를 갖고 있다. 광계 I의 작용중심 엽록소는 대부분 700 nm의 빛에너지를 흡수하기 때문에 P700이라 부르며, 광계 II의 작용중심 엽록소는 680 nm의 빛에너지를 흡수하며 P680이라 부른다.

④ 광호흡은 에너지를 소비하며 탄소 대신 산소를 고정함으로써 CO_2를 배출한다.

⑤ 세균 중에도 엽록소를 이용하여 생성된 ATP와 NADPH에 의해 CO_2를 고정하는 종도 있다.

---

17 식물호르몬으로서의 에틸렌을 설명한 것으로 부적절한 것은? [2002 변리사 자연과학개론 30번]

① 과일의 성숙과정을 조절한다.

② 아미노산인 메티오닌(Met)에서 변형된 것이다.

③ 씨앗이 발아할 때 생기는 혹(hook)의 형성에 관여한다.

④ 꽃의 성 결정에 관여하기도 한다.

⑤ 공변세포에 작용하여 기공을 닫는다.

---

18 세포호흡의 전자전달계와 광합성과정의 전자전달계에서 ATP를 생성하는 힘의 바탕은?

[2001 변리사 자연과학개론 2번]

① H^+의 농도 차이   ② O_2의 농도 차이

③ CO_2의 농도 차이   ④ cytochrome 양의 차이

⑤ quinone 양의 차이

---

19 녹색식물의 광합성에 관해 잘못 설명한 것은? [2001 변리사 자연과학개론 3번]

① 엽록소는 엽록체의 틸라코이드에 존재한다.

② 명반응에서 물로부터 산소가 생성되어 방출된다.

③ 엽록소는 녹색 파장의 빛을 흡수하지 않는다.

④ 명반응에서는 ATP와 NADH가 생성된다.

⑤ 암반응의 최초산물은 3-PGA이다.

----

20 식물 뿌리의 부피생장은 주로 무엇의 결과인가? [2001 변리사 자연과학개론 8번]

① 정단 분열조직의 세포분열

② 세포의 신장

③ 관다발형성층(vascular cambium)의 세포분열

④ 뿌리 세포들의 분화(specialization)

⑤ 뿌리털의 신장

----

21 바닥에 뉘어진 식물의 줄기가 하늘 방향으로 휘어져 자라는 굴광성은 무엇 때문에 가능한가? [2001 변리사 자연과학개론 9번]

① auxin이 빛의 반대편인 줄기의 아래쪽으로 이동하기 때문

② 줄기 위쪽에 cytokinin이 합성되어 생장을 촉진하기 때문

③ gibberellin이 식물의 굴성에 관계하기 때문

④ 식물의 줄기는 굴촉성이 있어 지면 반대방향으로 생장하기 때문

⑤ 줄기 아래 부분의 팽압이 증가하기 때문

----

01 동물의 난할(cleavage)에 관한 설명으로 옳은 것만을 〈보기〉에서 있는 대로 고른 것은?

[2023 변리사 자연과학개론 25번]

―――――――――― 〈보 기〉 ――――――――――

ㄱ. 난자 내에서 난황이 집중되어 있는 쪽을 동물극이라 한다.
ㄴ. 난할 중인 세포들의 세포분열주기는 주로 S기와 M기만으로 구성된다.
ㄷ. 개구리의 난할 패턴은 전할(holoblastic)이다.

① ㄱ   ② ㄴ   ③ ㄷ   ④ ㄱ, ㄴ   ⑤ ㄴ, ㄷ

- -

02 초파리에서 다리가 될 운명의 세포군에 ey(eyeless) 유전자를 배아단계부터 인위적으로 발현시켰더니 성체의 다리에 눈 구조가 만들어졌다. 이에 관한 설명으로 옳은 것만을 〈보기〉에서 대로 고른 것은?

[2015 변리사 자연과학개론 27번]

―――――――――― 〈보 기〉 ――――――――――

ㄱ. ey 유전자는 초파리 눈 형성의 핵심 조절 유전자이다.
ㄴ. 초파리에서 눈 형성 세포군과 다리 형성 세포군의 유전체는 서로 다르다.
ㄷ. 배 발생 과정에서 유전자의 비정상적인 발현에 의해 형질의 변이가 일어날 수 있다.

① ㄱ   ② ㄷ   ③ ㄱ, ㄷ   ④ ㄴ, ㄷ   ⑤ ㄱ, ㄴ, ㄷ

- -

03 여성의 난자형성에 관한 설명으로 옳은 것만을 〈보기〉에서 있는 대로 고른 것은?

[2012 변리사 자연과학개론 26번]

〈보 기〉

ㄱ. 출생 시 생식세포는 제1감수분열이 완료된 상태이다.
ㄴ. 제1난모세포는 제1감수분열이 종료되면서 2개의 제2모세포를 만든다.
ㄷ. 배란 시 황체형성호르몬(LH)에 의해 여포 파열이 촉진되어 제2난모세포가 방출된다.
ㄹ. 제2난모세포가 정자를 만난 후 제2감수분열이 완성된다.

① ㄱ, ㄴ, ㄷ   ② ㄱ, ㄷ   ③ ㄴ, ㄷ   ④ ㄴ, ㄹ   ⑤ ㄷ, ㄹ

- -

04 남성 생식기의 구조와 기능에 대한 설명으로 옳지 않은 것은? [2011 변리사 자연과학개론 24번]

① 꼬불꼬불한 관으로 되어 있는 부정소는 정소에서 만들어진 정자가 일시적으로 보관되는 곳으로, 이곳을 지나면서 정자가 성숙된다.
② 한 쌍의 정낭은 정자가 사용하는 대부분의 에너지를 제공하는 과당을 포함한 진한 액체를 분비한다.
③ 사정관은 정낭에서 나온 관, 전립선에서 나온 관, 요도구선에서 나온 관과 하나로 합쳐진 후 요도와 연결된다.
④ 전립선은 정자에게 영양이 되는 묽은 액체를 분비하여 정자의 활동을 활발하게 한다.
⑤ 요도구선은 알칼리성 점액을 분비하여 요도에 남아 있을 수 있는 오줌의 산성을 중화시킨다.

- -

05 유성 생식을 하는 생물체는 무성생식을 하는 생물체에 비해 생식의 빈도가 매우 낮은 편이지만, 적응도(fitness)는 더 높다. 그 이유가 되는 유성생식 생물체의 특징으로 가장 적합한 것은? [2011 변리사 자연과학개론 27번]

① 성장에 더 많은 시간을 필요로 하기 때문이다.
② 세포 크기가 크기 때문이다.
③ 제놈(genome) 크기가 크기 때문이다.
④ 자손의 유전적 변이가 다양하기 때문이다.
⑤ 많은 개체수를 생산할 수 있기 때문이다.

----

06 다음은 초기 발생 단계에 있는 개구리 배아의 횡단면을 나타낸 그림이다.

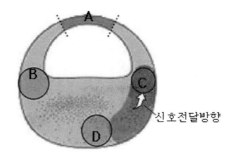

그림에 대한 설명 중 옳은 것은? [2007 변리사 자연과학개론 26번]

① A 지역은 식물반구의 일부를, D 지역은 동물반구의 일부를 나타낸다.
② A 지역을 분리하여 단독으로 발생시키면 신경계가 된다.
③ B 지역을 다른 개체의 C 지역으로 이식하면 새로운 배아의 축을 형성한다.
④ D 지역은 동·식물반구 경계 부위를 미래의 등면중배엽(dorsal mesoderm)으로 유도하는 신호물질을 분비한다.
⑤ 위 그림의 배아에는 외배엽과 내배엽만 있으며, 중배엽의 유도과정은 낭배 중기부터 시작된다.

----

07 다음 그래프는 한 여성의 월경 주기와 관련된 혈중 호르몬 농도를 월경 직후부터 56일 동안 측정한 결과이다.
[2007 변리사 자연과학개론 27번]

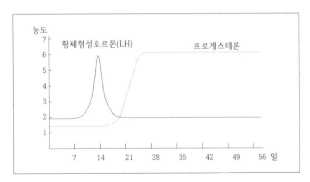

이 여성의 생물학적 상태에 대한 설명으로 옳은 것은? (단, 농도는 임의로 설정한 값이다.)

① 14일차부터 황체형성호르몬(LH)의 농도가 감소하여 황체가 퇴화된다.

② 35일차에 이 여성의 자궁벽은 월경으로 인해 얇아진 상태이다.

③ 42일차에 분비되는 에스트로겐의 농도는 7일차에 분비되는 에스트로겐의 농도와 비슷하다.

④ 28일차부터 프로게스테론의 농도가 증가된 상태를 유지하는 것은 사람융모막 생식소자극호르몬(hCG hormone) 때문이다.

⑤ 42일차에 이 여성의 뇌하수체 전엽은 배란 전처럼 높은 농도의 여포자극호르몬(FSH)을 분비한다.

---

08 하나의 정자가 난자와 만나 수정이 일어나면 다른 정자의 침입을 막는 방어기작이 시작되고, 이를 다정자수정방지라 한다. 성게에서 볼 수 있는 〈보기〉의 다정자수정방지 기작(mechanism)을 순서대로 바르게 나열한 것은?
[2006 변리사 자연과학개론 14번]

〈보 기〉

ㄱ. 표층과립반응   ㄴ. 세포질로의 양이온 유입   ㄷ. 첨체 반응   ㄹ. 수정막 형성

① ㄴ→ㄱ→ㄷ→ㄹ   ② ㄴ→ㄷ→ㄹ→ㄱ   ③ ㄷ→ㄱ→ㄴ→ㄹ
④ ㄷ→ㄴ→ㄱ→ㄹ   ⑤ ㄷ→ㄴ→ㄹ→ㄱ

---

09 정자를 만들지 못하는 남성 A와 정상적인 난자를 가지나 임신상태를 유지할 수 없는 여성 B는 부부이다. 여성 B의 난자를 정자은행에서 제공받은 남성 C의 정자와 수정시킨 후, 이 수정란을 여성 D의 자궁에 착상시켜 아기가 태어났다고 가정하자. 다음 중 이 아기의 유전자형(genotype)을 결정한 요인만으로 묶은 것은?

[2005 변리사 자연과학개론 38번]

ㄱ. 남성 A	ㄴ. 여성 B	ㄷ. 남성 C	ㄹ. 여성 D

① ㄱ, ㄴ   ② ㄴ, ㄷ   ③ ㄷ, ㄹ   ④ ㄱ, ㄴ, ㄹ   ⑤ ㄴ, ㄷ, ㄹ

---

10 사람의 난자형성과정(oogenesis)에 관한 다음의 설명 중 가장 옳은 것은?

[2004 변리사 자연과학개론 26번]

① 모든 난자는 탄생 전 태아시기에 감수분열이 완결된다.
② 태아 발생과정 중에 시작되지만 탄생 시 제1차 감수분열 전기에 멈추어 있다.
③ 태아 발생과정 중에 시작되지만 탄생 시 제1차 감수분열 중기에 멈추어 있다.
④ 태아 발생과정 중에 시작되지만 탄생 시 제1차 감수분열 후기에 멈추어 있다.
⑤ 모든 난자는 사춘기에 제1차 감수분열이 시작된다.

---

9 세포분열

01 동물세포의 체세포분열과 감수분열에 관한 설명으로 옳은 것은?

[2024 변리사 자연과학개론 28번]

① 감수분열은 4개의 딸세포를 만든다.
② 체세포분열의 전기에서 염색체가 복제된다.
③ 체세포분열의 중기에서 상동염색체의 접합이 일어난다.
④ 체세포분열과 감수분열의 세포분열 횟수는 동일하다.
⑤ 감수분열은 유전적으로 동일한 딸세포를 만든다.

---

02 감수분열에 관한 설명으로 옳은 것만을 〈보기〉에서 있는 대로 고른 것은?

[2021 변리사 자연과학개론 25번]

―――――――――――――― 〈보 기〉 ――――――――――――――
ㄱ. 감수분열 Ⅰ에서 교차가 일어난다.
ㄴ. 감수분열 Ⅱ에서 자매염색분체가 서로 분리된다.
ㄷ. 감수분열 전체 과정을 통해 DNA 복제가 두 번 일어난다.

① ㄱ   ② ㄴ   ③ ㄷ   ④ ㄱ, ㄴ   ⑤ ㄱ, ㄷ

---

03 세포분열에 관한 설명으로 옳지 않은 것은?

[2017 변리사 자연과학개론 23번]

① 감수분열은 생식세포에서 일어난다.
② 상처는 체세포 분열을 통해서 재생이 가능하다.
③ 유성생식의 유전적 다양성은 감수분열 Ⅰ 전기에서 발생할 수 있다.
④ 배아줄기세포는 수정란이 세포분열을 거친 낭배상태에서 추출할 수 있다.
⑤ 2n=8인 생물의 체세포분열 중기 단계의 세포와 2n=16인 생물의 감수분열 Ⅱ 중기 단계의 세포에서 관찰되는 염색체의 수는 동일하다.

---

04 사람에서 하나의 체세포가 분열하여 2개의 딸세포를 형성하는 세포분열기(M기)에 관한 설명으로 옳은 것만을 〈보기〉에서 있는 대로 고른 것은?

[2016 변리사 자연과학개론 25번]

―――――――――――――― 〈보 기〉 ――――――――――――――
ㄱ. 세포질분열 과정 동안 세포판이 형성된다.
ㄴ. 핵막의 붕괴는 중기에 일어난다.
ㄷ. 중심체가 관찰된다.

① ㄱ   ② ㄴ   ③ ㄷ   ④ ㄱ, ㄴ   ⑤ ㄴ, ㄷ

---

05 다음은 진핵생물의 생식세포와 체세포의 분열과정에 대한 설명으로 옳지 않은 것은?

[2014 변리사 자연과학개론 30번]

① 체세포분열은 핵분열과 세포질분열로 나누어진다.

② 전기에는 염색사가 염색체로 되며 염색체의 동원체는 적도판에 배열된다.

③ G_1기의 세포에서는 RNA, 리보솜, 효소 등 세포분열에 필요한 세포함유물이 거의 2배로 증가된다.

④ S기는 DNA복제가 일어나는 시기이다.

⑤ 생식세포의 핵분열은 2회 연속 일어나며 2번째 분열을 할 때 염색체복제가 일어나지 않는다.

----

06 2n=6인 세포가 분열할 때 아래와 같은 염색체 배열이 나타나는 시기는?

[2013 변리사 자연과학개론 26번]

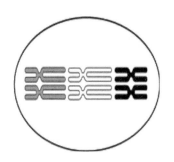

① 체세포분열 중기   ② 제1 감수분열 중기

③ 제2 감수분열 중기   ④ 감수분열이 끝난 직후

⑤ 체세포분열이 끝난 직후

----

07 세포주기 중 간기에 대한 설명으로 옳은 것만을 〈보기〉에서 있는 대로 고른 것은?

[2011 변리사 자연과학개론 23번]

─────────── 〈보 기〉 ───────────

ㄱ. 세포주기의 대부분을 차지한다.
ㄴ. G_1 시기에는 세포생장에 필요한 단백질이 합성된다.
ㄷ. 전기, 중기, 후기, 말기로 구분한다.
ㄹ. 유전물질인 DNA가 복제되는 시기이다.

① ㄱ, ㄴ   ② ㄱ, ㄹ   ③ ㄷ, ㄹ   ④ ㄱ, ㄴ, ㄹ   ⑤ ㄱ, ㄷ, ㄹ

----

08 포유류 세포에서 일어나는 세포사멸(apoptosis)에 대한 설명으로 옳지 않은 것은?

[2010 변리사 자연과학개론 22번]

① 동물의 발생과정에서 일어난다.
② 세포가 부푼 후 터지는 현상이 일어난다.
③ 핵 안의 DNA가 일정한 크기로 절단된다.
④ 암세포에서는 보통 이 현상이 억제된다.
⑤ 카스파제(caspase) 효소의 활성화에 의해서 일어난다.

----

09 감수분열에 대한 설명으로 옳은 것을 〈보기〉에서 모두 고른 것은?

[2008 변리사 자연과학개론 26번]

─────────── 〈보 기〉 ───────────

ㄱ. DNA 복제는 전 과정을 통해서 한 번 일어난다.
ㄴ. 감수분열을 통하여 자손의 유전적 다양성이 증가한다.
ㄷ. 제2감수분열 단계에서 상동염색체 사이의 유전자 교환이 일어난다.

① ㄱ   ② ㄱ, ㄴ   ③ ㄱ, ㄷ   ④ ㄴ, ㄷ   ⑤ ㄱ, ㄴ, ㄷ

----

10 같은 부모로부터 태어나는 자손의 유전적 다양성은 부모의 염색체의 무작위적 조합 (random assortment)의 결과 생길 수 있는 다양성보다 훨씬 크다. 이러한 유전적 다양성을 제공할 수 있는 세포분열은 어느 것인가? [2003 변리사 자연과학개론 22번]

① 제1 감수분열   ② 체세포분열   ③ 줄기세포분열
④ 난할   ⑤ 제2 감수분열

---

11 간기에는 염색체를 구별할 수 없다. 그 까닭은? [2001 변리사 자연과학개론 6번]

① DNA가 복제되지 않으므로
② 응축되지 않은 염색질 형태이므로
③ 핵에서 이동하여 세포질에 퍼져 있으므로
④ 상동염색체가 짝을 이루지 않았으므로
⑤ 답 없음

---

12 상동염색체와 관련 없는 항목은? [2001 변리사 자연과학개론 7번]

① 서로 대응하는 좌위에 있는 같은 특성에 관한 유전자
② 쥐의 털 빛깔 유전자 G와 g
③ 교차
④ 쥐의 털 빛깔 유전자 G와 눈 빛깔 유전자 R
⑤ 답 없음

---

10 유전학

01 꽃의 색은 대립유전자 R(빨간색)과 r(분홍색)에 의해, 크기는 대립유전자 L(큰 꽃)과 l(작은 꽃)에 의해 결정되며, 이 두 유전자좌위는 동일한 염색체상에 위치한다. R은 r에 대해, L은 l에 대해 각각 완전 우성이다. 표는 유전자형이 RrLl인 식물(P)을 자가교배하여 얻은 F_1 식물의 표현형 비율에 관한 자료이다. 이 결과에 관한 설명으로 옳은 것만을 〈보기〉에서 있는 대로 고른 것은? [2023 변리사 자연과학개론 26번]

표현형	빨간색 큰 꽃	분홍색 큰 꽃	빨간색 작은 꽃	분홍색 작은 꽃
비율	0.51	0.24	0.24	0.01

〈보 기〉

ㄱ. 재조합형 염색체가 감수분열 I 전기 동안 만들어졌다.
ㄴ. 빨간색 큰 꽃 F1 식물들 모두가 재조합 자손이다.
ㄷ. 유전자형이 RrLl인 식물(P)은 대립유전자 R과 L이 함께 위치한 염색체를 지녔다.

① ㄱ   ② ㄴ   ③ ㄷ   ④ ㄱ, ㄴ   ⑤ ㄴ, ㄷ

02 유전자형이 AaBbDd인 어떤 식물에서 대립유전자 A와 d는 같은 염색체에, B는 다른 염색체에 있다. 이 식물을 자가교배하여 자손을 얻을 때, 자손의 유전자형이 AaBbDd일 확률은? (단, 생식세포 형성 시 교차는 고려하지 않는다.) [2021 변리사 자연과학개론 26번]

① $\frac{1}{2}$ ② $\frac{1}{4}$ ③ $\frac{1}{8}$ ④ $\frac{1}{9}$ ⑤ $\frac{1}{16}$

03 친부모의 혈액형이 둘 다 A형, 첫째 아이는 O형, 둘째 아이는 A형인 가정이 있다. 이 부모
가 셋째 아이를 낳을 경우 그 아이가 O형 여자일 확률은? (단, 유전적 상호작용은 없는 것
으로 가정한다.)   [2019 변리사 자연과학개론 23번]

① $\frac{1}{8}$ ② $\frac{1}{4}$ ③ $\frac{3}{8}$ ④ $\frac{1}{2}$ ⑤ $\frac{3}{4}$

----

04 완두콩에서 종자의 모양은 대립유전자 R(둥근 모양)와 r(주름진 모양)에 의해, 종자의 색은
대립유전자 Y(노란색)와 y(녹색)에 의해 결정된다. R는 r에 대해, Y는 y에 대해 각각 완전
우성이다. 유전자형이 RrYy와 rryy인 종자를 교배하였을 때, F1에서 표현형이 둥글고 노란
색인 종자와 주름지고 녹색인 종자가 나타나는 비율은?   [2018 변리사 자연과학개론 21번]

① 1:1   ② 1:2   ③ 1:3   ④ 2:1   ⑤ 3:1

----

05 그림은 형질이 서로 다른 부모의 교배를 통하여 얻은 자손들의 형질과 개체수를 표시한 것
이다.

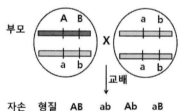

재조합 비율은 얼마인가?(단, A와 B는 각각 a와 b에 대하여 우성이다.)

[2017 변리사 자연과학개론 21번]

① 0.1 %   ② 1 %   ③ 5 %   ④ 10 %   ⑤ 20 %

----

06 유전자(gene)에 관한 설명으로 옳은 것만을 〈보기〉에서 있는 대로 고른 것은?

[2015 변리사 자연과학개론 26번]

─────── 〈보 기〉 ───────

ㄱ. 핵산과 단백질로 이루어져 있다.

ㄴ. 단백질의 아미노산 서열에 대한 정보는 유전자에 담겨 있다.

ㄷ. 단백질 합성을 하는 번역(translation) 과정에 직접 관여한다.

① ㄱ   ② ㄴ   ③ ㄱ, ㄴ   ④ ㄴ, ㄷ   ⑤ ㄱ, ㄴ, ㄷ

- -

07 다음은 어떤 유전질환을 가진 집안의 가계도이다.

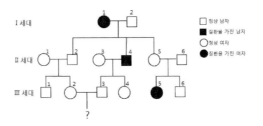

이 유전질환에 대한 설명으로 옳은 것만을 〈보기〉에서 있는 대로 고른 것은? (단, II-1이 우성동형접합이다.)

[2013 변리사 자연과학개론 22번]

─────── 〈보 기〉 ───────

ㄱ. 이 유전질환 유전자는 성염색체에 있다.

ㄴ. II-6은 이 유전질환 유전자에 대해 이형접합체이다.

ㄷ. III-2와 III-3 사이에서 아이가 태어날 때 이 아이가 유전질환을 가질 확률은 1/8이다.

① ㄱ   ② ㄱ, ㄴ   ③ ㄴ   ④ ㄴ, ㄷ   ⑤ ㄷ

- -

08 빨강 눈을 가진 야생형 초파리 암수 한 쌍을 교배하여 나온 자손 216마리 중 빨강 눈을 가진 수컷이 55마리, 흰색 눈을 가진 수컷이 51마리, 빨강 눈을 가진 암컷이 110마리였다. 이 결과로부터 유추한 초파리 눈 색깔 유전자에 대한 설명으로 옳은 것만을 〈보기〉에서 있는 대로 고른 것은? [2010 변리사 자연과학개론 23번]

─────────────────〈보 기〉─────────────────
ㄱ. 흰색 눈 색깔 유전자는 Y 염색체 상에 있다.
ㄴ. 빨강 눈 색깔 유전자는 X 염색체 상에 있다.
ㄷ. 빨강 눈 색깔 유전자는 우성 대립유전자이다.
ㄹ. 빨강 눈을 가진 모든 암컷은 흰색 눈 색깔 대립유전자를 가지고 있지 않다.

① ㄱ, ㄴ   ② ㄱ, ㄹ   ③ ㄴ, ㄷ   ④ ㄱ, ㄴ, ㄷ   ⑤ ㄴ, ㄷ, ㄹ

───

09 쥐 1,000 마리를 포획하였더니 그 중 90마리는 흰 털 쥐였다. 포획된 쥐 집단은 검은털(B)이 흰 털(b)에 대해 우성이다. 멘델의 유전법칙과 하디-와인버그의 법칙이 적용된다고 할 때, 이 집단에서 이형접합(Bb)의 검은털 쥐는 몇 마리가 있겠는가? [2009 변리사 자연과학개론 25번]

① 210 마리   ② 420 마리   ③ 490 마리   ④ 710 마리   ⑤ 910 마리

───

10 그림은 두 염색체 쌍에 존재하는 유전자 배열을 나타낸 것이다. 유전자 B와 C를 가지고 있는 염색체에서 B와 C 사이의 교차율이 10%일 때, AbC의 생식세포가 생길 확률은? (단, a, b, c는 각 유전자 A, B, C의 대립유전자이다.) [2009 변리사 자연과학개론 26번]

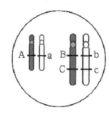

① $\frac{1}{2}$ ② $\frac{1}{4}$ ③ $\frac{1}{10}$ ④ $\frac{1}{20}$ ⑤ $\frac{1}{40}$

───

11 유전자형이 AaBbCcDd인 개체가 만들어 낼 수 있는 배우자의 유전자형은 몇 종류인가? (단, 대립유전자 A, B, C, D는 연관되어 있고, 교차는 일어나지 않는다고 가정한다.)

[2008 변리사 자연과학개론 27번]

① 1가지   ② 2가지   ③ 4가지   ④ 6가지   ⑤ 8가지

---

12 색맹은 X-염색체에 연관되어 열성으로 유전되는 반면, 왜소증은 상염색체 우성으로 유전된다. 색맹이 아니며 왜소증인 남자와 색맹이며 키가 정상인 여자가 신혼가정을 이루었다. 왜소증인 남자의 아버지는 키가 정상이다. 색맹인 여자의 부모는 모두 키가 정상이다. 아래 〈보기〉의 내용 중 옳은 것을 모두 고른 것은? (단, 멘델의 유전법칙을 따르며 돌연변이는 고려하지 않는다.)

[2007 변리사 자연과학개론 24번]

─────── 〈보 기〉 ───────

ㄱ. 왜소증 남자의 어머니는 왜소증을 갖고 있다.
ㄴ. 신혼부부가 딸을 낳았을 때, 색맹이며 왜소증일 확률은 0이다.
ㄷ. 신혼부부가 아들을 낳았을 때, 색맹이면서 키가 정상인 아들을 낳을 확률은 0.25이다.
ㄹ. 신혼부부가 색맹이 아니며 왜소증인 딸을 낳았을 때, 이 딸이 설문의 표현 형질과 관련된 대립유전자에 대하여 모두 이형접합자(heterozygote)일 확률은 1이다.

① ㄱ, ㄷ   ② ㄴ, ㄹ   ③ ㄱ, ㄴ, ㄹ   ④ ㄴ, ㄷ, ㄹ   ⑤ ㄱ, ㄴ, ㄷ, ㄹ

---

13 혈우병이 아닌 어머니(XX)와 혈우병인 아버지(X'Y) 사이에서 태어날 자녀가 혈우병일 수학적 확률은 얼마인가? (단, X'는 혈우병 유전자를 가지고 있음을 뜻한다.)

[2006 변리사 자연과학개론 17번]

① 0%   ② 25%   ③ 50%   ④ 75%   ⑤ 100%

---

14 네 개의 유전자 a, b, c, d 사이의 재조합 빈도(recombination frequency)를 측정한 결과, a 와 b사이는 15%, a와 c사이는 2%, a와 d사이는 19%, b와 c사이는 13%, b와 d사이는 4%, c와 d사이는 17% 이었다. 그렇다면 aBd와 AbD의 상동염색체를 가진 정모세포(2n)에서 ABD 염색체를 가지고 있는 정자(n)가 만들어질 확률은? [2005 변리사 자연과학개론 34번]

① 0.26 %　　　② 0.52 %　　　③ 0.60 %　　　④ 2.85 %　　　⑤ 3.23 %

---

15 푸른 꽃(BB)을 피우고 긴 화분(LL)을 만드는 완두와 붉은 꽃(bb)을 피우고 짧은 화분(ll)을 만드는 완두를 교배하면 푸른 꽃과 긴 화분의 자손을 얻게 된다. 멘델의 방법으로 이형접합자 F1을 열성 어버이와 교배하면 표현형의 비, 즉 푸른 꽃, 긴 화분 : 푸른 꽃, 짧은 화분 : 붉은 꽃, 긴 화분 : 붉은 꽃, 짧은 화분의 비가 7:1:1:7로 나왔다. 이 유전현상을 잘 나타내 주는 것은? [2003 변리사 자연과학개론 23번]

① 독립의 법칙(independent assortment)　　　② 연관(linkage)

③ 공동우성(co-dominance)　　　④ 불완전우성(partial dominance)

⑤ 다인자 유전(polygenic inheritance)

---

16 붉은색 꽃을 피우는 동형접합성 금어초를 흰 꽃을 피우는 동형접합성 금어초와 교배시켰을 때 F1 식물은 모두 분홍색 꽃을 피운다. 이 현상을 잘 설명하고 있는 것은? [2002 변리사 자연과학개론 25번]

① 공동우성　　② 불완전우성　　③ 열성 치사　　④ 우성 치사　　⑤ 조건유전자 발현

17 A형 혈액형을 가진 남자가 B형 여자와 결혼할 때 자식의 가능한 혈액형을 모두 열거한 것은?

[2000 변리사 자연과학개론 24번]

① A형, B형
② AB형, A형, B형, O형
③ A형, B형, O형
④ AB형, O형
⑤ AB형

11-1 DNA 복제

01 세균의 DNA 복제에 관한 설명으로 옳은 것만을 〈보기〉에서 있는 대로 고른 것은?

[2024 변리사 자연과학개론 25번]

━━━━━━━━━ 〈보 기〉 ━━━━━━━━━
ㄱ. 반보존적 복제 방식을 따른다.
ㄴ. RNA 프라이머는 프리메이스(primase)에 의해 합성된다.
ㄷ. 선도가닥(leading strand)에서 오카자키 절편이 발견된다.

① ㄱ   ② ㄷ   ③ ㄱ, ㄴ   ④ ㄴ, ㄷ   ⑤ ㄱ, ㄴ, ㄷ

---

02 다음 염기서열로 이루어진 DNA 단편을 PCR로 증폭하고자 한다. 한 쌍의 프라이머 서열로 옳은 것은? (단, 주형 DNA는 한 가닥만 표시한다.)

[2022 변리사 자연과학개론 27번]

5'-ATGTTCGAGAGGCTGGCTAAC-----||-----CCTTTATCGGAATTGGATTAA-3'

① 5'-ATGTTCGAGAGGCTGGCT-3'
   5'-TTAATCCAATTCCGATAA-3'

② 5'-ATGTTCGAGAGGCTGGCT-3'
   5'-GGAAATAGCCTTAACCTA-3'

③ 5'-ATGTTCGAGAGGCTGGCT-3'
   5'-CCTTTATCGGAATTGGAT-3'

④ 5'-TACAAGCTCTCCGACCGA-3'
   5'-GGAAATAGCCTTAACCTA-3'

⑤ 5'-TACAAGCTCTCCGACCGA-3'
   5'-CCTTTATCGGAATTGGAT-3'

03 코로나 바이러스(SARS-CoV-2)의 감염 여부를 역전사 중합효소연쇄반응(RT-PCR)을 이용하여 진단하고자 한다. 이 진단 방법에서 필요한 시료가 아닌 것은?

[2021 변리사 자연과학개론 29번]

① 역전사효소
② 열안정성 DNA 중합효소
③ 디옥시뉴클레오티드(dNTP)
④ SARS-CoV-2 바이러스 특이적 IgM
⑤ SARS-CoV-2 유전자 특이적 프라이머

04 세균의 플라스미드(plasmid)에 관한 설명으로 옳은 것만은 〈보기〉에서 있는 대로 고른 것은?

[2020 변리사 자연과학개론 25번]

〈보 기〉

ㄱ. 염색체와 별도로 존재하는 DNA이다.
ㄴ. 플라스미드 DNA의 복제는 염색체 DNA의 복제와 독립적으로 조절된다.
ㄷ. 세균의 증식에 필수적인 유전정보를 보유한다.

① ㄱ
② ㄴ
③ ㄱ, ㄴ
④ ㄴ, ㄷ
⑤ ㄱ, ㄴ, ㄷ

05 겔 전기영동(gel electrophoresis)에 의한 DNA 절편의 분리에 관한 설명으로 옳은 것만을 〈보기〉에서 있는 대로 고른 것은?

[2020 변리사 자연과학개론 28번]

〈보 기〉

ㄱ. DNA 절편은 겔에서 음극으로 이동한다.
ㄴ. 긴 DNA 절편은 짧은 DNA 절편보다 겔에서 빨리 이동한다.
ㄷ. DNA양에 대한 정보를 준다.

① ㄱ
② ㄴ
③ ㄷ
④ ㄱ, ㄴ
⑤ ㄱ, ㄷ

06 그림은 진핵세포 DNA의 복제원점(replication origin) ㉠으로부터 복제되고 있는 DNA의 일부를 나타낸 것이다. A와 B는 주형가닥이며 (가)는 복제원점의 왼쪽 DNA, (나)는 오른쪽 DNA이다.

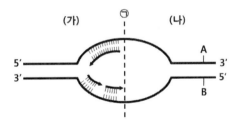

이에 관한 설명으로 옳은 것만을 〈보기〉에서 있는 대로 고른 것은?

[2018 변리사 자연과학개론 28번]

─────── 〈보 기〉 ───────

ㄱ. DNA 헬리카제는 (가)와 (나)에서 모두 작용한다.

ㄴ. DNA 복제가 개시된 후 DNA 회전효소(DNA topoisomerase)는 ㉠에서 작용한다.

ㄷ. (나)에서 A가 복제될 때 오카자키 절편이 생성된다.

① ㄱ   ② ㄴ   ③ ㄱ, ㄷ   ④ ㄴ, ㄷ   ⑤ ㄱ, ㄴ, ㄷ

- -

07 중합효소연쇄반응(PCR)과 디데옥시 DNA 염기서열분석법(dideoxy DNA sequencing)을 이 이중가닥 DNA를 분석하고자 한다. 이 때 두 분석 방법의 공통점으로 옳은 것만을 〈보기〉에서 있는 대로 고른 것은?

[2016 변리사 자연과학개론 28번]

─────── 〈보 기〉 ───────

ㄱ. DNA 중합효소가 사용된다.

ㄴ. 프라이머(primer)가 필요하다.

ㄷ. 수소결합이 끊어지는 과정이 일어난다.

ㄹ. 새롭게 합성되는 DNA 가닥은 3'→ 5' 방향으로 신장한다.

① ㄱ, ㄴ   ② ㄴ, ㄷ   ③ ㄷ, ㄹ   ④ ㄱ, ㄴ, ㄷ   ⑤ ㄱ, ㄷ, ㄹ

08 무거운 질소(^{15}N)로 표지된 이중나선 DNA 1분자(^{15}N-^{15}N)를 보통질소(^{14}N) 조건에서 5회 연속 복제를 시켰다. 복제된 32분자의 DNA 중 ^{15}N-^{14}N 인 DNA 분자 수는?

[2015 변리사 자연과학개론 25번]

    ① 2   ② 4   ③ 8   ④ 16   ⑤ 32

---

09 인간 염색체가 복제될 때 필요한 단백질이 아닌 것은?   [2014 변리사 자연과학개론 21번]

    ① RNA primase   ② single strand binding protein
    ③ restriction endonuclease   ④ DNA helicase
    ⑤ DNA polymerase

---

10 폐렴균에는 S형과 R형이 있다. 살아있는 S형의 폐렴균을 주입한 쥐는 폐렴에 걸려 죽으나, 살아 있는 R형의 폐렴균을 주입한 쥐는 살게 된다. 다음 중 쥐가 폐렴에 걸리지 않아 살게 되는 경우를 〈보기〉에서 있는 대로 고른 것은?(단, 실험에 사용된 쥐는 다른 요인에 의해 죽지 않는다고 가정한다.)

[2012 변리사 자연과학개론 29번]

〈보 기〉

ㄱ. 죽은 S형과 살아있는 R형 폐렴균이 존재하는 용액에 DNase를 처리한 후 쥐에 주사한다.
ㄴ. 죽은 S형과 살아있는 R형 폐렴균이 존재하는 용액에 proteinase를 처리한 후 쥐에 주사한다.
ㄷ. 죽은 S형 폐렴균을 100°C로 30분간 가열한 후 식혀서 살아있는 R형 폐렴균 용액과 섞은 후 쥐에 주사한다.
ㄹ. 죽은 S형 폐렴균을 NaOH를 처리하여 완전히 용해시킨 후 살아있는 R형 폐렴균이 존재하는 용액과 섞은 후 쥐에 주사한다.
ㅁ. 죽은 S형과 살아있는 R형 폐렴균이 섞여 있는 용액을 120°C로 30분간 가열한 후 식혀서 쥐에 주사한다.

    ① ㄱ, ㄴ   ② ㄱ, ㄹ   ③ ㄱ, ㅁ   ④ ㄴ, ㅁ   ⑤ ㄷ, ㄹ

---

11 프리마아제(primase)에 돌연변이가 생겨 그 활성이 결여된 박테리아에서 일어나는 현상으로 가장 적절한 것은? [2010 변리사 자연과학개론 24번]

① DNA 복제 개시가 되지 않는다.
② 유전자의 전사가 일어나지 않는다.
③ DNA 이중나선의 재조합이 일어나지 않는다.
④ DNA 연결효소가 끊어진 DNA를 봉합하지 못한다.
⑤ DNA 중합효소가 DNA를 정상보다 빨리 복제한다.

12 중합효소연쇄반응(PCR)은 내열성을 가진 Taq 중합효소를 사용하여 시험관 내에서 원하는 DNA를 증폭할 수 있는 실험방법이다. PCR에 대한 설명으로 옳은 것을 〈보기〉에서 모두 고른 것은? [2008 변리사 자연과학개론 29번]

〈보 기〉

ㄱ. DNA 가닥의 분리를 위하여 PCR 반응액에 helicase를 첨가한다.
ㄴ. 일반적으로 annealing 단계의 온도가 elongation 단계의 온도보다 높다.
ㄷ. 여러 DNA의 혼합물에서 원하는 DNA 부분만을 선택적으로 증폭할 수 있다.
ㄹ. 일반적으로 denaturation→ annealing→ elongation 단계를 순서대로 반복한다.

① ㄱ, ㄴ   ② ㄴ, ㄷ   ③ ㄷ, ㄹ   ④ ㄱ, ㄷ, ㄹ   ⑤ ㄴ, ㄷ, ㄹ

13 진핵세포의 DNA 복제에 대한 설명으로 옳지 않은 것은? [2007 변리사 자연과학개론 25번]

① DNA 합성이 5'에서 3'방향으로 진행되는 것은 DNA 중합효소(polymerase)가 오직 자유 3'-OH (free 3'-OH) 말단에 새로운 뉴클레오티드를 결합시키기 때문이다.
② DNA 복제과정 중에 합성되는 두 개의 딸가닥(daughter strand) 중 한 가닥은 오카자키 절편 (Okazaki fragment)들로 구성된다.
③ 프라이머는 RNA로 구성되어 있다.
④ 복제가 완결된 이중나선 DNA 분자의 두 가닥 중에 한 가닥은 새롭게 합성된 것이다.
⑤ DNA 중합효소 I의 3' → 5' 말단핵산분해효소(exonuclease)가 활성도를 잃으면 오카자키 절편을 합성할 수 없다.

14 재조합 DNA를 만들기 위해 플라스미드 벡터를 사용한다고 하자. 이 벡터의 클로닝 자리 (multicloning site)에 있는 Sal I 제한효소의 제한부위를 이용하여 DNA 절편을 삽입하고자 한다. 삽입될 DNA 절편의 양끝은 Xho I 제한 부위를 갖고 있다.

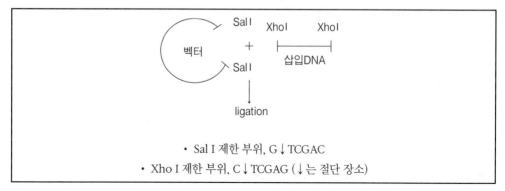

- Sal I 제한 부위, G↓TCGAC
- Xho I 제한 부위, C↓TCGAG (↓는 절단 장소)

먼저 벡터를 Sal I 으로 자르고, 삽입시킬 DNA는 Xho I 으로 자른 후 각각 순수 분리하였다. 재조합 DNA 플라스미드를 얻기 위해 두 DNA를 섞어 ligation하였다. 나타날 결과에 대한 설명으로 맞는 것은? [2003 변리사 자연과학개론 27번]

① 스스로 ligation된 벡터들은 생기지 않는다.

② 아가로스 젤 전기영동(agarose gel electrophoresis)을 하면, DNA가 삽입된 재조합 플라스미드는 벡터보다 빠르게 이동할 것이다.

③ 재조합 DNA에서 삽입 DNA가 삽입되는 방향을 미리 알 수 있다.

④ 벡터와 삽입 DNA를 서로 다른 제한효소로 절단했으므로 재조합 DNA는 만들어지지 않는다.

⑤ 재조합 DNA 플라스미드는 Sal I 이나 Xho I 에 의해 절단되지 않는다.

-----

15 플라스미드 벡터를 이용하여 재조합 DNA를 만들 때 필요한 효소를 바르게 연결한 것은?

[2002 변리사 자연과학개론 27번]

① 제한효소-DNA ligase   ② 제한효소-helicase

③ Taq polymerase-nuclease   ④ 제한효소-T7 polymerase

⑤ DNA ligase-helicase

-----

16 DNA에 관한 설명 중 잘못된 것은? [2001 변리사 자연과학개론 4번]

① DNA 복제는 보존적이다.

② DNA의 양가닥은 서로 상보적이며 역방향이다.

③ DNA 합성에 관여하는 효소는 DNA polymerase이다.

④ 합성 방향은 5' 말단에서 3' 말단으로 향한다.

⑤ 답 없음

11-2 유전자의 전사

01 전기영동을 이용한 노던블롯(Northern blot) 실험에 관한 설명으로 옳은 것만을 〈보기〉에서 있는 대로 고른 것은? [2022 변리사 자연과학개론 28번]

〈보 기〉

ㄱ. RNA 길이에 관한 상대적 정보를 나타낸다.

ㄴ. 발현된 RNA양의 증감에 대해 알 수 있다.

ㄷ. 단백질의 구조를 확인할 수 있다.

---

① ㄱ   ② ㄷ   ③ ㄱ, ㄴ   ④ ㄴ, ㄷ   ⑤ ㄱ, ㄴ, ㄷ

---

02 진핵세포의 유전자발현에 관한 설명으로 옳은 것은? [2021 변리사 자연과학개론 27번]

① 오페론을 통해 전사가 조절된다.

② mRNA 가공은 세포질에서 일어난다.

③ 인핸서(enhancer)는 전사를 촉진하는 단백질이다.

④ 히스톤 꼬리의 아세틸화는 염색질 구조변화를 유도한다.

⑤ 마이크로 RNA (miRNA)는 짧은 폴리펩티드에 대한 정보를 담고 있다.

---

03 세균의 유전자 발현에 관한 설명으로 옳은 것은? [2020 변리사 자연과학개론 27번]

① DNA 복제는 보존적 방식으로 진행된다.

② mRNA의 반감기는 진핵세포의 반감기보다 길다.

③ 세포질에 RNA 중합효소 I, I, III이 존재한다.

④ 전사와 번역과정이 세포질에서 일어난다.

⑤ mRNA의 3'-말단에 poly(A) 꼬리가 첨가된다.

------

04 진핵세포 RNA에 대한 설명으로 옳은 것은? [2013 변리사 자연과학개론 27번]

① 진핵세포 RNA는 한 가지 RNA 중합효소에 의해 합성된다.

② 전사된 mRNA에 poly(A)가 첨가될 때 주형 DNA(template DNA)가 필요하다.

③ 5'-capping이 일어나는 장소는 세포질이다.

④ 스플라이싱에 의해 3'-UTR(untranslated region) 부위가 제거된다.

⑤ 스플라이싱 복합체(spliceosome)에는 snRNP가 포함되어 있다.

------

05 진핵세포의 유전자 발현에 대한 설명으로 옳은 것만을 〈보기〉에서 있는 대로 고른 것은?

[2013 변리사 자연과학개론 28번]

┌─────────────── 〈보 기〉 ───────────────┐
│ ㄱ. 염색질 응축여부와 유전자 발현은 관련성이 없다.
│ ㄴ. DNA 메틸화에 의해 유전자 발현이 조절될 수 있다.
│ ㄷ. 인핸서(enhancer)는 표적유전자의 내부에 있을 수 없다.
│ ㄹ. miRNA(마이크로 RNA)는 표적 mRNA를 분해시킬 수 있다.
└───┘

① ㄱ, ㄴ   ② ㄱ, ㄷ   ③ ㄱ, ㄷ, ㄹ   ④ ㄴ, ㄷ, ㄹ   ⑤ ㄴ, ㄹ

------

06 마이크로어레이(microarray) 분석법에 대한 설명으로 옳은 것만을 〈보기〉에서 있는 대로 고른 것은? [2012 변리사 자연과학개론 25번]

〈보 기〉

ㄱ. 여러 유전자 발현을 동시에 검출할 수 있다.

ㄴ. 미생물의 종 동정에는 사용되지 않는다.

ㄷ. 적은 양의 DNA와 mRNA도 증폭한 후 형광 염색하여 탐침으로 사용할 수 있다.

ㄹ. 슬라이드 표면에 여러 개의 이중나선 DNA 조각들을 붙여 분석에 사용한다.

① ㄱ, ㄴ, ㄷ   ② ㄱ, ㄷ   ③ ㄱ, ㄷ, ㄹ   ④ ㄱ, ㄹ   ⑤ ㄷ, ㄹ

---

07 세포 핵에서 일어나는 과정으로 옳은 것을 〈보기〉에서 모두 고른 것은? [2010 변리사 자연과학개론 30번]

〈보 기〉

ㄱ. DNA 복제   ㄴ. ATP 합성(산화적 인산화)   ㄷ. 단백질 합성   ㄹ. RNA 가공(RNA processing)

① ㄱ, ㄴ   ② ㄱ, ㄹ   ③ ㄴ, ㄷ   ④ ㄴ, ㄹ   ⑤ ㄷ, ㄹ

---

08 핵산에 관한 설명으로 옳은 것만을 〈보기〉에서 있는 대로 고른 것은? [2009 변리사 자연과학개론 27번]

〈보 기〉

ㄱ. 진핵생물의 RNA 중합효소 I은 rRNA를 합성한다.

ㄴ. mRNA를 구성하는 염기 조성은 샤가프의 규칙을 따른다.

ㄷ. tRNA에서 발견되는 염기는 네 종류의 일반염기와 이들이 화학적으로 변형된 염기로 구성되어 있다.

① ㄱ   ② ㄴ   ③ ㄱ, ㄷ   ④ ㄴ, ㄷ   ⑤ ㄱ, ㄴ, ㄷ

09 진핵세포의 1차 전사체(primary transcript)는 전사 후 공정과정(post-transcriptional processing)을 통해서 완전한 mRNA가 된다. 다음 〈보기〉 중 옳은 설명을 모두 고른 것은?

[2007 변리사 자연과학개론 23번]

────────────────── 〈보기〉 ──────────────────

ㄱ. RNA의 5'-비번역부위(5'-untranslated region)는 다중아데닌화(polyadenylation)에 필요한 염기서열을 갖는다.

ㄴ. 스플라이소좀(spliceosome)의 구성 성분인 RNA는 스플라이싱(splicing) 과정에서 1차 전사체로부터 인트론을 제거하는 반응을 촉매한다.

ㄷ. RNA 분자의 3' 말단에 하나의 G 뉴클레오티드가 결합된다.

ㄹ. 아미노산 서열이 다른 단백질을 만들 수 있는 다양한 종류의 mRNA가 스플라이싱 과정을 통해 만들어진다.

① ㄱ, ㄷ   ② ㄴ, ㄹ   ③ ㄱ, ㄴ, ㄷ   ④ ㄱ, ㄴ, ㄹ   ⑤ ㄴ, ㄷ, ㄹ

---

10 DNA 조작기술에 대한 다음 설명 중 옳지 않은 것은?   [2006 변리사 자연과학개론 11번]

① 박테리아의 플라스미드를 유전자의 운반체로 사용할 수 있다.

② 효모의 유전자를 박테리아에서 전사시키려면 박테리아의 프로모터가 필요하다.

③ DNA칩을 이용하여 유전적 변이를 탐지할 수 있다.

④ DNA 재조합 방법을 이용하여 박테리아에서 인슐린을 만들 수 있다.

⑤ cDNA에서 만들어진 mRNA를 증폭하기 위하여 PCR(polymerase chain reaction)을 이용한다.

---

11 진핵세포에서 전사된 mRNA가 성숙되는 과정에 속하지 않는 것은?

[2001 변리사 자연과학개론 5번]

① splicing   ② capping   ③ signal peptide 제거

④ polyA tailing   ⑤ 답 없음

11-3 유전자의 번역

01 동물세포의 핵에 있는 유전자가 발현되어 단백질을 합성하는 과정에 관한 설명으로 옳은 것은?

[2024 변리사 자연과학개론 27번]

① 유전자의 전사(transcription)와 번역(translation) 과정이 같은 세포소기관에서 일어난다.
② 번역에는 tRNA와 리보솜(ribosome)의 역할이 필요하다.
③ 전사는 세포질에서 일어난다.
④ 엑손(exon) 부위는 전사되지만 인트론(intron) 부위는 전사되지 않는다.
⑤ 코돈(codon)의 변화는 반드시 아미노산 잔기의 변화로 이어진다.

---

02 그림은 세포에서 유전정보의 흐름을 나타낸 것이다.

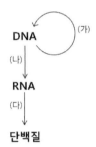

(가), (나), (다)는 복제, 전사, 번역 중 하나이다. 이에 관한 설명으로 옳은 것만을 〈보기〉에서 있는 대로 고른 것은?

[2016 변리사 자연과학개론 27번]

〈보 기〉

ㄱ. (가) 과정에서 에너지가 사용된다.
ㄴ. (나) 과정에서 효소가 작용한다.
ㄷ. rRNA가 (다) 과정을 통해 리보솜 단백질로 발현된다.

① ㄱ   ② ㄴ   ③ ㄷ   ④ ㄱ, ㄴ   ⑤ ㄴ, ㄷ

---

03 다음 중 siRNA(small interfering RNA)에 대한 설명으로 옳은 것만을 〈보기〉에서 모두 고른 것은?

[2014 변리사 자연과학개론 25번]

〈보 기〉

ㄱ. 특정 유전자의 발현을 억제하기 위해 사용될 수 있다.
ㄴ. 동물에서만 발견되는 RNA의 일종이다.
ㄷ. 20~25개 정도 되는 뉴클레오티드로 이루어진 단일가닥 RNA 분자이다.

① ㄱ   ② ㄱ, ㄷ   ③ ㄴ   ④ ㄴ, ㄷ   ⑤ ㄷ

---

04 마이크로RNA(miRNA)와 miRNA 전구체에 관한 설명으로 옳은 것만을 〈보기〉에서 있는 대로 고른 것은?

[2012 변리사 자연과학개론 22번]

〈보 기〉

ㄱ. miRNA 전구체는 다이서(dicer)에 의해 절단된다.
ㄴ. miRNA는 헤어핀 구조를 갖고 있는 3차 구조이다.
ㄷ. miRNA 전구체는 핵 내에서 가공이 완료되어 miRNA가 만들어진다.
ㄹ. miRNA는 세포질에서 표적 RNA와 결합하여 번역(translation)을 차단한다.

① ㄱ, ㄴ   ② ㄱ, ㄷ, ㄹ   ③ ㄱ, ㄹ   ④ ㄴ, ㄷ   ⑤ ㄷ, ㄹ

---

05 박테리아를 이용하여 어떤 진핵생물이 합성하는 단백질 A를 다량 생산하고자 한다. 단백질 A를 암호화하는 유전자가 클로닝된 플라스미드를 얻으려고 할 때 이 플라스미드에 포함될 필요가 없는 염기서열은?

[2010 변리사 자연과학개론 26번]

① 복제기점   ② 프로모터
③ A 유전자에 대한 cDNA   ④ 리보솜 결합부위(샤인-달가노 서열)
⑤ 진핵생물의 핵 DNA에서 분리된 A의 유전자

---

06 표는 tRNA 안티코돈의 염기서열과 이에 해당하는 아미노산을 짝지은 것이다.

[2009 변리사 자연과학개론 28번]

tRNA 안티코돈(5'→3')	아미노산
CGG	프롤린
UGC	알라닌
GGC	알라닌
CGU	트레오닌
GCA	시스테인
ACG	아르기닌

서열 5'-GCCCGUGCA-3'의 mRNA로부터 생성되는 펩티드의 아미노산 서열을 순서대로 옳게 나열한 것은?

① 알라닌 – 아르기닌 - 알라닌   ② 알라닌 – 트레오닌 - 프롤린

③ 프롤린 – 알라닌 - 트레오닌   ④ 프롤린 – 시스테인 - 알라닌

⑤ 프롤린 – 시스테인 - 트레오닌

---

07 DNA에 저장된 유전정보가 직접 단백질로 전달되지 않고, RNA로 전사된 후 번역되어 전달됨으로써 진핵세포가 얻을 수 있는 가장 큰 이점은? [2008 변리사 자연과학개론 28번]

① DNA의 변이를 줄일 수 있다.

② 단백질을 더 오래 보존할 수 있다.

③ 불필요한 단백질 합성을 줄일 수 있다.

④ 생명 현상의 유지에 필요한 에너지 소비를 줄일 수 있다.

⑤ DNA에 저장된 동일한 정보로부터 더 다양한 단백질을 만들어 낼 수 있다.

---

08 현대 생물학에서 이용되는 기술에 관한 다음의 설명 중 틀린 것은?

[2005 변리사 자연과학개론 37번]

① Southern blot은 DNA 탐침을 이용하여 DNA의 특정 절편(fragment)을 감지하는 방법이다.

② Northerm blot은 DNA 탐침을 이용하여 특정 RNA를 감지하는 방법이다.

③ Western blot은 DNA 탐침을 이용하여 특정 단백질을 감지하는 방법이다.

④ Gel mobility shift assay(또는 EMSA)는 특정 전사인자가 결합하는 DNA 조절부위를 찾아낼 때 쓰일 수 있다.

⑤ Yeast two hybrid 방법은 단백질-단백질 상호작용을 알아내고자 할 때 쓰일 수 있다.

----

09 단백질의 번역(translation)에 관계되는 효소와 리보솜은 생쥐에서, tRNA는 토끼에서, 아미노산은 소에서, 그리고 mRNA는 돼지에서 각각 추출한 후 이들을 이용하여 시험관 내에서 단백질 합성 실험을 할 때, 이론적으로 가장 타당한 것은?

[2004 변리사 자연과학개론 23번]

① 생쥐의 단백질이 합성된다.

② 토끼의 단백질이 합성된다.

③ 돼지의 단백질이 합성된다.

④ 소의 단백질이 합성된다.

⑤ 단백질이 전혀 합성되지 않는다.

----

10 특정 유전자의 기능을 저해하여 그 결과를 관찰하면 그 유전자의 정상적 기능을 알 수 있다. 과거에 많이 사용하던 방법은 antisense RNA 방법으로 mRNA에 상보적인 RNA를 도입하여 특정 mRNA의 발현을 저해하는 것이었다. 이 방법은 아주 효율적이지는 않은데, 그 비효율성을 극복하는 하나의 대안으로 최근에 RNA interference(RNAi) 방법이 개발되었다. 다음 설명 중 옳지 않은 것은? [2003 변리사 자연과학개론 30번]

① RNAi란 특정 유전자의 염기서열에 해당하는 RNA 한쪽 가닥을 세포내에 도입하여 그 유전자의 발현을 저해하는 현상을 말한다.

② 동물에서 관찰되는 RNAi 과정은 식물의 유전자 발현저해현상과 그 기전을 일부 공유한다.

③ 포유류의 경우 RNAi에 사용되는 RNA의 길이가 길면 불특정 RNA 파괴현상도 생긴다.

④ RNAi를 위해서 RNA 자체를 도입하지 않고 DNA를 도입해서 같은 작용을 유발시킬 수 있다.

⑤ RNAi를 이용하여 유전자 치료에 응용할 수 있다.

11 프로테오믹스(proteomics)라고 불리는 새로운 학문분야가 최근에 대두되고 있다. 프로테오믹스에 대한 설명 중 맞는 것은? [2002 변리사 자연과학개론 29번]

① 단백질이 어떻게 합성되는가를 연구한다.

② 세포내에서 어떤 종류의 단백질이 합성되는가를 연구한다.

③ 세포내에서 핵이 어떻게 세포분열 준비를 하는가를 연구한다.

④ mRNA의 전사과정을 연구한다.

⑤ 생물체의 유전자 염기서열을 결정한다.

12 진핵세포의 유전자 안에서 단백질을 만드는데 관여하지 않는 noncoding 영역은 어디인가? [2000 변리사 자연과학개론 28번]

① intron   ② exon   ③ nucleosome

④ oncogene   ⑤ centromere

11-4 돌연변이

01 어떤 유전자의 엑손(exon)부위에서 한 개의 염기쌍이 다른 염기쌍으로 바뀌는 돌연변이가 일어났다. 이런 종류의 돌연변이 유전자가 번역될 경우 예상할 수 있는 결과가 아닌 것은?

[2019 변리사 자연과학개론 27번]

① 정상보다 길이가 짧은 폴리펩티드 생성
② 단일 아미노산이 치환된 비정상 폴리펩티드 생성
③ 아미노산 서열이 정상과 동일한 폴리펩티드 생성
④ 정상에 비해 아미노산 서열은 다르지만 기능 차이는 없는 폴리펩티드 생성
⑤ 해독틀이동(frameshift)이 일어나서 여러 아미노산 서열이 바뀐 폴리펩티드 생성

---

02 그림 (가)는 사람의 체세포에 있는 14번과 21번 염색체를, (나)는 (가)에서 돌연변이가 일어난 염색체를 나타낸 것이다.

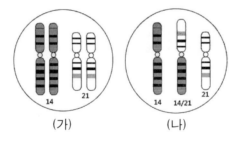

(가)   (나)

(나)의 돌연변이가 일어난 염색체에 관한 설명으로 옳은 것은?

[2018 변리사 자연과학개론 27번]

① 14번 염색체에서 중복이 일어났다.
② 21번 염색체에서 중복이 일어났다.
③ 14번과 21번의 비상동염색체 사이에 전좌가 일어났다.
④ 14번 염색체 안에서 일부분이 서로 위치가 교환되었다.
⑤ 21번 각 상동염색체에 있는 대립유전자가 서로 분리되지 않았다.

---

03 생장을 위해 물질 X를 필요로 하는 곰팡이에 방사선을 조사하여 물질 X를 합성하는 효소를 만드는 유전자들 중 한 유전자에만 돌연변이가 일어난 돌연변이체 I, II, III을 얻었다. 물질 X 합성 과정의 중간산물인 A, B, C를 최소배지에 각각 첨가하였을 때, 곰팡이의 생장 결과를 표로 나타내었다.

구 분	최소배지	중간산물			물 질
		A	B	C	X
야생형	+	+	+	+	+
I	−	−	−	−	+
II	−	+	+	−	+
III	−	+	−	−	+

(+ : 생장함, − : 생장하지 못함)

이에 관한 설명으로 옳은 것만을 〈보기〉에서 있는 대로 고른 것은?

[2017 변리사 자연과학개론 30번]

─────── 〈보 기〉 ───────

ㄱ. 돌연변이체 I은 A, B, C를 이용하여 X를 합성할 수 있다.
ㄴ. 돌연변이체 II는 B를 기질로 이용한다.
ㄷ. 물질 X의 합성은 C → B → A → X의 순으로 진행된다.

① ㄱ   ② ㄴ   ③ ㄷ   ④ ㄱ, ㄴ   ⑤ ㄴ, ㄷ

- -

04 다음은 유전자 내 단일염기변이(SNP)를 검출하기 위해 자주 사용하는 제한효소 단편분석 (RELP: Restriction Fragment Length Polymorphism) 과정을 순서 없이 기술한 것이다. 실험 과정을 순서대로 올바르게 나열한 것은?   [2011 변리사 자연과학개론 30번]

가. 대상자의 백혈구에서 DNA를 추출하고, 제한효소를 처리하여 제한효소 단편 조각을 만든다.
나. 이중가닥으로 된 DNA를 단일 가닥으로 만들고, 특수한 필터 종이에 블롯팅(blotting)한다.
다. 제한효소단편 혼합물을 전기영동한다.
라. X−선 필름을 종이 필터 위에 올려놓고 방사능을 검출한다.
마. 시료를 알아보고자 하는 유전자와 상보적인 염기 서열을 가진 단일가닥 방사성 DNA 탐지자가 들어 있는 용액과 반응시킨다.

① 가 → 나 → 다 → 마 → 라   ② 가 → 다 → 나 → 마 → 라

③ 가 → 마 → 나 → 다 → 라   ④ 나 → 가 → 라 → 마 → 다

⑤ 마 → 다 → 나 → 라 → 가

---

05 〈보기〉는 인간의 DNA 절편이다. (가) 전사, 해독 단계를 거치면서 합성되는 아미노산의 수와 (나) 화살표와 밑줄로 표시된 부분의 뉴클레오타이드 한 개가 소실(deletion)될 경우 합성되는 아미노산의 수를 바르게 짝지은 것은?

[2006 변리사 자연과학개론 16번]

```
─────────────〈보 기〉─────────────
                     ↓
      5'-GATTACTATCTTAACTGATCAAATTCATGTACTC-3'
```

	(가)	(나)
①	4	5
②	5	2
③	6	3
④	8	10
⑤	9	6

---

06 특정 유전자에서 돌연변이가 발생하였지만 그 유전자가 암호화하고 있는 폴리펩티드 서열은 변하지 않았다. 다음 중 이러한 결과가 발생할 가능성이 있는 경우는?

[2005 변리사 자연과학개론 35번]

① 암호화 영역 내에서 두 개의 뉴클레오티드가 결손된 경우

② 개시코돈이 다른 코돈으로 변형된 경우

③ 암호화 영역 내에서 하나의 뉴클레오티드가 삽입된 경우

④ 인트론 내에 세 개의 뉴클레오티드가 삽입되어 새로운 기능성 스플라이싱 수용체 부위 (splicing acceptor site)가 생겨난 경우

⑤ 암호화 영역 내에서 하나의 뉴클레오티드가 다른 뉴클레오티드로 치환된 경우

12 유전자 발현의 조절

01 특정 단백질을 분석하는 방법으로 옳지 않은 것은? [2024 변리사 자연과학개론 26번]

① 노던 블롯팅(Northern blotting)

② 에드만 분해법(Edman degradation)

③ 등전점 전기영동(isoelectric focusing)

④ 2차원 전기영동(2D-electrophoresis)

⑤ 효소결합면역흡착측정법(ELISA)

- -

02 다음은 세균 오페론의 전사 조절 인자들에 관한 자료이다. 이에 관한 설명으로 옳은 것은?

[2023 변리사 자연과학개론 27번]

○ 전사인자에는 활성인자와 억제인자가 있다.
○ 작은 크기의 공동조절자에는 유도자(inducer), 공동활성자(coactivator)와 공동억제자(corepressor)
　가 있다.

① 트립토판(Trp) 오페론의 전사는 양성 조절과 음성 조절을 모두 받는다.

② 젖당(Lac) 오페론의 양성 조절에서 공동조절자가 결합한 전사인자는 전사를 활성화시킨다.

③ 공동조절자에 의한 트립토판 오페론 전사 감쇠(attenuation) 조절 방식은 진핵세포에서도
　일어날 수 있다.

④ 젖당 오페론의 음성 조절에서 공동조절자가 결합한 전사인자는 작동자에 결합한다.

⑤ 트립토판 오페론에서 공동조절자 없이 전사인자만으로 전사가 억제된다.

- -

03 진핵생물의 염색질 구조에 관한 설명으로 옳은 것은? [2023 변리사 자연과학개론 28번]

① 염색질 변형은 복원될 수 없다.

② 히스톤 C-말단 꼬리의 아세틸화는 염색질 구조를 느슨하게 한다.

③ DNA의 메틸화는 전사를 촉진한다.

④ 뉴클레오솜(nucleosome)의 직경은 약 30 nm 정도이다.

⑤ 양전하를 띤 히스톤 단백질과 음전하를 띤 DNA가 결합하여 뉴클레오솜을 형성한다.

----

04 CRISPR-Cas9 시스템에 관한 설명으로 옳지 않은 것은? [2023 변리사 자연과학개론 29번]

① Cas9는 DNA 이중가닥을 절단하는 단백질 효소이다.

② Cas9 단독으로 특정 DNA 서열을 자를 수 있다.

③ 세균은 박테리오파지 감염 방어에 CRISPR-Cas9 시스템을 이용한다.

④ 세균 염색체상에 CRISPR 영역이 위치한다.

⑤ CRISPR-Cas9 시스템을 이용한 유전자 편집으로 돌연변이의 복구가 가능하다.

----

05 대장균의 유전자 발현에 관한 설명으로 옳지 않은 것은? [2022 변리사 자연과학개론 25번]

① RNA 중합효소 I, II, III이 세포질에 존재한다.

② 70S 리보솜이 세포질에서 단백질을 합성한다.

③ DNA 복제과정에서 에너지가 사용된다.

④ 오페론 구조를 통해 전사가 조절된다.

⑤ 단백질 합성의 개시 아미노산은 포밀메티오닌이다.

----

06 사람의 인슐린 유전자를 플라스미드에 클로닝하여 재조합 DNA를 얻은 후, 이 재조합 DNA를 이용하여 박테리아에서 인슐린을 생산하려고 한다. 이 재조합 DNA에 포함된 DNA 서열로 옳은 것만을 〈보기〉에서 있는 대로 고른 것은? [2018 변리사 자연과학개론 29번]

> ──────────── 〈보 기〉 ────────────
> ㄱ. 제한효소자리 서열
> ㄴ. 인슐린 유전자의 인트론 서열
> ㄷ. 선별표지자로 사용되는 항생제 저항성 유전자 서열

① ㄱ   ② ㄴ   ③ ㄷ   ④ ㄱ, ㄷ   ⑤ ㄴ, ㄷ

- -

07 진핵세포와 원핵세포에서 공통적으로 존재하는 유전자발현 조절 단계는? [2011 변리사 자연과학개론 26번]

① mRNA에서 인트론이 제거되는 단계
② 오페론에 의한 조절이 일어나는 단계
③ DNA에서 mRNA가 만들어지는 전사(transcription) 단계
④ mRNA의 모자형성(capping)과 꼬리첨가(tailing) 단계
⑤ 해독(translation)된 폴리펩티드가 당화(glycosylation)되는 단계

- -

🔟3 진화와 분류

01 속씨식물에 관한 설명으로 옳지 않은 것은? [2024 변리사 자연과학개론 29번]

① 꽃이라는 생식기관을 가진 종자식물이다.
② 식물계 중에서 현재 가장 다양하고 널리 분포한다.
③ 타가수분을 통해 유전적 다양성을 증가시킨다.
④ 중복수정은 속씨식물에만 존재하는 특징이다.
⑤ 외떡잎식물은 속씨식물에 속하지 않는다.

- -

02 좌우대칭동물에 관한 설명으로 옳지 않은 것은? [2023 변리사 자연과학개론 30번]

① 연체동물은 촉수담륜동물문이다.

② 후구동물은 원구(blastopore)에서 입이 발달된다.

③ 좌우대칭동물은 삼배엽성동물이다.

④ 환형동물은 진체강동물이다.

⑤ 탈피동물은 외골격을 가지고 있다.

---

03 그림은 파생 형질을 포함하는 식물 계통수의 일부를 나타낸 것이다. (가)는 '꽃'과 '종자'중 하나이다.

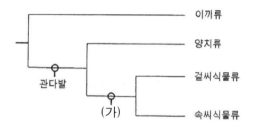

이에 관한 설명으로 옳은 것만을 〈보기〉에서 있는 대로 고른 것은?

[2022년 변리사 자연과학개론 29번]

〈보 기〉

ㄱ. (가)는 '꽃'이다.

ㄴ. 겉씨식물류의 생활사에서 세대 교번이 일어난다.

ㄷ. 중복 수정은 속씨식물류의 특징이다.

① ㄱ   ② ㄴ   ③ ㄱ, ㄷ   ④ ㄴ, ㄷ   ⑤ ㄱ, ㄴ, ㄷ

---

04 유전적 부동에 관한 설명으로 옳은 것만을 〈보기〉에서 있는 대로 고른 것은?

[2022년 변리사 자연과학개론 30번]

─────────────── 〈보 기〉 ───────────────

ㄱ. 병목 효과는 유전적 부동의 한 유형이다.

ㄴ. 유전적 부동은 대립유전자 빈도를 임의로 변화시킬 수 있다.

ㄷ. 유전적 부동은 크기가 큰 집단보다 작은 집단에서 대립유전자 빈도를 크게 변경시킬 수 있다.

① ㄱ   ② ㄷ   ③ ㄱ, ㄴ   ④ ㄴ, ㄷ   ⑤ ㄱ, ㄴ, ㄷ

----

05 그림 (가)~(라)는 생물분류군 A~E의 유연관계를 나타낸 계통수이다.

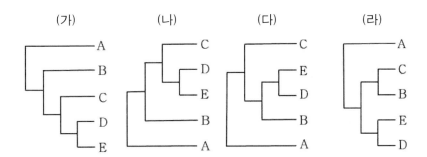

A~E의 진화적 관계가 동일한 계통수를 옳게 짝지은 것은?   [2021 변리사 자연과학개론 28번]

① (가) - (나)   ② (가) - (다)   ③ (나) - (다)   ④ (나) - (라)   ⑤ (다) - (라)

----

06 표는 발생이 정상적으로 이루어지는 어느 생물 집단의 1세대와 10세대에서 유전자형에 따른 개체수를 나타낸 것이다.

유전자형	1세대의 개체수	10세대의 개체수
RR	100	400
Rr	600	100
rr	300	500

이에 관한 설명으로 옳은 것만 을 〈보기〉에서 있는 대로 고른 것은?

[2019 변리사 자연과학개론 21번]

〈보 기〉

ㄱ. 1세대에서 대립유전자 R의 빈도는 0.35이다.
ㄴ. 10세대에서 대립 유전자 r의 빈도는 0.55이다.
ㄷ. 이 집단은 하디-바인베르크 평형이 유지되었다.

① ㄱ   ② ㄴ   ③ ㄱ, ㄷ   ④ ㄴ, ㄷ   ⑤ ㄱ, ㄴ, ㄷ

---

07 병원체가 바이러스인 질병이 아닌 것은? [2019 변리사 자연과학개론 29번]

① 황열병   ② 광견병   ③ 홍역   ④ 광우병   ⑤ 구제역

---

08 유전적 부동의 원인이 되는 현상으로 옳은 것만을 〈보기〉에서 있는 대로 고른 것은?

[2018 변리사 자연과학개론 24번]

〈보 기〉

ㄱ. 창시자 효과	ㄴ. 병목 현상	ㄷ. 수렴진화

① ㄱ   ② ㄷ   ③ ㄱ, ㄴ   ④ ㄴ, ㄷ   ⑤ ㄱ, ㄴ, ㄷ

---

09 그림은 자연선택의 3가지 유형을 나타낸 것이다. 화살표는 선택압을 나타낸다.

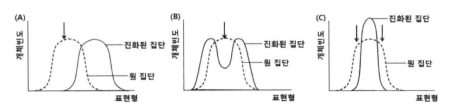

이에 관한 설명으로 옳은 것만을 〈보기〉에서 있는 대로 고른 것은?

[2017 변리사 자연과학개론 24번]

———————————— 〈보 기〉 ————————————

ㄱ. (A)에서는 대립유전자 빈도(allele frequency)가 변화한다.
ㄴ. (B)는 야생 개체군들에서 살충제에 대한 해충의 저항성 증가를 설명해주는 적응 유형이다.
ㄷ. (C)는 '개체군의 평균값은 변하지 않는다'는 것을 설명해 주는 적응유형이다.

① ㄱ   ② ㄴ   ③ ㄱ, ㄷ   ④ ㄴ, ㄷ   ⑤ ㄱ, ㄴ, ㄷ

- -

10 그림은 대립유전자 A와 B의 빈도가 동일한 집단의 유전자풀(gene pool)이 우연한 환경의 변화에 의해 집단의 크기가 감소한 이후, 살아남은 집단의 유전자풀을 나타낸 것이다.

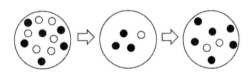

● : 대립유전자 A
○ : 대립유전자 B

이와 같은 진화요인에 의해 나타난 현상으로 옳은 것은?   [2017 변리사 자연과학개론 27번]

① 다른 지역 물개들의 유전적 변이와 비교하여, 북태평양 물개들의 유전적 변이가 적다.
② 갈라파고스 군도에서 각각의 섬에 사는 핀치새의 먹이와 부리 모양은 조금씩 다르다.
③ 말라리아가 번성하는 지역에서는 낫 모양 적혈구 유전자의 빈도가 높게 나타난다.
④ 다양한 항생제에 내성을 가진 슈퍼박테리아 집단이 출현하였다.
⑤ 흰 민들레가 노란 민들레 군락지에서 출현하였다.

- -

11 그림은 동물 계통수의 일부이다.

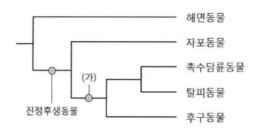

이에 관한 설명으로 옳은 것만을 〈보기〉에서 있는 대로 고른 것은?

[2015 변리사 자연과학개론 30번]

〈보 기〉

ㄱ. (가)는 좌우대칭 동물이다.
ㄴ. 해면동물은 진정한 조직이 없다.
ㄷ. 자포동물−탈피동물 사이의 진화적 유연관계는 해면동물−자포동물 사이 보다 더 가깝다.

① ㄱ   ② ㄷ   ③ ㄱ, ㄴ   ④ ㄴ, ㄷ   ⑤ ㄱ, ㄴ, ㄷ

12 최근 유행하고 있는 조류독감(AI) 바이러스에 대한 설명으로 옳은 것만을 〈보기〉에서 모두 고른 것은?

[2014 변리사 자연과학개론 24번]

〈보 기〉

ㄱ. AI 바이러스는 DNA를 유전물질로 가지고 있어 돌연변이가 많이 일어난다.
ㄴ. 바이러스가 증식할 때 표면 단백질의 형태가 변하므로 AI 바이러스가 감염된 숙주세포에서 항체
   가 만들어지지 않는다.
ㄷ. AI 바이러스는 역전사과정에 의해 핵산이 복제되므로 이 때 돌연변이가 일어날 가능성이 높아진다.

① ㄱ   ② ㄱ, ㄴ   ③ ㄴ   ④ ㄴ, ㄷ   ⑤ ㄷ

13 (가)~(다)는 지금까지 발견된 화석을 근거로 하여 명명된 사람류(hominins) 종의 일부이다.

> (가) 호모 하빌리스(Homo habilis)
>
> (나) 오스트랄로피테쿠스 아파렌시스(Australopithecus afarensis)
>
> (다) 호모 에렉투스(Homo erectus)

(가), (나), (다)를 과거로부터 현존하는 호모 사피엔스(Homo sapiens) 이전까지 시간에 따라 옳게 나열한 것은?   [2013 변리사 자연과학개론 30번]

① (가)-(나)-(다)   ② (가)-(다)-(나)   ③ (나)-(가)-(다)

④ (나)-(다)-(가)   ⑤ (다)-(나)-(가)

---

14 자연선택에 대한 설명으로 옳은 것만을 〈보기〉에서 있는 대로 고른 것은?

[2012 변리사 자연과학개론 24번]

━━━━━━━━━━━━ 〈보 기〉 ━━━━━━━━━━━━

ㄱ. 자연선택이 안정화 선택(stabilizing selection)의 방향으로 일어나면, 대부분의 종에서 진화속도가 느려진다.

ㄴ. 방향성 선택(directional selection)의 결과로 집단 내 어떤 형질의 평균값은 극단을 향해 이동한다.

ㄷ. 분단성 선택(disruptive selection)이 일어나는 집단에서는 변이가 증가된다.

① ㄱ   ② ㄱ, ㄴ, ㄷ   ③ ㄱ, ㄷ   ④ ㄴ, ㄷ   ⑤ ㄷ

---

15 초기의 생명근본 물질이 RNA 라고 주장할 수 있는 근거로 옳은 것을 〈보기〉에서 모두 고른 것은?   [2008 변리사 자연과학개론 25번]

━━━━━━━━━━━━ 〈보 기〉 ━━━━━━━━━━━━

ㄱ. 리보자임 (ribozyme)

ㄴ. RNA 게놈을 갖는 바이러스

ㄷ. 밀러의 '생명의 근원' 실험 결과

① ㄱ   ② ㄴ   ③ ㄱ, ㄴ   ④ ㄴ, ㄷ   ⑤ ㄱ, ㄴ, ㄷ

16 다음 중 진화에 대한 설명으로 좋지 않은 것은 [2008 변리사 자연과학개론 30번]

① 진화를 일으키는 주요 원인 중 하나는 자연선택이다.

② 지진, 홍수, 산불 등으로 소진화 현상이 생길 수 있다.

③ 개체군의 크기가 작을수록 유전적 부동의 영향을 더 많이 받는다.

④ 하디-와인버그(Hardy-Weinberg) 법칙은 지속적으로 진화하는 개체군을 수식으로 설명한 것이다.

⑤ 진화는 시간이 흐르면서 어떤 개체군의 유전자 풀(gene pool)에 존재하는 대립인자의 상대적 빈도가 변화하는 과정이다.

----

17 바이러스에 대한 설명 중 틀린 것은? [2005 변리사 자연과학개론 33번]

① 생물과 무생물의 특징을 함께 가지고 있다.

② AIDS 바이러스(HIV)는 DNA 바이러스이다.

③ 구제역, 독감, 광견병, 홍역 등의 질병을 일으킨다.

④ TMV(담배 모자이크 바이러스)는 단백질과 핵산으로 이루어져 있다.

⑤ 살아있는 숙주 세포 내에 기생한다.

----

18 최초의 유전자는 DNA가 아니라 RNA라고 주장하는 이론에 대한 설명 중 틀린 것은?

[2003 변리사 자연과학개론 26번]

① RNA가 DNA보다 더 안정적인 구조이다.

② 단백질 효소의 도움 없이 RNA는 스스로 복제가 가능하다.

③ DNA 복제는 RNA 복제 과정에 비해 복잡하고 효소가 많이 필요하다.

④ rRNA의 일차 전사체는 효소의 도움 없이 스스로 인트론을 제거할 수 있다.

⑤ 작은 RNA 분자를 이용하여 대장균의 tRNA 일차 전사체를 자르고 붙이는 일이 가능하다.

----

19 아래의 학설은?   [2002 변리사 자연과학개론 28번]

> · 진화가 갑자기 시작된다.
> · 일단 종이 형성되면 수백만 년의 오랜 기간 동안 변하지 않다가 갑자기 수만년 만에 크게 변할 수 있다.

① gradualism   ② punctuated equilibrium
③ convergent evolution   ④ adaptive radiation
⑤ divergent evolution

---

14 영양과 소화

01 그림은 지방이 소화되는 과정의 일부(A~D)를 나타낸 것이다.

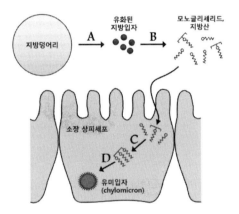

이에 관한 설명으로 옳지 않은 것은?   [2018 변리사 자연과학개론 25번]

① A에서 담즙이 작용한다.
② A와 B는 위(stomach)에서 일어난다.
③ C에서 모노글리세리드와 지방산은 다시 트리글리세리드로 합성된다.
④ D 이후 형성된 유미입자(chylomicron)는 단백질을 포함한다.
⑤ 유미입자는 소장 상피세포를 빠져나와 유미관(암죽관)으로 들어간다.

02 그림은 인체 소화기관의 구조를 나타낸 것이다.

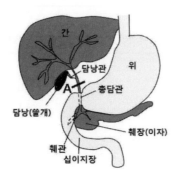

A 지점을 묶었을 때 직접적으로 영향을 받는 것은?   [2017 변리사 자연과학개론 25번]

① 지방의 소화 효율이 떨어진다.
② 녹말의 소화 효율이 떨어진다.
③ 핵산의 소화 효율이 떨어진다.
④ 수용성 비타민의 흡수가 감소한다.
⑤ 단백질의 소화 효율이 떨어진다.

----

03 사람 장내세균에 대한 설명으로 옳은 것만을 〈보기〉에서 모두 고른 것은?

[2014 변리사 자연과학개론 26번]

<보 기>

ㄱ. 장내세균은 섬유소(cellulose)를 분해하여 인간의 소화를 돕는다.
ㄴ. 대장균 O157(E. coli O157)은 장내세균 중 유해한 균이다.
ㄷ. 장내세균은 토양에서는 발견되지 않는다.

① ㄱ   ② ㄱ, ㄴ   ③ ㄱ, ㄴ, ㄷ   ④ ㄴ   ⑤ ㄷ

----

04 쓸개즙에 대한 설명으로 옳은 것만을 〈보기〉에서 있는 대로 고른 것은?

[2009 변리사 자연과학개론 24번]

─────────── 〈보 기〉 ───────────

ㄱ. 간에서 만들어진다.

ㄴ. 지용성 비타민의 흡수를 돕는다.

ㄷ. 지방을 분해하는 소화효소가 들어있다.

① ㄴ   ② ㄷ   ③ ㄱ, ㄴ   ④ ㄱ, ㄷ   ⑤ ㄱ, ㄴ, ㄷ

- -

05 포유동물의 영양 또는 소화에 대한 옳은 설명을 〈보기〉에서 모두 고른 것은?

[2007 변리사 자연과학개론 21번]

─────────── 〈보 기〉 ───────────

ㄱ. 산성에 저항성을 갖는 세균인 헬리코박터 필로리(Helicobacter pylori)는 위 점막을 파괴하고 위
   내층에 염증을 유발하여 위궤양을 야기한다.

ㄴ. 정상인의 간문맥을 통해 이동하는 혈액의 포도당 농도는 식사에 포함된 탄수화물의 양에 상관없
   이 약 90mg/100mL이다.

ㄷ. 지방분해는 효소 외에도 쓸개에서 합성되는 쓸개즙(bile)에 의해서 이루어진다.

ㄹ. 위의 부세포에서 분비된 염산은 주세포에서 분비된 불활성의 펩시노겐을 활성 형태로 바꾼다.

① ㄱ, ㄴ   ② ㄱ, ㄹ   ③ ㄷ, ㄹ   ④ ㄱ, ㄴ, ㄷ   ⑤ ㄴ, ㄷ, ㄹ

- -

06 사람의 소화 기관에서 분비되는 물질 X, Y가 지방의 소화에 관여하는지를 확인하고자 다음과 같은 실험을 하였다. 다음 중 물질 X, Y를 바르게 짝지은 것은?

[2006 변리사 자연과학개론 19번]

시험관	혼합물	소화생성물의 양(g)
A	지방+물질 X	0.2
B	지방+물질 X, Y	0.5
C	지방+물질 Y	0.0
D	지방	0.0

	물질 X	물질 Y
①	리파아제	이자액
②	리파아제	쓸개즙
③	펩신	쓸개즙
④	염산	리파아제
⑤	이자액	펩신

---

07 사람에 있어서 간(liver)의 기능에 대한 설명 중 틀린 것은? [2005 변리사 자연과학개론 39번]

① 장에서 흡수된 양분은 간동맥을 통하여 간으로 이동하며, 간에서 나온 혈액은 간정맥을 경유하여 하대정맥으로 들어간다.

② 포도당을 글리코겐으로 저장하거나 글리코겐을 포도당으로 분해함으로써 혈당량을 조절한다.

③ 여분의 당과 아미노산을 지방으로 전환시켜 저장조직에 저장한다.

④ 아미노산이 분해될 때 생기는 암모니아를 독성이 거의 없는 요소(urea)로 전환시킨다.

⑤ 체내에 들어온 유독물질을 분해하고 수명이 다한 적혈구를 파괴시킨다.

---

08 췌장(pancreatic islets)의 베타 세포가 손상을 입었을 때 나타나는 현상으로 바르게 설명된 것은?

[2004 변리사 자연과학개론 25번]

① 인슐린(insulin)의 생성이 감소한다.

② 글루카곤(glucagon)의 생성이 감소한다.

③ 혈액 내 포도당의 양이 감소한다.

④ 소화효소가 포함된 알칼리성의 췌장액이 분비되지 않아 소화에 문제가 있다.

⑤ 지방질을 유화시킬 수 없어 지방 및 지용성 비타민의 흡수에 문제가 있다.

09 사람은 여러 가지 음식물에서 비타민을 반드시 섭취하여야 한다. 그 이유는?

[2000 변리사 자연과학개론 29번]

① 에너지원으로 사용하기 때문에

② 음식물의 소화에 도움을 주기 위하여

③ 효소로 작용하므로

④ 효소의 보조요소(cofactor)로 작용하므로

⑤ 세포막의 지질층을 안정시키기 위해

10 아미노산 중에 필수 아미노산이라고 불리우는 것이 있는데 그 이유 중 맞는 것은?

[2000 변리사 자연과학개론 30번]

① 단백질을 만드는데 필요하므로

② 어떤 동물 체내에서는 다른 아미노산으로부터 합성할 수 없어서

③ 모든 동물에게 필요한 아미노산이므로

④ 에너지의 근원이므로

⑤ 핵산을 만드는데 필요하므로

15 호흡계

01 호흡과 관련된 설명으로 옳은 것만을 〈보기〉에서 있는 대로 고른 것은?

[2011 변리사 자연과학개론 22번]

〈보 기〉
ㄱ. 흡기동안 횡격막이 이완한다.
ㄴ. 산소와 이산화탄소의 교환은 각 기체의 분압 차에 따른 확산에 의해 일어난다.
ㄷ. 세포호흡은 조직세포에서 유기물을 산화시켜 에너지를 얻는 과정으로, 세포 내 미토콘드리아에서 일어난다.
ㄹ. 폐포에서 기체교환을 마치고 빠져나온 혈액은 심장의 우심방으로 간다.

① ㄱ, ㄴ   ② ㄴ, ㄷ   ③ ㄷ, ㄹ   ④ ㄱ, ㄴ, ㄷ   ⑤ ㄴ, ㄷ, ㄹ

16 순환계

01 포유동물의 동맥, 정맥, 모세혈관에 관한 설명으로 옳은 것만을 〈보기〉에서 있는대로 고른 것은?

[2021 변리사 자연과학개론 23번]

〈보 기〉
ㄱ. 혈압은 동맥에서 가장 높다.
ㄴ. 혈류의 속도는 정맥에서 가장 느리다.
ㄷ. 총단면적은 모세혈관에서 가장 크다.

① ㄱ   ② ㄴ   ③ ㄱ, ㄷ   ④ ㄴ, ㄷ   ⑤ ㄱ, ㄴ, ㄷ

02 포유동물의 순환계 및 호흡계와 관련된 설명으로 옳은 것만을 〈보기〉에서 있는 대로 고른
   것은?
   [2019 변리사 자연과학개론 26번]

─────────────────── 〈보 기〉 ───────────────────

ㄱ. 헤모글로빈은 효율적 산소운반을 돕는다.

ㄴ. 폐순환고리(pulmonary circuit)의 경우 동맥보다 정맥의 혈액이 산소포화도가 더 높다.

ㄷ. 동맥, 정맥, 모세혈관 중 모세혈관에서 혈압이 가장 낮다.

① ㄱ   ② ㄴ   ③ ㄷ   ④ ㄱ, ㄴ   ⑤ ㄱ, ㄴ, ㄷ

----

03 어느 환자의 심전도에서 심방의 수축은 규칙적이지만, 심방수축 후의 심실 수축은 불규칙
   한 것이 관찰되었다. 이 환자는 심장주기(cardiac cycle) 동안 심장의 전기신호 전도 과정에
   이상이 생긴 것으로 확인되었다. 다음 중 이 환자에서 기능에 이상이 생긴 것으로 판단되
   는 부위로 가장 적절한 것은?
   [2013 변리사 자연과학개론 23번]

① 방실결절   ② 반월판   ③ 관상동맥   ④ 동방결절   ⑤ 폐정맥

----

04 다음은 심장 박동에 따른 전기 활성도를 측정한 것이다. 심방의 수축시기와 심실의 수축시
   기를 순서대로 옳게 나열한 것은?
   [2012 변리사 자연과학개론 28번]

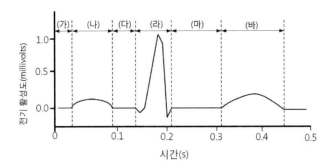

① (가), (다)   ② (가), (라)   ③ (나), (라)   ④ (나), (바)   ⑤ (라), (바)

----

05 헤모글로빈의 특성에 대한 설명으로 옳은 것만을 〈보기〉에서 있는 대로 고른 것은?

[2011 변리사 자연과학개론 25번]

――――――――――――――――――― 〈보 기〉 ―――――――――――――――――――

ㄱ. 산소 분압이 증가하면 산소해리도가 감소한다.
ㄴ. 산소가 순차적으로 결합할수록 다음 산소에 대한 친화력은 점차 감소한다.
ㄷ. 혈액의 pH가 증가하면 산소해리도가 증가한다.

① ㄱ   ② ㄴ   ③ ㄷ   ④ ㄱ, ㄴ   ⑤ ㄱ, ㄷ

― ―

06 사람의 순환계에 대한 설명으로 옳은 것은?   [2007 변리사 자연과학개론 22번]

① 동맥, 정맥, 모세혈관 중 평균 혈압이 가장 낮은 곳은 모세혈관이다.
② 숨을 들이쉴 때 혈압이 일시적으로 증가한다.
③ 혈액은 하대정맥 → 상대정맥 → 우심방 → 우심실 → 폐동맥 → 폐 → 폐정맥 → 좌심방 →
  좌심실의 순으로 순환한다.
④ 혈류의 속도가 모세혈관에서 낮아지는 주된 이유는 모세혈관이 심장으로부터 가장 멀리 있
  기 때문이다.
⑤ 푸르킨예 섬유(Purkinje fiber)에 전달되는 신호는 심실의 수축을 조절한다.

― ―

17 면역계

01 골수에서 자가반응성을 가진 미성숙 B세포가 죽게 되는 과정으로 옳은 것은?

[2024 변리사 자연과학개론 24번]

① 동형전환(isotype switching)   ② 세포괴사(necrosis)
③ 양성선택(positive selection)   ④ 보체활성화(complement activation)
⑤ 세포자멸사(apoptosis)

― ―

02 사람의 적응면역에 관한 설명으로 옳은 것만을 〈보기〉에서 있는 대로 고른 것은?

[2023 변리사 자연과학개론 24번]

─────────────────────── 〈보 기〉 ───────────────────────

ㄱ. 항원제시세포는 I형 MHC 분자만을 가진다.

ㄴ. 세포독성 T세포는 감염된 세포를 죽인다.

ㄷ. T세포는 골수에서 성숙한다.

ㄹ. B세포 항원수용체와 항체는 항원표면의 항원결정부(epitope)를 인식한다.

① ㄱ, ㄴ ② ㄱ, ㄷ ③ ㄴ, ㄷ ④ ㄴ, ㄹ ⑤ ㄷ, ㄹ

---

03 IgM에 관한 설명으로 옳은 것만을 〈보기〉에서 있는 대로 고른 것은?

[2022 변리사 자연과학개론 24번]

─────────────────────── 〈보 기〉 ───────────────────────

ㄱ. 1차 면역반응에서 B세포로부터 처음 배출되는 항체이다.

ㄴ. 눈물과 호흡기 점막 같은 외분비액에 존재하며 국소방어에 기여한다.

ㄷ. 알레르기 반응에 관여한다.

① ㄱ ② ㄴ ③ ㄷ ④ ㄱ, ㄴ ⑤ ㄱ, ㄷ

---

04 동물의 적응면역 (acquired immunity)에 관한 설명으로 옳은 것은?

[2020 변리사 자연과학개론 29번]

① 항체 IgG는 5량체를 형성한다.

② T세포는 체액성 면역반응이다.

③ B세포는 감염된 세포를 죽인다.

④ 항원제시세포는 I형 및 II형 MHC 분자를 모두 가지고 있다.

⑤ T세포는 항체를 분비한다.

---

05 항체는 IgM, IgG, IgA, IgE, IgD의 다섯 종류로 구분된다. 각 항체의 특성으로 옳지 않은 것은? [2016 변리사 자연과학개론 23번]

① IgM은 1차 면역반응에서 B 세포로부터 가장 먼저 배출되는 항체이다.

② IgG는 5합체를 형성하며 태반을 통과하지 못한다.

③ IgA는 눈물, 침, 점액 같은 분비물에 존재하며 점막의 국소방어에 기여한다.

④ IgE는 혈액에 낮은 농도로 존재하며 알레르기 반응 유발에 관여한다.

⑤ IgD는 항원에 노출된 적이 없는 성숙 B 세포 표면에 IgM과 함께 존재한다.

---

06 척추동물의 면역계를 구성하는 세포에 대한 설명으로 옳은 것만을 〈보기〉에서 있는 대로 고른 것은? [2010 변리사 자연과학개론 25번]

〈보 기〉

ㄱ. B세포는 림프구의 일종이며, 체액성 면역에 관여한다.

ㄴ. 호중구(neutrophil)는 가장 흔한 백혈구이며 식세포작용을 한다.

ㄷ. 단핵구는 과립을 가지고 있으며 기생충에 대한 방어 작용에 관여한다.

① ㄱ   ② ㄴ   ③ ㄱ, ㄴ   ④ ㄴ, ㄷ   ⑤ ㄱ, ㄴ, ㄷ

---

07 다음 중 우리 몸의 면역반응에 관한 설명으로 옳은 것은? [2008 변리사 자연과학개론 23번]

① 우리 몸에서는 특이적 면역반응만 일어난다.

② 염증반응은 외부 침입체로부터 몸을 보호하는 반응이 아니다.

③ 면역관용은 자신의 면역세포가 자기항원과 결합하여 반응하는 현상이다.

④ 조직이식 시 거부현상이 일어나는 주된 원인은 개인마다 T세포 수용체가 다르기 때문이다.

⑤ 한 종류의 형질세포(plasma cell)는 항원 특이성이 동일한 항체를 생산한다.

---

08 포유동물의 면역계에 대한 설명으로 옳지 않은 것은?   [2007 변리사 자연과학개론 28번]

① 1차 면역반응(primary immune response) 때 주로 분비되는 항체는 IgG이다.
② 주조직적합복합체(major histocompatibility complex, MHC)는 세포 내부에서 항원 펩티드조
   각과 결합 후 세포막으로 이동하여 항원을 세포 표면에 노출시킨다.
③ 골수에서 흉선(thymus)으로 이동하는 림프구는 T세포로 발달하며, 골수에 남아서 성숙하
   는 림프구는 B세포가 된다.
④ 항원을 섭취한 수지상세포(dendritic cell)는 림프절(lymph node)로 이동하여 처녀세포와 T
   세포에게 항원을 제시한다.
⑤ 세포독성 T세포는 바이러스, 암세포, 이식된 세포 등을 제거한다.

---

09 다음 〈보기〉 중 면역계의 장애와 관련된 질병을 모두 고른 것은?

[2006 변리사 자연과학개론 12번]

──────────── 〈보 기〉 ────────────

ㄱ. 류마티스성 관절염
ㄴ. 겸상적혈구빈혈증
ㄷ. 무감마글로불린혈증(agammaglobulinemia)
ㄹ. AIDS

① ㄱ, ㄷ   ② ㄱ, ㄹ   ③ ㄱ, ㄷ, ㄹ   ④ ㄴ, ㄷ, ㄹ   ⑤ ㄱ, ㄴ, ㄷ, ㄹ

---

10 항체(immunoglobulin)에 대한 다음 설명 중 옳지 않은 것은?   [2006 변리사 자연과학개론 13번]

① 사람의 항체는 네 가지 종류로 나눌 수 있다.
② 항체 중에는 보체(complement)를 활성화시켜 침입한 세포에 구멍을 내는 것이 있다.
③ 항체 분자를 구성하는 모든 폴리펩타이드 사슬은 V 구역(region)과 C 구역을 가지고 있다.
④ 항체는 V 구역에서 특정한 항원을 인식하여 결합한다.
⑤ 항체를 생산하는 B 세포를 플라즈마 세포(plasma cell)라 한다.

---

11 인간의 면역체계에 있어서 비특이적 방어에 관여하는 것은? [2005 변리사 자연과학개론 36번]

① 인터페론   ② 기억 B세포   ③ 항체
④ B 임파구   ⑤ T 임파구

---

12 백혈구가 박테리아를 잡아먹는 과정을 무엇이라 부르는가? [2004 변리사 자연과학개론 27번]

① 엑소시토시스(exocytosis)
② 음세포작용(pinocytosis)
③ 식세포작용(phagocytosis)
④ 능동수송(active transport)
⑤ 삼투작용(osmosis)

---

13 다음 면역체계의 세포 중에서 관여하는 세포방어의 종류가 나머지와 다른 세포는?

[2003 변리사 자연과학개론 28번]

① 산성 백혈구   ② 단핵구   ③ 중성백혈구
④ T세포   ⑤ 대식세포

---

14 다음 중 암의 치료법으로서 가장 거리가 먼 것은? [2000 변리사 자연과학개론 23번]

① 화학요법   ② 방사선요법   ③ 수술
④ 면역요법   ⑤ 호르몬요법

---

18 배설계

01 그림은 신장의 네프론과 집합관을 나타낸 것이다.

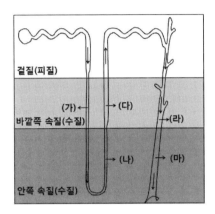

이에 관한 설명으로 옳은 것은? [2017 변리사 자연과학개론 22번]

① (가)에서 아쿠아포린을 통해 H_2O가 흡수된다.

② 오줌 여과액의 농도는 (나)보다 (다)에서 더 높다.

③ (라)에서 NaCl이 확산에 의하여 재흡수된다.

④ 뇌하수체 전엽에서 분비되는 항이뇨호르몬(ADH)에 의해 (마)에서 H_2O의 재흡수가 촉진된다.

⑤ (가)~(마) 중에서 NaCl의 재흡수가 일어나지 않는 곳은 (가)와 (나)이고, 재흡수가 일어나는 곳은 (다)~(마)이다.

----

01 사람의 신호전달과정에 관한 설명으로 옳은 것은?　　　[2023 변리사 자연과학개론 23번]

　① 국소분비 신호전달(paracrine signaling)은 분비된 분자가 국소적으로 확산되어 분비한 세포 자신의 반응을 유도한다.

　② 신경전달물질(neurotransmitter)은 신경세포의 말단에서 혈류로 확산된다.

　③ 수용성 호르몬은 세포 표면의 신호 수용체에 결합하면 세포반응이 유도된다.

　④ 에피네프린은 세포질내의 수용체 단백질과 결합하여 호르몬-수용체 복합체를 형성한다.

　⑤ 내분비 신호전달(endocrine signaling)은 짧은 거리의 표적세포에 신호를 전달한다.

----

02 다음은 그레이브스병(Graves' disease)과 그레이브스병을 가진 여성 A에 대한 자료이다.

○ 그림은 갑상샘호르몬의 분비가 유도되는 과정을 나타낸 것이다.

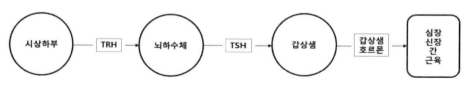

　　TRH : 갑상샘자극호르몬 방출호르몬
　　TSH : 갑상샘자극호르몬

○ 그레이브스병은 수용체 작동제(receptor agonist)로 작용하는 항-TSH 수용체 항체를 생성하는 자가면역질환이며, A는 갑상샘 항진증을 갖고 있다.

○ A가 출산한 B는 태어난 직후 항-TSH 수용체 항체를 가지고 있었고, 시간이 지난 후 B에서 더 이상 이 항체가 발견되지 않았다.

이에 관한 설명으로 옳은 것만을 〈보기〉에서 있는 대로 고른 것은?

[2021 변리사 자연과학개론 24번]

〈보 기〉

ㄱ. A에서 갑상샘호르몬의 양이 증가해도 갑상샘으로부터 지속적으로 호르몬이 분비된다.

ㄴ. A에서 갑상샘호르몬은 뇌하수체 전엽에 작용하여 TSH의 분비를 촉진한다.

ㄷ. B가 가지고 있던 항-TSH 수용체 항체의 유형은 IgG 이다.

① ㄱ   ② ㄴ   ③ ㄷ   ④ ㄱ, ㄴ   ⑤ ㄱ, ㄷ

---

03 정상인과 비교하여 치료받지 않은 제1형 당뇨병(인슐린 의존성 당뇨병)을 가진 환자에서 나타나는 현상으로 옳지 않은 것은?   [2018 변리사 자연과학개론 22번]

① 간에서 케톤체(ketone body) 생성이 증가한다.

② 혈액의 pH가 증가한다.

③ 물의 배설이 증가한다.

④ 지방 분해가 증가한다.

⑤ Na^+의 배설이 증가한다.

---

04 호르몬 수용체(receptor)에 관한 설명으로 옳지 않은 것은?   [2015 변리사 자연과학개론 23번]

① 단백질 분자이다.

② 호르몬과 결합하면 세포 내에서 특정 화학 반응이 유도된다.

③ 어떤 호르몬 수용체는 세포질에 존재한다.

④ 호르몬의 크기와 형태를 인식하여 결합한다.

⑤ 세포막에서 호르몬을 세포 안으로 수송한다.

---

05 다음은 갑상선 호르몬의 분비 조절 과정을 나타낸 것이다.

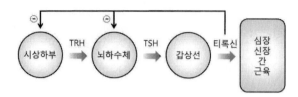

이에 관한 설명으로 옳은 것만을 〈보기〉에서 있는 대로 고른 것은?

[2015 변리사 자연과학개론 24번]

〈보 기〉

ㄱ. 체온이 떨어지면 TRH 분비가 증가한다.
ㄴ. 티록신의 과다 분비는 TSH 분비를 촉진한다.
ㄷ. TSH 분비가 증가되면 물질대사가 활발해진다.
ㄹ. 티록신이 과다 분비되면 갑상선 비대증이 생긴다.

① ㄱ, ㄷ   ② ㄱ, ㄹ   ③ ㄴ, ㄷ   ④ ㄴ, ㄹ   ⑤ ㄷ, ㄹ

----

06 갑자기 독사를 보고 위험을 느끼게 되면, 호르몬이 분비되어 심장 박동이 빨라지며 소화관에 있는 혈관들이 수축하고 근육으로 더 많은 혈액이 흐르게 되며 간에서 글리코겐이 빠르게 포도당으로 전환된다. 이 호르몬이 분비되는 곳은? [2014 변리사 자연과학개론 27번]

① 갑상선   ② 뇌하수체   ③ 부갑상선   ④ 부신피질   ⑤ 부신수질

----

07 인슐린과 관련된 설명으로 옳은 것만을 〈보기〉에서 있는 대로 고른 것은?

[2013 변리사 자연과학개론 21번]

─────────── 〈보 기〉 ───────────

ㄱ. 인슐린의 주요 표적세포는 이자에 있다.

ㄴ. 인슐린은 글루카곤과의 길항작용을 통해 혈당을 조절한다.

ㄷ. 인슐린 수용체에 기능 결손 돌연변이가 생기면 돌연변이 발생 이전보다 오줌의 양이 증가한다.

① ㄱ   ② ㄱ, ㄴ, ㄷ   ③ ㄱ, ㄷ   ④ ㄴ   ⑤ ㄴ, ㄷ

---

08 다음은 생체 내의 항상성 조절에 대한 설명이다. 설명이 옳은 것만을 〈보기〉에서 있는 대로 고른 것은?

[2012 변리사 자연과학개론 21번]

─────────── 〈보 기〉 ───────────

ㄱ. 분자량이 작은 물의 비열이 높은 이유는 물 분자 사이의 공유결합을 끊는데, 에너지가 많이 소비되기 때문이다.

ㄴ. 생체내 활성형 비타민인 디히드록시 비타민 D는 소화관에서 Ca^{2+} 흡수를 촉진한다.

ㄷ. 콩팥의 네프론에서 Na^+ 및 물의 재흡수는 각각 알도스테론 및 항이뇨호르몬(ADH)에 의하여 조절된다.

ㄹ. 동물의 신체활동조절에 관여하는 티록신은 원형질막에 있는 수용체와 결합하여 신호전달을 수행한다.

① ㄱ, ㄷ   ② ㄱ, ㄹ   ③ ㄴ, ㄷ   ④ ㄴ, ㄷ, ㄹ   ⑤ ㄴ, ㄹ

09 호르몬의 작용에 대한 설명으로 옳은 것을 〈보기〉에서 모두 고른 것은?

[2008 변리사 자연과학개론 24번]

〈보 기〉

ㄱ. 세포가 포도당을 흡수하여 혈중 포도당 농도가 감소하면 이자에서 글루카곤의 분비가 촉진된다.

ㄴ. 인슐린은 혈당량 증가에 의하여 시상하부로부터의 신경자극을 통해 이자의 β 세포로부터 분비된다.

ㄷ. 혈당량 조절에 대한 인슐린과 글루카곤의 관계는 수분 조절에 대한 티록신과 바소프레신의 관계와 동일하다.

① ㄱ   ② ㄴ   ③ ㄷ   ④ ㄱ, ㄴ   ⑤ ㄴ, ㄷ

10 세포들은 외부의 신호에 대해 다양한 방법으로 반응한다. 신호전달에 사용되는 단백질의 하나인 스테로이드 수용체에 대한 다음 설명 중 잘못된 것은? [2003 변리사 자연과학개론 25번]

① 유전자 전사 조절에 관여한다.
② 일반적으로 세포막에 존재하며 세포 밖의 스테로이드 호르몬과 결합한다.
③ 스테로이드 종류에 따라 친화력이 다른 수용체들이 존재한다.
④ 티로이드(thyroid) 호르몬 수용체와 유사한 구조를 갖는다.
⑤ 이 수용체는 핵으로 들어가 작용한다.

20 신경계

01 교감신경계의 작용에 관한 설명으로 옳지 않은 것은?   [2020 변리사 자연과학개론 24번]

① 기관지가 수축된다.
② '싸움-도피 반응(fight or flight response)'이다.
③ 심장박동이 촉진된다.
④ 신경절후에서 노르에피네프린이 분비된다.
⑤ 동공이 확대된다.

94 PART 01. 기출문제와 예상문제

02 신경세포에서 활동전위(action potential)에 관한 설명으로 옳은 것만을 〈보기〉에서 있는 대로 고른 것은?
[2019 변리사 자연과학개론 25번]

〈보 기〉
ㄱ. K^+ 이온의 투과도는 휴지상태에 비해 활동전위의 하강기에 더 작다.
ㄴ. 활동전위의 상승기에는 Na^+ 이온의 투과도가 K^+ 이온의 투과도보다 크다.
ㄷ. 전압개폐성 이온통로(voltage-gated ion channel)의 작용을 막을 경우 활동전위는 생성되지 않는다.

① ㄱ   ② ㄴ   ③ ㄱ, ㄷ   ④ ㄴ, ㄷ   ⑤ ㄱ, ㄴ, ㄷ

----

03 화학적 시냅스는 이웃한 신경세포간의 시냅스 간극(synaptic cleft)을 신경전달물질 (neurotransmitter)로 연결한다. 다음 〈보기〉에서 화학적 시냅스에 관한 올바른 설명을 모두 고른 것은?
[2007 변리사 자연과학개론 30번]

〈보 기〉
ㄱ. 활동전위가 시냅스 전 세포의 축삭말단에 생화학적 변화를 일으켜 시냅스 소포와 시냅스 전 신경세포의 세포막이 융합한다.
ㄴ. 신경전달물질은 시냅스 후 신경세포막에 존재하는 수용체와 결합하여 그 수용체의 Na^+/K^+ 펌프 기능을 활성화시킨다.
ㄷ. 시냅스 소포가 시냅스 간극에 신경전달물질을 방출한다.
ㄹ. 수용체에 결합한 신경전달물질은 효소에 의하여 분해된다.

① ㄱ, ㄴ   ② ㄷ, ㄹ   ③ ㄱ, ㄷ, ㄹ   ④ ㄴ, ㄷ, ㄹ   ⑤ ㄱ, ㄴ, ㄷ, ㄹ

----

21 감각계

22 근육계

01 격렬한 운동 직후 근육세포에 운동 전보다 더 많아진 것만을 〈보기〉에서 있는 대로 고른 것은? [2009 변리사 자연과학개론 23번]

─────────── 〈보 기〉 ───────────

ㄱ. 젖산   ㄴ. 액틴   ㄷ. NAD^+ ㄹ. 크레아틴인산

① ㄱ, ㄴ   ② ㄱ, ㄷ   ③ ㄴ, ㄷ   ④ ㄴ, ㄹ   ⑤ ㄱ, ㄷ, ㄹ

23 생태계

01 열대우림의 특징에 관한 설명으로 옳은 것만을 〈보기〉에서 있는 대로 고른 것은? [2024 변리사 자연과학개론 30번]

─────────── 〈보 기〉 ───────────

ㄱ. 토양은 산성이다.
ㄴ. 일교차가 크다.
ㄷ. 단위 면적당 식물 종의 다양성이 육상생태계 중 가장 높다.

① ㄱ   ② ㄴ   ③ ㄱ, ㄷ   ④ ㄴ, ㄷ   ⑤ ㄱ, ㄴ, ㄷ

02 질소순환에 관한 설명으로 옳은 것은? [2020 변리사 자연과학개론 23번]

① 식물은 질소(N_2)를 직접 흡수한다.
② 질산화(nitrification)는 질산이온(NO_3^-)을 아질산이온(NO_2^-)으로 전환시키는 과정이다.
③ 질소고정(nitrogen fixation)은 토양의 암모늄 이온(NH_4^+)을 아질산이온(NO_2^-)으로 전환시키는 과정이다.
④ 식물의 뿌리는 질산이온(NO_3^-)과 암모늄 이온(NH_4^+) 형태로 흡수한다.
⑤ 암모니아화(ammonification)는 공기중의 질소(N_2)를 암모니아(NH_3)와 암모늄이온(NH_4^+)으로 전환하는 과정이다.

03 생물군계(biome)의 우점 식물에 관한 설명으로 옳은 것만을 〈보기〉에서 있는 대로 고른 것은?

[2019 변리사 자연과학개론 28번]

─────────────── 〈보 기〉 ───────────────
ㄱ. 사바나에서는 지의류, 이끼류가 지표종이면서 우점한다.
ㄴ. 열대우림에서는 활엽상록수가 우점한다.
ㄷ. 온대활엽수림에서는 겨울 전에 잎을 떨어뜨리는 낙엽성 목본들이 우점한다.
────────────────────────────────────

① ㄱ   ② ㄴ   ③ ㄷ   ④ ㄱ, ㄴ   ⑤ ㄴ, ㄷ

---

04 생태계의 질소 순환에 관한 설명으로 옳은 것만을 〈보기〉에서 있는 대로 고른 것은?

[2019 변리사 자연과학개론 30번]

─────────────── 〈보 기〉 ───────────────
ㄱ. 질소고정(nitrogen fixation) 박테리아는 대기 중의 질소(N_2)를 암모니아(NH_3) 형태로 고정한다.
ㄴ. 탈질산화(denitrification) 박테리아는 암모니아(NH_3)를 질산이온(NO_3^-)으로 산화시킨다.
ㄷ. 질산화(nitrification) 박테리아는 질산이온(NO_3^-)을 질소(N_2)로 환원시킨다.
────────────────────────────────────

① ㄱ   ② ㄷ   ③ ㄱ, ㄴ   ④ ㄴ, ㄷ   ⑤ ㄱ, ㄴ, ㄷ

---

05 다음 설명 중 옳지 않은 것은?

[2017 변리사 자연과학개론 26번]

① 지구 생태계 내에서 물질은 순환한다.
② 감자와 고구마는 상사기관(analogous structure)이다.
③ 지리적 격리에 의해 이소적 종분화(allopatric speciation)가 일어난다.
④ 고래에 붙어사는 따개비는 편리공생의 예이다.
⑤ 한 집단에서 무작위 교배가 일어나면 대립유전자 빈도가 변한다.

---

06 생태계와 생태계의 구성요소에 관한 설명으로 옳은 것만을 〈보기〉에서 있는 대로 고른 것은?

[2016 변리사 자연과학개론 29번]

─────────────── 〈보기〉 ───────────────

ㄱ. 생태계는 한 지역에 서식하는 모든 생물과 이들의 주변 환경을 말한다.
ㄴ. 개체군은 주어진 한 지역에 서식하는 서로 다른 종들이 모여 이루어진 집단이다.
ㄷ. 군집은 지리적으로 동일한 지역 내에 서식하고 있는 같은 종으로 이루어진 집단이다.

① ㄱ   ② ㄴ   ③ ㄷ   ④ ㄱ, ㄴ   ⑤ ㄴ, ㄷ

----

07 다음은 생물권 내에서 생물과 생물, 생물과 비생물 환경 사이의 관계를 설명한 것이다.

○ 작용 : 비생물 환경이 생물에 영향을 끼치는 것
○ 반작용 : 생물이 비생물 환경에 영향을 끼치는 것
○ 상호작용 : 한 생물과 다른 생물 사이에서 서로 영향을 주고받는 것

다음 중 생물권 내 상호작용의 예로 가장 적절한 것은?   [2016 변리사 자연과학개론 30번]

① 곰이 겨울잠을 잔다.
② 나방이 불빛 주위로 모여든다.
③ 나비의 몸 크기가 계절에 따라 변한다.
④ 진딧물이 많은 곳에 개미가 많이 모인다.
⑤ 일조량과 강수량이 적절한 환경에서 벼의 수확량이 증가한다.

----

08 다음은 환경 적응의 예이다.

> 온대 지방의 낙엽수는 가을이 되면 낙엽을 만든다.

위의 환경적응 원리와 다른 것은?   [2015 변리사 자연과학개론 29번]

① 곰은 겨울잠을 잔다.
② 사철 푸른 상록수는 겨울에 잎의 삼투압을 증가시킨다.
③ 보리는 가을에 씨를 뿌려야 이듬해 봄에 수확할 수 있다.
④ 붓꽃은 늦은 봄에 꽃이 피고, 국화는 가을에 꽃이 핀다.
⑤ 추운 지방에 사는 포유류는 몸집에 비해 상대적으로 말단부위가 작다.

----

09 다음 설명 중 옳은 것은?   [2014 변리사 자연과학개론 29번]

① 생산자에 의해 생태계로 유입된 에너지의 일부는 광합성에 의해 열에너지가 되어 생태계 밖으로 방출된다.
② 생태계의 먹이사슬에서 한 영양단계에 유입된 에너지는 다음 영양단계로 전달될 때마다 그 양이 증가한다.
③ 생물학적 산소요구량(BOD)은 물 1L 속에 녹아 있는 산소의 양을 ppm 단위로 나타낸 것이다.
④ 질소고정세균은 질산염이 부족한 토양에서 콩과식물과 공생을 하면서 자랄 수 있기 때문에 개척군집에서 많이 관찰된다.
⑤ 물 생태계에 질산염과 인산염이 과다 유입되면 부영양화가 일어나며 이 때 자란 조류는 물 속으로 산소를 공급한다.

----

10 종(species)의 상호작용에 대한 설명으로 옳은 것만을 〈보기〉에서 있는 대로 고른 것은?

[2013 변리사 자연과학개론 29번]

───────────────── 〈보 기〉 ─────────────────

ㄱ. 각 종의 생태적 지위(ecological niche)를 결정하는 요인에는 생물학적 요인과 비생물학적 요인
  이 있다.
ㄴ. 두 종의 생태적 지위가 비슷할수록 두 종은 사이좋게 공존할 수 있다.
ㄷ. 경쟁배타(competitive exclusion)는 두 종이 한정된 자원을 같이 필요로 할 때 일어난다.

① ㄱ   ② ㄱ, ㄴ   ③ ㄱ, ㄷ   ④ ㄴ   ⑤ ㄴ, ㄷ

---

11 종의 상호작용에 관한 설명으로 옳은 것만을 〈보기〉에서 있는 대로 고른 것은?

[2012 변리사 자연과학개론 30번]

───────────────── 〈보 기〉 ─────────────────

ㄱ. 군집 내 두 종은 동일한 시기에 같은 생태적 지위(niche)를 공유할 수 없다.
ㄴ. 밤나무 위에 서식하고 광합성을 하는 겨우살이와 밤나무 간의 상호작용은 편리공생에 속한다.
ㄷ. 기생파리는 숙주인 무당벌레에 대해 기생 및 포식의 두 가지 상호작용을 한다.
ㄹ. 토끼풀과 뿌리혹박테리아 간의 상호작용은 상리공생의 대표적인 예이다.

① ㄱ, ㄴ, ㄷ   ② ㄱ, ㄷ   ③ ㄱ, ㄷ, ㄹ   ④ ㄴ, ㄹ   ⑤ ㄷ, ㄹ

12 군집에 대한 설명으로 옳은 것만을 〈보기〉에서 있는 대로 고른 것은?

[2011 변리사 자연과학개론 28번]

─────── 〈보 기〉 ───────

ㄱ. 군집이란 같은 지역을 점유하고 있는 모든 종의 개체군을 말한다.
ㄴ. 토양이나 식물이 없었던 새롭게 노출된 지역에서 일어나는 천이를 2차 천이라 한다.
ㄷ. 생체총량이 높거나 개체수가 많아 군집의 주요 효과를 갖는 종을 지표 종(indicator species)이라 한다.
ㄹ. 군집 안에서 개체수에 비례하지 않고 주요 역할을 하는 종을 중심종(keystone species)이라 한다.

① ㄱ, ㄴ   ② ㄱ, ㄹ   ③ ㄴ, ㄷ   ④ ㄷ, ㄹ   ⑤ ㄱ, ㄷ, ㄹ

---

13 해양 생태계의 영양단계에 대한 설명으로 옳지 않은 것은? [2010 변리사 자연과학개론 27번]

① 크릴새우는 1차 소비자이다.
② 시아노박테리아는 생산자이다.
③ 동물플랑크톤을 먹는 물고기 유생은 2차 소비자이다.
④ 한 생물종은 하나 이상의 영양단계에 위치할 수 없다.
⑤ 각 영양단계의 유기물에 저장된 에너지의 일부만이 다음 영양단계로 이동된다.

---

14 개체군이 지니고 있는 일반적 속성으로 옳은 것만을 〈보기〉에서 있는 대로 고른 것은?

[2010 변리사 자연과학개론 29번]

─────── 〈보 기〉 ───────

ㄱ. 출생률과 사망률은 개체군의 밀도에 영향을 준다.
ㄴ. 연령구조(age structure)로 개체군 생장의 영향을 예측할 수 있다.
ㄷ. 한 개체군 안에서 포식자와 피식자 간의 상호작용이 일어난다.

① ㄱ   ② ㄴ   ③ ㄷ   ④ ㄱ, ㄴ   ⑤ ㄱ, ㄴ, ㄷ

15 표는 군집 A, B에서 확인된 모든 종 I, I, III, V의 개체수를 나타낸 것이다.

군집 \ 개체수	종 I	종 II	종 III	종 IV	종 V
A	90	1	4	3	2
B	19	21	22	18	20

이에 대한 설명으로 옳은 것만을 〈보기〉에서 있는 대로 고른 것은?

[2009 변리사 자연과학개론 29번]

〈보기〉

ㄱ. 종 I은 군집 A에서 우점종이다.
ㄴ. 종풍부도(species richness)는 군집 A보다 군집 B가 더 높다.
ㄷ. 종다양도(species diversity)는 군집 A보다 군집 B가 더 높다.

① ㄱ   ② ㄴ   ③ ㄱ, ㄷ   ④ ㄴ, ㄷ   ⑤ ㄱ, ㄴ, ㄷ

---

16 생물체에 축적이 될 수 있는 화합물 X를 어느 농경지에 살포하였다. 이 농경지에 잔류되어 있던 화합물 X가 비와 지하수에 의해 인근 호수에 유입되었다. 일정 기간이 지난 후 이 호수에 살고 있는 생물 중 체내(혹은 세포)에 축적된 화합물 X의 농도가 가장 높은 것은?

[2009 변리사 자연과학개론 30번]

① 식물성 플랑크톤   ② 동물성 플랑크톤   ③ 잡식성 어류
④ 육식성 어류   ⑤ 어류를 잡아먹는 조류(鳥)

---

17 산림이 2개 이상으로 분할되어 각 서식지의 면적이 감소되면 가장자리 효과(edge effect)가 발생한다. 이러한 효과에 대한 설명으로 옳은 것은?   [2007 변리사 자연과학개론 29번]

① 환경 조건의 변화로 인하여 산림에 있는 종들의 멸종 가능성이 높아진다.
② 산림의 가장자리에서 산불이 일어날 가능성이 낮아진다.
③ 병원균들이 침입하여 정착할 가능성이 낮아진다.
④ 빛, 온도, 습도, 바람 등의 변동 폭이 작아진다.
⑤ 분할 전후 군집의 종 구성에 큰 변화는 없다.

18 대기오염에 관한 다음 설명 중 틀린 것은? [2005 변리사 자연과학개론 40번]

① 프레온 가스 등 CFC 사용의 증가로 인해 오존층이 파괴된다.

② 대기 중에 이산화탄소와 같은 온실효과를 일으키는 기체의 증가로 지구의 평균 기온이 상승한다.

③ 화석 연료의 연소 등에 의해 발생한 1차 오염 물질은 광화학 반응을 통하여 2차 오염 물질이 된다.

④ 도심 상공에 분진이 집중되어 먼지 지붕이 형성되면 자외선이 차단되어 구루병 등의 질병이 발생한다.

⑤ 대기 중의 SO_2 농도가 증가되면 지의류와 선태류는 더욱 왕성하게 자란다.

19 개체군에서의 K-선택이론에 대한 설명으로 가장 옳은 것은? [2004 변리사 자연과학개론 30번]

① 밀도 의존적 요인이 개체군을 수용능력 부근까지 조절한다.

② 수용능력(K)을 넘어서 개체군이 급등하면 절멸(total death) 전에 주로 J형 생장곡선을 그리게 된다.

③ 개체의 빠른 성숙이 일어난다.

④ 수명은 보통 일 년 이하이다.

⑤ 어릴 때 높은 사망률을 보인다.

20 어떤 지역에서 함께 살며 서로 상호작용하는 모든 유기체의 집합은?

[2001 변리사 자연과학개론 10번]

① 개체군 ② 군집 ③ 생태계 ④ 생물군계 ⑤ 환경

Chapter 02 예상문제

1 생물의 진화체계

01 다음 중 생명현상으로 볼 수 없는 것은?

① 물질대사 작용을 한다.　　　　　　② 변이가 존재한다.

③ 외부의 자극에 대해 반응을 한다.　　④ 단백질의 결정으로 추출할 수 있다.

⑤ 스스로 복제하여 증식한다.

02 다음 중 생물을 분류하는 5계(kingdom)에 속하지 않는 것은?

① 모네라계(Monera)　　　　　　② 원생생물계

③ 미생물계　　　　　　　　　　④ 식물계

⑤ 동물계

03 다음 중 원시 대기의 변화 과정을 가장 잘 설명한 것은?

① 환원성 대기 – O_2 증가 – CO_2 증가 – N_2 증가

② 환원성 대기 – CO_2 증가 – O_2 증가 – O_3 증가

③ 환원성 대기 – O_2 증가 – O_3 증가 –CO_2 증가

④ 산화성 대기 – CO_2 증가 – O_3 증가 – O_2 증가

⑤ 산화성 대기 – O_3 증가 – CO_2 증가 – O_2 증가

04 오파린의 생명 기원설에 비추어 볼 때 원시 생명체의 출현순서를 옳게 나열한 것은?

① 무기물 – 유기물 – 코아세르베이트 – 독립영양생물 – 종속영양생물

② 무기물 – 유기물 – 코아세르베이트 – 종속영양생물 – 독립영양생물

③ 무기물 – 유기물 – 종속영양생물 – 코아세르베이트 – 독립영양생물

④ 무기물 – 코아세르베이트 – 유기물 – 종속영양생물 – 독립영양생물

⑤ 무기물 – 코아세르베이트 – 유기물 – 독립영양생물 – 종속영양생물

2 생물의 원자적 구성

01 다음 설명 중 잘못된 것을 고르시오?

① 생물의 종에 관계없이 공통적으로 유사한 화학반응이 많이 일어난다.

② 생물 개체간의 공통점과 차이점은 생물 개체간의 DNA분자에 내재하고 있는 유전정보에 의해 이루어진다.

③ 모든 생물종의 세포는 수많은 같은 분자로 구성되어 있다.

④ 세포에 들어있는 DNA에 내재된 유전정보는 모든 생물에서 서로 다른 암호로 번역된다.

⑤ DNA의 나선형 사슬은 염기라고 부르는 네 가지 기본적인 화합물질로 구성된다.

02 다음 중 생물체를 구성하는 6대 원소는?

① H, B, C, P, Ca, Na

② S, Ca, N, O, P, H

③ P, He, O, N, S, C

④ H, N, C, O, P, S

⑤ K, N, S, H, B, C

03 다음 중 뼈와 이의 구조적 성분으로 신호자극전달과 혈액응고에 관여하는 원소는?

① 인(P)　　　② 철(Fe)　　　③ 산소(O)　　　④ 칼슘(Ca)　　　⑤ 질소(N)

---

04 물 분자 사이에 수소 결합이 이루어지는 이유로 가장 타당한 것은?

① 극성을 갖는다.　　　　② 기화열이 높다.　　　　③ 비열이 높다.

④ 가수분해에 이용된다.　　⑤ 용매로 작용한다.

---

05 그림은 수용성인 구형 단백질 X의 3차원 구조 형성에 기여하는 여러 결합(㉠~㉾)을 나타낸 것이다.

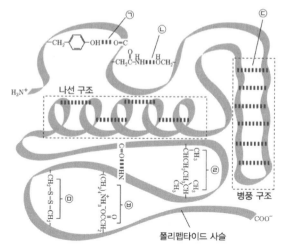

이에 대한 설명으로 옳지 <u>않은</u> 것은?

① 결합 ㉠과 ㉡은 동일한 유형의 결합이다.

② 결합 ㉢은 폴리펩타이드 사슬을 구성하는 아미노산들의 곁사슬 사이에서 형성된다.

③ 결합 ㉣은 주로 단백질 X의 내부에서 관찰된다.

④ 결합 ㉤은 공유결합이다.

⑤ 강산성 환경에서 결합 ㉥은 형성되기 힘들다.

---

3 생명의 구성분자

01 다음 중 단백질의 세포내 기능으로 틀린 것은?

① 구조물질   ② 저장 및 수송   ③ 방어

④ 화학반응 촉매   ⑤ 에너지 저장

---

02 다음 중 다당류(polysaccharides)에 대한 설명 중 틀린 것은?

① 감자, 밀, 옥수수, 쌀은 Starch의 주요 공급원이다.

② 단당류를 탈수합성에 의하여 연결시킨 중합체가 다당류이다.

③ Starch, Glycogen, Cellulose, Fructose등이 여기에 속한다.

④ 다당류는 세포가 당을 필요로 할 때 분해해서 사용하는 저장성 분자이다.

⑤ Glycogen의 대부분은 간이나 근육에 저장된다.

---

03 다음 중 이당류로만 묶인 것은?

① 설탕(sucrose), 젖당(lactose), 맥아당(maltose)

② 설탕(sucrose), 젖당(lactose), 갈락토오스(galactose)

③ 젖당(lactose), 맥아당(maltose), 갈락토오스(galactose)

④ 설탕(sucrose), 과당(fructose), 맥아당(maltose)

⑤ 설탕(sucrose), 과당(fructose), 젖당(lactose)

---

04 지질에 대한 다음 설명 중 잘못된 것은?

① 물에 잘 녹지 않는다.

② 중성 지방은 주요 에너지원으로 사용된다.

③ 콜레스테롤은 스테로이드 계통의 물질이다.

④ 인지질은 생체막의 주요성분이다.

⑤ 중성지방은 지방산과 글리세롤이 1:3의 비율로 결합되어있다.

----

05 생체 내에서 단백질의 기능과 관계가 가장 먼 것은?

① 면역   ② 효소   ③ 산소운반

④ 에너지원   ⑤ 흥분의 전도

----

06 다음 중 불포화지방에 대한 설명으로 옳은 것은?

① 동물성지방이다.

② 지방산의 탄소사슬에 이중결합이 있다.

③ 상온에서 고체 상태이다.

④ 똑같은 탄소수를 가진 포화지방보다 수소가 더 많다.

⑤ 불포화지방산의 함량이 증가하면, 막의 안정성이 증가한다.

----

07 다음 그림은 인체의 살아있는 조직에서 발견되는 물질의 상대적 함량비를 나타낸 것이다.

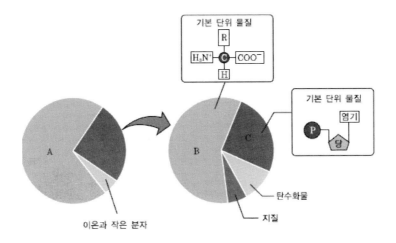

이에 대한 설명으로 옳은 것만을 〈보기〉에서 있는 대로 고른 것은?

───────────── 〈보 기〉 ─────────────

ㄱ. A는 높은 기화열을 가지고 있어 체온조절에 이용된다.

ㄴ. B는 세포막의 구성 성분이다.

ㄷ. B는 C의 합성에 관여한다.

① ㄱ   ② ㄴ   ③ ㄱ, ㄷ   ④ ㄴ, ㄷ   ⑤ ㄱ, ㄴ, ㄷ

08 다음은 크기는 동일하지만 G+C 함량 비율이 서로 다른 3종류 DNA(A~C)의 변성곡선(melting curve)을 나타낸 것이다. (단, 3종류 DNA는 pH와 이온강도(ionic strength)가 동일한 용매에 용해되어 있다. Tm은 DNA가 반쯤 변성되었을 때의 온도이다.)

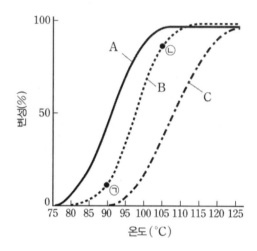

이에 대한 설명으로 옳은 것만을 〈보기〉에서 있는 대로 고른 것은?

───────── 〈보 기〉 ─────────

ㄱ. 변성되지 않은 상태일 때 A에 존재하는 염기 간 수소결합의 총 수는 C에 존재하는 수소결합 총 수보다 작다.

ㄴ. B의 260 nm에서의 흡광도는 ㉠ 상태일 때가 ㉡ 상태일 때보다 더 낮다.

ㄷ. DNA 용액에 NaOH를 첨가하여 pH를 증가시키면, B의 T_m 값은 낮아질 것이다.

① ㄱ   ② ㄴ   ③ ㄷ   ④ ㄱ, ㄴ   ⑤ ㄱ, ㄴ, ㄷ

4 세포구조

01 다음 세포에 관한 설명 중 옳지 않은 것은?

① 리보솜은 단백질의 합성장소로 리보솜 RNA와 여러 종류의 단백질로 구성되어 있다.

② 세균의 DNA는 환형이다.

③ 핵에서 발견되는 인은 리보솜 RNA의 집중적인 합성장소이다.

④ 골지체는 핵에서 만들어진 다양한 mRNA를 보다 안정화시키기 위해서 변형시키는 역할을 담당한다.

⑤ 리소좀에는 40종류의 강력한 가수분해 효소가 존재하고, 이들 효소는 산성 조건에서 활성을 갖는다.

----

02 RNA와 단백질로 구성되어 있으며, 단백질 합성이 일어나는 세포기관은?

① 소포체   ② 미토콘드리아   ③ 리보솜

④ 리소좀   ⑤ 염색체

----

03 다음 세포기관 중 DNA와 리보솜을 포함하고 있는 것은?

① 엽록체   ② 골지체   ③ 조면소포체

④ 활면소포체   ⑤ 염색체

----

04 다음 세포기관들의 공통점은?

리보솜	중심립	인	염색체

① 후형질   ② 단백질의 합성   ③ 이중막 구조

④ 자기복제 가능   ⑤ 비막성 구조

----

05 다음 중 세포에서 필요로 하는 물질을 생산하는 세포 소기관들로만 이루어진 것은?

① 리소좀, 액포, 리보솜

② 리보솜, 조면소포체, 활면소포체

③ 액포, 조면소포체, 활면소포체

④ 활면소포체, 리보솜, 액포

⑤ 조면소포체, 리소좀, 액포

----

06 진핵세포의 형성에 대한 공생설의 근거가 되는 사실을 두 개 고르시오.

① 독자적인 DNA를 가지는 세포기관이 있다.

② 세포기관 중에는 막 구조를 가진 것이 많다.

③ 자기 복제의 능력을 가지는 세포기관이 있다.

④ 세포 중에는 핵을 두 개 이상 가지는 것이 있다.

⑤ 세포에는 보통 2000종류 이상의 효소가 있다.

----

07 그림은 동물의 간세포(liver cell)에서 분비단백질 X가 분비되는 과정을 나타낸 것이다.

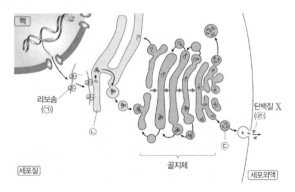

이에 대한 설명으로 옳은 것은?

① ㉠을 구성하는 rRNA는 3종류이다.

② 약물 섭취 시 ㉡에서 해독된다.

③ ㉢의 이동에 미세소관이 필요하다.

④ ㉣의 N-말단에는 개시 tRNA가 운반해온 메티오닌이 존재한다.

⑤ ㉡에서 피루브산 탈수소효소 복합체가 합성된다.

----

08 그림은 동물세포(가)와 대장균(나)을 모식적으로 나타낸 것이다.

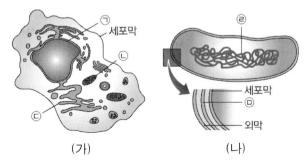

(가)   (나)

이에 대한 설명으로 옳지 <u>않은</u> 것은?

① 단백질은 접혀진 상태로 ㉠을 통과할 수 있다.

② ㉡에 존재하는 대부분의 단백질은 80S 리보솜에 의해 번역된다.

③ ㉢에서는 번역후변형(post-translational modification)이 일어난다.

④ ㉣에 존재하는 각 유전자는 2개의 대립유전자를 가진다.

⑤ ㉤의 주된 성분은 탄수화물이다.

----

09 표는 생물의 3영역(domain)의 특성을 비교한 것이다. (단, X~Z는 생물의 3영역에 각각 해당한다.)

특징	영역		
	X	Y	Z
핵막	×	○	×
막성 세포소기관	×	○	×
막지질	에테르결합	ⓒ	에스테르결합
오페론	○	×	○
리보솜의 스트렙토마이신 감수성	㉠	×	○

('○'은 '있음'을 의미하고, '×'는 없음을 의미한다.)

이에 대한 설명으로 옳은 것은?

① ㉠은 '○'이다.
② ⓒ은 '에테르결합'이다.
③ Y는 한 종류의 RNA 중합효소를 갖는다.
④ Z는 히스톤에 결합된 DNA를 유전물질로 갖는다.
⑤ rRNA 유전자 서열 비교를 토대로 보았을 때 X와 Y의 유연관계가 X와 Z의 유연관계보다 더 가깝다.

----

10 그림은 어떤 그람 음성 박테리아의 구조를 나타낸 것이다.

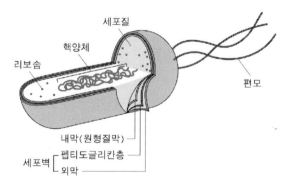

이에 대한 설명으로 옳은 것만을 〈보기〉에서 있는 대로 고른 것은?

<보 기>

ㄱ. 핵양체에서 히스톤이 발견된다.
ㄴ. 페니실린은 리보솜의 기능을 억제한다.
ㄷ. 외막에는 LPS(Lipopolysaccharide)가 존재한다.

① ㄱ ② ㄴ ③ ㄷ ④ ㄱ, ㄷ ⑤ ㄴ, ㄷ

---

11 그림은 어떤 동물세포의 구조를 나타낸 것이다. ㉠~㉤은 각각 골지체, 미토콘드리아, 퍼옥시좀(peroxisome), 핵, 활면소포체 중 하나이다.

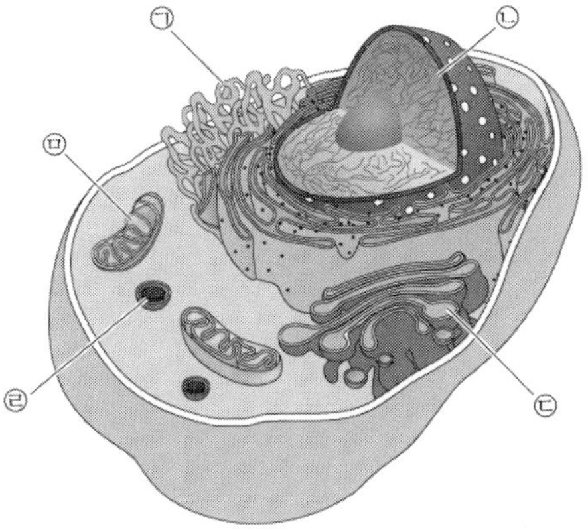

이에 대한 설명으로 옳지 <u>않은</u> 것은?

① ㉠의 Ca^{2+} 농도는 세포기질(cytosol)의 Ca^{2+} 농도보다 낮다.
② ㉡에서 rRNA가 합성된다.
③ ㉢은 시스터나(cisternae) 구조로 되어 있다.
④ ㉣에서 지방산 산화가 일어난다.
⑤ ㉤에는 tRNA가 존재한다.

---

12 그림은 동물세포의 구조를 나타낸 것이다

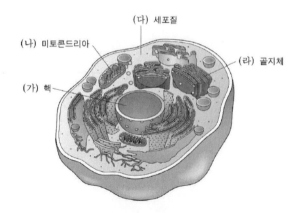

(다) 세포질
(나) 미토콘드리아
(라) 골지체
(가) 핵

이에 대한 설명으로 옳은 것만을 〈보기〉에서 있는 대로 고른 것은?

───────────── 〈보기〉 ─────────────
ㄱ. (가)와 (나) 모두에서 전사가 일어난다.
ㄴ. (나)와 (다) 모두에서 리보솜이 발견된다.
ㄷ. (라)는 식물세포에 존재하는 글리옥시솜(glyoxysome)의 기능을 담당한다.

① ㄱ   ② ㄷ   ③ ㄱ, ㄴ   ④ ㄴ, ㄷ   ⑤ ㄱ, ㄴ, ㄷ

5-1 세포의 물질수송

01 생체막에 관한 설명 중 옳지 <u>않은</u> 것은?

① 인지질과 단백질, 그리고 콜레스테롤로 구성되어 있어서 전하를 띤 작은 분자를 잘 투과시킨다.

② 적혈구 세포막은 중량비로 단백질이 약 60%, 지질이 약 40%를 차지한다.

③ 콜레스테롤은 인지질의 머리 바로 밑에 존재하여 37℃에서 인지질이 안정된 구조를 갖도록 도와준다.

④ 많은 동물세포의 원형질막 외부에는 당단백질과 당지질이 존재한다.

⑤ 막에 존재하는 단백질들은 물질 수송, 신호전달 등의 기능을 수행한다.

---

02 그림은 장 안쪽의 표피조직에서 관찰되는 서로 다른 3종류의 세포연접((가)~(다))을 나타낸 것이다.

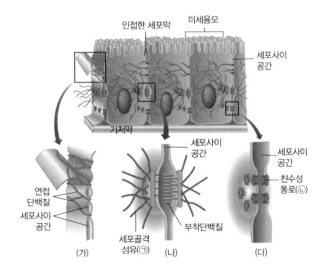

이에 대한 설명으로 옳지 않은 것은?

① (가)는 세포사이 공간을 통해 물질이 이동하는 것을 차단한다.

② (가)는 심장근에서 발견된다.

③ (다)는 간극연접이다.

④ ㉠은 액틴으로 이루어져 있다.

⑤ ㉡은 12개의 코넥신 단백질로 구성되어 있다.

----

03 그림은 동물세포에서 발견되는 세 종류의 세포연접(A~C)을 나타낸 것이다.

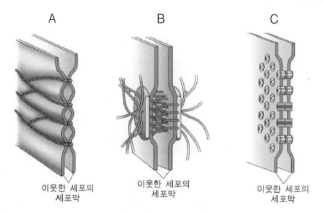

A~C에 대한 설명으로 옳은 것만을 〈보기〉에서 있는 대로 고른 것은?

─────── 〈보 기〉 ───────

ㄱ. A는 장 상피층을 경계로 서로 다른 화학적 환경을 유지하는 데 필요하다.
ㄴ. B는 심장 근육조직에 잘 발달되어 있다.
ㄷ. C는 심장 근육세포 간에 전기신호가 전파되는 데 중요하다.

① ㄱ   ② ㄷ   ③ ㄱ, ㄴ   ④ ㄴ, ㄷ   ⑤ ㄱ, ㄴ, ㄷ

5-2 세포에너지와 효소

01 생체 내 화학반응의 특징을 가장 잘 나타낸 것은?

① 반응단계가 단순하다.
② 중간 생성물이 여러 종류 생긴다.
③ 생체외의 화학반응보다 느리다.
④ 일시에 다량의 에너지가 방출된다.
⑤ 온도의 영향을 받지 않는다.

---

02 효소의 특성에 대한 설명으로 옳지 <u>않은</u> 것은?

① 온도의 영향을 받는다.

② 특정기질에만 작용한다.

③ 효소는 반응속도를 증가시킨다.

④ 주성분은 리보솜에서 만들어진다.

⑤ 한 기질과 결합하면 반응 종료 시까지 떨어지지 않는다.

----

03 소화효소인 아밀라제는 starch에 작용하여 disaccharides로 붕괴시킨다. 하지만 아밀라제는 같은 성분으로 구성된 다당류인 셀룰로오스는 분해하지 못한다. 그 이유는?

① 셀룰로오스는 전분과 같이 탄수화물이 아니고 지방의 한 종류이기 때문이다.

② 셀룰로오스 분자가 너무 크기 때문이다.

③ 전분은 글루코스로 만들어지고, 셀룰로오스는 글루코스가 아니기 때문이다.

④ 셀룰로오스에 존재하는 당사이의 결합이 너무 강하기 때문이다.

⑤ 전분에 있는 당분자의 결합이 셀룰로오스를 구성하는 당분자의 결합과는 다르기 때문이다.

----

04 효소의 주기능은 무엇인가?

① 평형농도를 변화시킨다.

② 화학 반응 시 활성화 에너지 감소시킨다.

③ 단백질의 기능을 강화시킨다.

④ 조효소 성분을 합성한다.

⑤ 자유에너지는 변화된다.

----

05 경쟁적 저해에 대한 설명으로 맞는 것은?

① 경쟁적 저해제는 효소와 공유결합을 한다.
② 기질의 농도가 높아지면 저해물질의 효과가 감소할 수 있다.
③ 효소-기질 복합체 형성에 영향을 주지 않는다.
④ 최고반응속도는 감소한다.
⑤ 효소에 의한 반응 속도를 증가시킨다.

----

06 비가역적 저해에 대한 설명으로 맞는 것은?

① 경쟁적 저해가 이에 포함된다.
② 비경쟁적 저해가 이에 포함된다.
③ 효소의 활성 부위가 파괴되어 회복되지 않는다.
④ 저해 물질이 제거되면 효소가 원래 상태로 되돌아온다.
⑤ 피드백 저해가 이에 해당된다.

----

6 세포호흡

01 평소에 하지 않던 운동을 하고 난 후에 생기는 근육통에 대한 설명으로 옳은 것은?

① 근육에 혈액순환 부족으로 포도당과 산소가 결핍되었다.
② 혈액순환 부족으로 이산화탄소가 축적되었다.
③ 포도당 공급의 부족으로 단백질 분해가 이루어졌으며 암모니아가 생성되었다.
④ 포도당 공급의 부족으로 지방 분해가 이루어졌으며 지방산이 생성되었다.
⑤ 근육에 산소 공급의 부족으로 무기호흡이 이루어졌다.

----

02 그림은 흡수 후기(postabsorption period)에 3종류의 조직(조직 X, 조직 Y, 조직 Z)에서 일
어나는 지질대사를 나타낸 것이다.

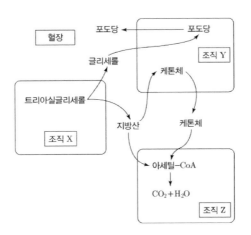

조직 X~Z를 올바르게 연결한 것은? (단, 조직 X, 조직 Y, 조직 Z는 간, 골격근, 지방조직
중 어느 하나이다.)

	조직 X	조직 Y	조직 Z
①	간	지방조직	골격근
②	간	골격근	지방조직
③	지방조직	간	골격근
④	지방조직	골격근	간
⑤	골격근	간	지방조직

03 다음은 근육 세포에 비정상적으로 큰 미토콘드리아를 갖는 유전질환 환자에 대한 자료이다.

> · 미토콘드리아 내막에는 크리스테(cristae)가 정상인보다 많다.
> · 미토콘드리아 내막에서 전자전달계 단백질의 기능은 정상이나 짝풀림 단백질(uncoupling protein)은 비정상적으로 많다.
> · 과다대사(hypermetabolism) 현상이 나타난다.
>
>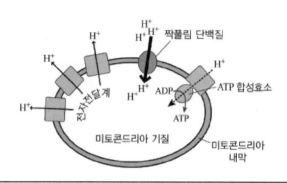

이 환자의 근육 세포 내 비정상적인 미토콘드리아에서 나타나는 현상에 대한 설명으로 옳은 것만을 〈보기〉에서 있는 대로 고른 것은?

──────── 〈보 기〉 ────────
ㄱ. 전자전달계의 최종 전자수용체는 짝풀림 단백질이다.
ㄴ. $\dfrac{생산된\ ATP수}{소비된\ 산소분자수}$ 가 정상적인 미토콘드리아에 비해 작다.
ㄷ. 전자전달계에서 한 분자의 NADH에 의해 내막 밖으로 수송되는 양성자 수가 정상적인 미토콘드리아에 비해 적다.

① ㄱ   ② ㄴ   ③ ㄷ   ④ ㄱ, ㄴ   ⑤ ㄴ, ㄷ

04 그림은 미토콘드리아의 내막에 존재하는 ATP 합성효소를 나타낸 것이다. ㉠과 ㉡은 각각 미토콘드리아 기질과 미토콘드리아 내막과 외막 사이 공간 중 하나이다.

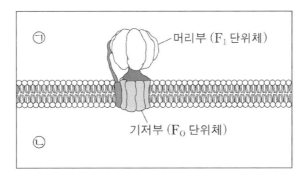

이에 대한 설명으로 옳은 것은?

① ATP가 합성될 때 pH는 ㉠에서가 ㉡에서보다 낮다.

② ㉡에서 시트르산 회로 반응이 일어난다.

③ 기저부에서 ATP가 ADP로 변환된다.

④ 기저부를 통한 H^+ 이동에 의해 ATP 합성효소의 구조 변화(conformational change)가 유도된다.

⑤ 미토콘드리아에 짝풀림물질(uncoupler)을 처리하면 미토콘드리아 기질에서 NADH의 소비가 감소한다.

---

7 광합성

01 Calvin cycle을 설명한 것이다. 맞는 것은?

① $H_2O + NADP \rightarrow O_2 + NADPH$

② $CO_2 + RuBP + H_2O \rightarrow PGA$

③ $ADP + H_3PO_4 \rightarrow ATP$

④ $NADP + e^- + H^+ \rightarrow NADPH$

⑤ $ADP + P_i \rightarrow ATP$

---

02 그림은 하루 중 서로 다른 시간 때의 CAM 식물의 세포에서 일어나는 대사를 나타낸 모식도이다.(단, (가)와 (나)는 낮과 밤 중 어느 하나에 각각 해당한다.)

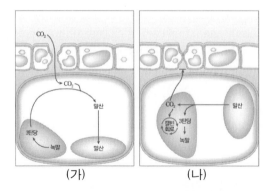

이에 대한 설명으로 옳은 것만을 〈보기〉에서 있는 대로 고른 것은?

─────────── 〈보 기〉 ───────────

ㄱ. 액포의 pH는 (가)일 때가 (나)일 때보다 더 낮다.

ㄴ. (가)의 대사는 엽육세포에서, (나)의 대사는 유관속초세포에서 각각 일어난다.

ㄷ. (가)일 때 CO_2를 유기화합물에 고정시키는 과정은 PEPC(PEP carboxylase)에 의해 진행된다.

① ㄱ   ② ㄴ   ③ ㄷ   ④ ㄱ, ㄴ   ⑤ ㄱ, ㄷ

----

03 그림 (가)~(다)는 C3 식물, C4 식물, CAM 식물이 광합성 과정에서 사용하는 탄소고정 방법을 순서 없이 나타낸 것이다.

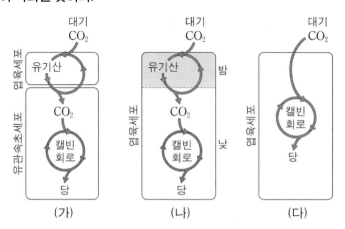

이에 대한 설명으로 옳은 것만을 〈보기〉에서 있는 대로 고른 것은?

─────────────── 〈보 기〉 ───────────────
ㄱ. (가)와 (나)에서 최초로 탄소를 고정하는 효소는 PEP 카르복실화 효소이다.

ㄴ. 고온 건조한 조건에서 광호흡량은 (가)에서가 (다)에서보다 많다.

ㄷ. (다)에서 최초로 탄소를 고정하는 효소가 산소를 고정하면 C_2 화합물이 생성된다.

① ㄴ   ② ㄷ   ③ ㄱ, ㄴ   ④ ㄱ, ㄷ   ⑤ ㄱ, ㄴ, ㄷ

04 그림은 엽록체에서 빛의 유무에 따른 스트로마와 틸라코이드 내강의 pH 변화를 나타낸 것이다. A와 B는 각각 스트로마와 틸라코이드 내강 중 하나이다.

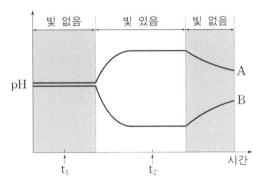

이에 대한 설명으로 옳은 것만을 〈보기〉에서 있는 대로 고른 것은?

─────────────── 〈보 기〉 ───────────────
ㄱ. A는 스트로마이다.

ㄴ. t_1에서 광계 Ⅱ가 작동한다.

ㄷ. t_2에서 플라스토시아닌의 전자전달을 차단하면 A와 B의 pH 차이는 감소한다.

① ㄱ   ② ㄴ   ③ ㄷ   ④ ㄱ, ㄷ   ⑤ ㄴ, ㄷ

05 그림은 어떤 식물의 광합성 과정에서 나타나는 순환적 전자흐름의 모식도이다.

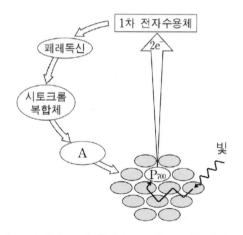

이에 대한 설명으로 옳은 것만을 〈보기〉에서 있는 대로 고른 것은?

───── 〈보 기〉 ─────

ㄱ. A는 플라스토시아닌이다.

ㄴ. 그림에서 빛에너지 수용은 광계 I에서 일어난다.

ㄷ. 시토크롬 복합체는 양성자를 틸라코이드 공간에서 스트로마로 이동시킨다.

① ㄱ   ② ㄴ   ③ ㄷ   ④ ㄱ, ㄴ   ⑤ ㄱ, ㄴ, ㄷ

06 그림은 광합성과 세포호흡의 관계를 나타낸 것이다.

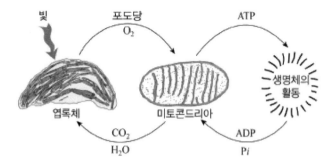

이에 대한 설명으로 옳은 것만을 〈보기〉에서 있는 대로 고른 것은?

─────── 〈보 기〉 ───────

ㄱ. 엽록체의 루비스코(Rubosco)는 CO_2뿐만 아니라 O_2도 기질로 사용한다.

ㄴ. 전자전달계의 최종 전자수용체는 엽록체와 미토콘드리아에서 서로 다르다.

ㄷ. 미토콘드리아에 산소 공급이 중단되면 미토콘드리아에서 기질수준의 인산화가 증가한다.

① ㄱ   ② ㄴ   ③ ㄷ   ④ ㄱ, ㄴ   ⑤ ㄱ, ㄴ, ㄷ

----

8 생식과 발생

01 감수분열의 특징으로 적합한 것은?

    ① 2회 분열로 염색체의 수가 반감된다.   ② 2개의 딸세포가 만들어진다.

    ③ DNA양은 변함이 없다.   ④ 상동염색체는 따로 따로 행동한다.

    ⑤ 체세포에서 일어난다.

----

02 다음 중 유사분열 중기의 특징은?

    ① 염색체가 양극으로 이동한다.

    ② 염색사가 염색체로 되고, 핵막과 인이 없어진다.

    ③ 염색체가 적도면에 배열한다.

    ④ 염색체는 염색사로 되고, 핵막과 인이 나타난다.

    ⑤ DNA복제가 일어난다.

----

03 그림은 사람 배아의 수정에서 착상까지 과정을 모식적으로 나타낸 것이다.

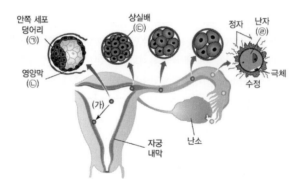

이에 대한 설명으로 옳은 것은?

① (가) 과정은 수정 후 1일이 경과되었을 때 일어난다.

② ㉠은 전능성(totipotency)을 가진다.

③ ㉡은 착상 후 태반의 일부가 된다.

④ ㉢은 포배보다 나중에 형성된다.

⑤ ㉣은 감수분열을 완료한 세포이다.

- -

04 그림은 여성에서 호르몬에 의한 배란의 조절을 나타낸 것이다.

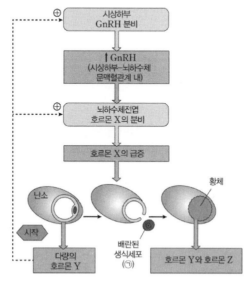

이에 대한 설명으로 옳은 것만을 〈보기〉에서 있는 대로 고른 것은?

<보 기>

ㄱ. ㉠의 염색체에서 키아즈마가 발견된다.

ㄴ. 성인 남성에서 호르몬 X는 레이디히세포에서 테스토스테론의 분비를 자극한다.

ㄷ. 임신 후반부에 호르몬 Z는 자궁에서 옥시토신 수용체를 유도하여 분만이 잘 일어날 수 있도록 돕는다.

① ㄱ   ② ㄴ   ③ ㄷ   ④ ㄱ, ㄴ   ⑤ ㄱ, ㄷ

---

05 그림은 남성의 생식조절에 있어서 정소에 존재하는 세르톨리세포 (Sertoli cell)와 레히디히 세포(Leydig cell)의 역할을 나타내주는 모식도이다.

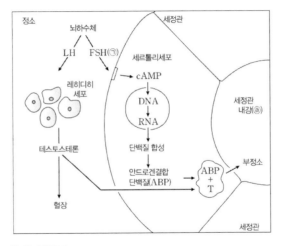

이에 대한 설명으로 옳은 것은?

① 정원세포의 세포막에는 ㉠의 수용체가 존재한다.

② LH는 정자 형성에 관여하지 않는다.

③ 정자는 세정관 ⓐ 부위에서 운동성을 획득한다.

④ LH는 레히디히세포에서 테스토스테론을 암호화하는 유전자의 발현을 촉진한다.

⑤ 안드로겐 결합단백질(ABP)에 의해 테스토스테론은 혈장보다 정소 에서 높은 수준을 유지한다.

---

06 그림 (가)와 (나)는 각각 성인 남성과 여성에서 생식세포의 형성 과정을 나타낸 것이다.

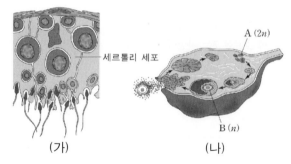

(가)   (나)

이에 대한 설명으로 옳은 것만을 〈보기〉에서 있는 대로 고른 것은?

〈보 기〉

ㄱ. 세정관 내강에 있는 정자는 운동 능력을 가지고 있다.
ㄴ. 세르톨리 세포는 테스토스테론을 합성한다.
ㄷ. A에서 B로 되는 과정에 여포자극호르몬의 자극이 필요하다.

① ㄴ   ② ㄷ   ③ ㄱ, ㄴ   ④ ㄱ, ㄷ   ⑤ ㄴ, ㄷ

----

07 그림은 시상하부-뇌하수체-정소 축에서 호르몬의 피드백 조절을 나타낸 것이다. ㉠~㉢은 각각 여포자극호르몬(FSH), 테스토스테론, 황체형성호르몬(LH) 중 하나이다.

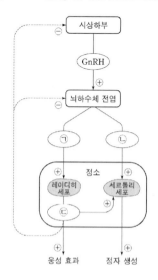

이에 대한 설명으로 옳은 것만을 〈보기〉에서 있는 대로 고른 것은?

─────────────────── 〈보 기〉 ───────────────────

ㄱ. ㉠의 수용체는 표적 세포의 세포막에 존재한다.

ㄴ. 인히빈(inhibin)은 ㉡의 분비를 억제한다.

ㄷ. ㉢은 여성에서도 분비된다.

① ㄱ   ② ㄴ   ③ ㄷ   ④ ㄱ, ㄴ   ⑤ ㄱ, ㄴ, ㄷ

---

9 세포분열

01 하나의 세포에 존재하는 DNA의 양이 서로 같지 않은 시기로 짝지어진 것은?

① 체세포 G_2기 − 감수 제1분열 중기

② 체세포 G_1기 − 감수 제2분열 전기

③ 체세포분열 전기 − 감수 제1분열 전기

④ 체세포분열 중기 − 감수 제2분열 중기

⑤ 체세포분열 후기 − 감수 제1분열 후기

---

02 인간의 골수세포(bone marrow cell)에는 유사분열 전기에 46개의 염색체가 존재한다. 중기 때의 염색분체(chromatid)의 수는?

① 46   ② 92   ③ 23   ④ 23 또는 46   ⑤ 46 또는 92

---

03 그림은 배양 중인 동물세포의 세포당 DNA 함량을 유세포 분석기(flow cytometry)로 조사한 것이다.

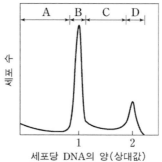

위 조사 결과에 대한 설명으로 옳지 <u>않은</u> 것은?

① 세포사멸(apoptosis)이 일어나면 A의 세포 수가 증가한다.

② 세포주기 중 G1기의 세포는 B에 있다.

③ 세포 크기 검문지점(check point)은 C에 있다.

④ 사이클린 B는 C시기에 합성이 시작된다.

⑤ 염색체를 광학현미경으로 관찰할 수 있는 지점은 D이다.

🔟 유전학

01 유전자의 교차율과 연관의 강도에 관해 옳은 것은?

① 교차율은 거리에 반비례하고 연관은 거리에 비례한다.

② 교차율과 연관은 유전간의 거리에 반비례한다.

③ 교차율과 연관은 유전자간의 거리와 무관하다.

④ 교차율은 유전자간의 거리에 비례하고 연관의 강도는 반비례한다.

⑤ 교차율과 연관의 강도는 유전자간의 거리에 정비례한다.

---

02 다운 증후군(선천성 정박아)은 정상인보다 염색체수가 하나 더 많다. 이와 같은 염색체 이상이 생기는 이유는?

① 감수분열시 염색체의 일부가 떨어져 새로운 염색체로 되기 때문
② 감수분열시 염색체 비분리 현상 때문
③ 체세포 분열시 염색체 비분리 현상 때문
④ 수정란 형성시 염색체 비분리 현상 때문
⑤ 유전자 발현시 DNA의 구조이상 때문

03 멘델의 법칙 중 독립의 법칙으로 잘못된 것은?

① 대립형질을 대상으로 한 유전이다.
② 대립형질은 서로 간섭하지 않는다.
③ 분리비는 9 : 3 : 3 : 1이다.
④ 두 종류의 대립형질이 서로 다른 염색체상에 있을 때만 성립한다.
⑤ 두 종류의 대립형질이 같은 염색체상에 있을 때만 성립한다.

04 초파리 눈의 색을 지배하는 유전자는 X염색체에 자리 잡고 있으며, 붉은 눈이 흰 눈에 대해 우성이다. 붉은 눈의 수컷과 흰 눈의 암컷을 교배시켰을 때 나타날 개체의 눈 색깔은?(단, 돌연변이는 일어나지 않는 것으로 한다.)

① 암수 모두 흰색   ② 암수 모두 붉은색   ③ 암컷만 흰색
④ 수컷만 흰색   ⑤ 흰색과 붉은색이 섞여 있다.

ABO식 혈액형에서 응집원이 없는 혈액형과 응집소가 없는 혈액형의 양친 사이에서 태어날 수 없는 혈액형으로만 고른 것은?

① A형, AB형　　　　② O형, B형　　　　③ O형, AB형

④ A형, B형　　　　⑤ B형, AB형

---

06 표는 치사유전을 이해하기 위해 쥐를 이용하여 수행한 3 종류의 교배 실험(A~C)의 결과이다. 쥐의 털색은 2가지의 유형(회색과 노란색)이 존재하는데, 이들 간에 가능한 3가지 유형의 교배(A~C)에서 다음 표와 같은 결과가 항상 나타났다. (단, 쥐의 털색은 한 유전자좌에 의해서 결정되며, 교배 시 돌연변이는 발생하지 않는다.)

교 배	부모세대	자손
A	회색 × 회색	모두 회색
B	노란색 × 노란색	노란색 : 회색 = 2 : 1
C	회색 × 노란색	노란색 : 회색 = 1 : 1

이에 대한 설명으로 옳은 것만을 〈보기〉에서 있는 대로 고른 것은?

〈보 기〉
ㄱ. 회색을 나타내게 하는 대립유전자는 열성대립유전자이다.
ㄴ. 노란색을 나타내게 하는 대립유전자를 동형접합성으로 가지는 개체는 치사한다.
ㄷ. 교배 B의 부모는 모두 이형접합성이다.

① ㄱ　　　② ㄴ　　　③ ㄷ　　　④ ㄱ, ㄴ　　　⑤ ㄱ, ㄴ, ㄷ

---

07 다음은 하디-바인베르크 평형이 유지되고 있는 집단에서 유전질환 X에 대한 자료이다.

· 이 집단은 10,000명으로 구성되며, 남녀의 수는 동일하다.
· 유전질환 X는 한 쌍의 대립유전자에 의해 결정되며 대립유전자 사이의 우열관계는 분명하다.
· 이 집단에서 유전질환 X가 나타난 사람은 100명이다.
· 그림은 이 집단에서 유전질환 X가 나타나는 어떤 가정의 가계도이다.

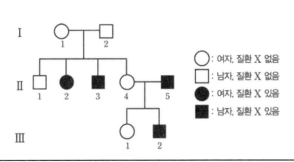

Ⅲ-1이 동일 집단 내 임의의 남자와 결혼하여 아이를 낳을 때, 이 아이가 유전질환 X일 확률은?

① 1.8%   ② 2.5%   ③ 5.0%   ④ 7.5%   ⑤ 8.6%

----

08 다음은 페닐알라닌수산화효소(PAH)에 이상이 생겼을 때 나타나는 유전병 X에 관한 자료이다.

○ PAH가 관여하는 아미노산 대사과정은 다음과 같다.

페닐알라닌 $\xrightarrow{\text{PAH}}$ 티로신 $\longrightarrow$ p-하이드록시페닐피루브산

페닐피루브산

○ 어떤 집단에서 정상인 부모 사이에 X를 가진 아이가 태어났다.
○ 이 집단에서 X의 발병률은 $\dfrac{1}{40000}$이다.
○ 부모와 X를 가진 아이의 혈액에서 검출된 페닐피루브산의 농도는 다음과 같다.

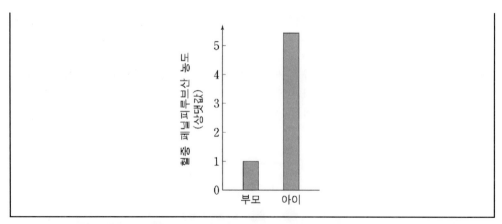

이에 대한 설명으로 옳은 것만을 〈보기〉에서 있는 대로 고른 것은? (단, 이 집단은 하디-바인베르크 평형 상태에 있다.)

〈보 기〉

ㄱ. X는 열성이다.

ㄴ. 페닐알라닌 함량이 높은 음식을 섭취하면 X의 증상이 완화된다.

ㄷ. 이 집단에서 X에 대한 이형접합자의 빈도는 $\dfrac{199}{40000}$ 이다.

① ㄱ   ② ㄷ   ③ ㄱ, ㄴ   ④ ㄱ, ㄷ   ⑤ ㄴ, ㄷ

09 다음은 어떤 멘델 집단에서 발생하는 유전병 B에 관한 자료이다.

〈자 료〉

○ 유전병 B는 B1과 B2의 2가지 유형이 있다.

○ B1과 B2를 유발하는 각각의 대립유전자는 서로 다른 상염색체에 위치하는 열성유전자이다.

○ 유전병 B의 환자는 인구 8000명 당 1명 비율로 나타난다.

○ 이 멘델 집단에서 환자 100명 당 B1과 B2의 환자 수는 다음과 같다.

유형	환자 수
B1	80명
B2	20명

이 집단에서 B1과 B2를 유발하는 대립유전자 빈도를 나타낸 것으로 가장 적절한 것은?

	B1을 유발하는 대립유전자	B2를 유발하는 대립유전자
①	$\dfrac{1}{50}$	$\dfrac{1}{200}$
②	$\dfrac{1}{100}$	$\dfrac{1}{200}$
③	$\dfrac{1}{100}$	$\dfrac{1}{400}$
④	$\dfrac{1}{10000}$	$\dfrac{1}{20000}$
⑤	$\dfrac{1}{10000}$	$\dfrac{1}{40000}$

11-1 DNA 복제

01 다음 중 DNA와 RNA의 공통점이 아닌 것을 2가지 고르시오.

① 퓨린 : 피리미딘의 함량비는 1 : 1이다. ② 인산 : 5탄당 : 염기 = 1 : 1 : 1로 구성된다.

③ 단백질 합성에 중요한 작용을 한다. ④ 유전자의 본체로 작용할 수 있다.

⑤ 2중 나선구조로 되어 있다.

02 T2 파지는 대장균 속에서 증식하는 세균성 바이러스이다. T2 파지의 DNA를 ^{32}P로, 단백질을 ^{35}S로 처리한 후, 대장균에 감염시키고 방사성 동위원소를 추적하면?

① ^{32}P는 대장균 속에서, ^{35}S는 대장균 밖에서 발견된다.

② ^{32}P는 대장균 밖에서, ^{35}S는 대장균 속에서 발견된다.

③ ^{32}P와 ^{35}S 모두 대장균 속에서 발견된다.

④ ^{32}P와 ^{35}S 모두 대장균 밖에서만 발견된다.

⑤ 대장균의 안과 밖에서 ^{32}P와 ^{35}S가 모두 발견된다.

03 DNA의 운반체가 지니고 있어야 할 요건이 아닌 것은?

① 크기가 작은 DNA이다.

② 스스로 복제하는 능력이 없어야 한다.

③ 고리형 DNA이다.

④ 항생물질에 저항하는 유전자가 들어있다.

⑤ 제한효소에 의해 가수분해된다.

----

04 인위적으로 T2 파아지의 외피 단백질과 T4 파아지의 DNA를 재조립하여 새로운 바이러스를 합성하였다. 만일 이 복합 바이러스가 세균을 감염하여 증식하였다면 자손 바이러스는 어떤 형태를 가질 것인가?

① T2의 외피단백질, T4의 DNA   ② T4의 외피단백질, T2의 DNA

③ 두 바이러스의 DNA와 단백질의 혼합   ④ T2의 외피단백질과 DNA

⑤ T4의 외피단백질과 DNA

----

05 DNA의 생합성시 필요하지 않은 것은?

① 주형 DNA (Template DNA)   ② DNA 중합효소 (DNA polymerase)

③ dATP   ④ GTP

⑤ Mg^{2+}

----

06 유전 정보의 흐름에서 역전사 효소에 의하여 촉매 되는 과정은?

① RNA to RNA   ② DNA to RNA   ③ RNA to protein
④ DNA to DNA   ⑤ RNA to DNA

---

07 그림은 복제가 진행 중인 생명체 X의 세포 내의 DNA를 염색한 후, 전자현미경을 이용하여 관찰한 사진을 나타낸 것이다.

이에 대한 설명으로 옳은 것만을 〈보기〉에서 있는 대로 고른 것은? (단, 생명체 X는 양방향 복제를 하며, 모든 복제분기점은 동일한 속도 로 이동한다.)

──────── 〈보 기〉 ────────
ㄱ. 생명체 X는 원핵생물이다.
ㄴ. 전자현미경 사진 상에서 복제분기점은 3곳이 존재한다.
ㄷ. 가장 늦게 활성화된 복제원점은 가운데 기포에 위치한다.

① ㄱ   ② ㄴ   ③ ㄷ   ④ ㄱ, ㄴ   ⑤ ㄱ, ㄷ

---

08 그림은 분열 중인 세포 X에서 염색체 Y가 변하는 모습을 모식적으로 나타낸 것이다.

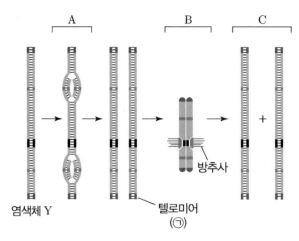

이에 대한 설명으로 옳지 않은 것은? (단, 세포 X에서는 복제가 일어 날 때 모든 복제원점에서 복제가 동시에 시작된다.)

① 염색체 Y에 복제원점은 2곳이 있다.

② DNA 연결효소의 활성은 A 시기가 B 시기보다 높다.

③ ㉠ 부위에는 단백질에 대한 유전정보가 존재하지 않는다.

④ MPF의 활성은 C 시기가 B 시기보다 더 높다.

⑤ 세포 X의 단백질은 대부분 80S 리보솜에 의해 합성된다.

- -

11-2 유전자의 전사

01 진핵생물의 유전자가 전사된 후 핵을 떠나기 전, 일련의 변화를 통해 성숙된 mRNA가 되는 과정을 전사 후 변형(post-transcriptional modification)이라 한다. 다음 중 이에 속하지 않는 것은 어느 것인가?

① splicing   ② capping   ③ poly A tailing

④ signal peptide 제거   ⑤ DNA methylation

- -

02 그림은 세포 X에서 단백질 Z를 암호화하는 유전자 Y가 발현되는 과정 중에 일어나는 현상이다.

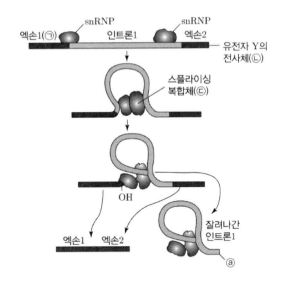

이에 대한 설명으로 옳은 것은?

① ㉠에서 개시코돈과 종결코돈이 발견된다.

② ㉡은 RNA 중합효소 Ⅰ에 의해서 합성된다.

③ ㉢에 존재하는 단백질 성분이 엑손1과 인트론1 연결부위를 절단한다.

④ ⓐ는 3′ 말단이다.

⑤ 위의 과정은 세포 X의 세포질에서 일어난다.

----

03 그림 (가)는 일반적인 중합효소연쇄반응(PCR)에서 첫 번째 사이클의 세 단계 Ⅰ~Ⅲ을, (나)는 이 PCR에서 합성되는 단일가닥 DNA 단편 ㉠~㉣을 나타낸 것이다. A~D는 DNA 에서의 위치이다.

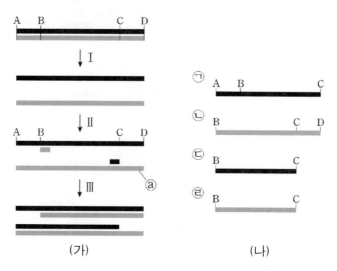

(가)   (나)

이에 대한 설명으로 옳은 것만을 〈보기〉에서 있는 대로 고른 것은?

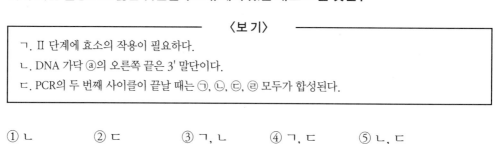

〈보 기〉
ㄱ. Ⅱ 단계에 효소의 작용이 필요하다.
ㄴ. DNA 가닥 ⓐ의 오른쪽 끝은 3' 말단이다.
ㄷ. PCR의 두 번째 사이클이 끝날 때는 ㉠, ㉡, ㉢, ㉣ 모두가 합성된다.

① ㄴ   ② ㄷ   ③ ㄱ, ㄴ   ④ ㄱ, ㄷ   ⑤ ㄴ, ㄷ

04 그림 (가)와 (나)는 진핵세포의 핵에서 일어나는 두 가지 핵산 합성 과정을 모식적으로 나타낸 것이다.

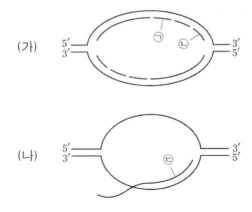

이에 대한 설명으로 옳은 것은?

① (가)에서 ⓛ이 ⓖ보다 먼저 합성된다.

② (가)는 세포주기의 M기에 일어난다.

③ (가)와 (나)에서 모두 RNA 합성이 일어난다.

④ (나)에는 프라이머(primer)가 필요하다.

⑤ (나)에서 ⓒ의 합성은 3' → 5' 방향으로 일어난다.

11-3 유전자의 번역

01 그림은 주변에 흔히 존재하는 어느 생물체에서 일어나는 유전자의 발현 양상을 모식도로 나타낸 것이다.

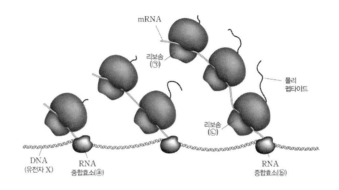

이에 대한 설명으로 옳지 않은 것은?

① ⓑ가 ⓐ보다 유전자 X에 더 먼저 결합했다.

② ⓐ의 활성은 주로 세포질에서 나타난다.

③ ⓒ의 기능은 클로람페니콜에 의해 억제된다.

④ ⓑ는 유전자 X의 인트론을 전사한다.

⑤ ⓐ이 ⓒ보다 더 나중에 mRNA에 결합하였다.

----

02 그림은 세균의 번역과정을 나타낸 것이다.

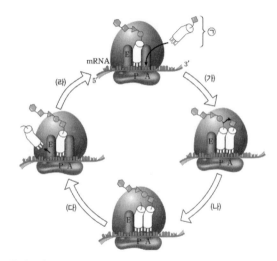

이에 대한 설명으로 옳은 것은?

① 효소에 의한 ⓐ의 합성과정에 GTP의 가수분해 에너지가 사용된다.

② 번역의 개시 단계에서 개시코돈은 리보솜의 A자리에 위치한다.

③ 50S 큰 소단위체의 단백질 부위가 (나) 과정을 촉매한다.

④ 리보솜이 mRNA 상의 종결코돈에 도달하면 리보솜의 P 자리에 방출인자가 결합한다.

⑤ 번역의 개시, 신장, 종결과정 모두에서 GTP가 사용된다.

----

03 그림은 세포 X에서 번역이 일어나는 과정의 일부를 나타낸 것이다.

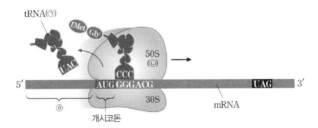

이에 대한 설명으로 옳은 것만을 〈보기〉에서 있는 대로 고른 것은?

〈보 기〉

ㄱ. 개시단계에서 ⑤은 리보솜의 A 자리에 결합한다.
ㄴ. 신장되고 있는 폴리펩타이드 사슬과 새로 첨가되는 아미노산 사이의 펩타이드 결합 형성은 ⓒ에 존재하는 단백질에 의해 촉매된다.
ㄷ. ⓐ 부위에 샤인-달가노 서열(Shine-Dalgarno Sequence)이 존재한다.

① ㄱ   ② ㄴ   ③ ㄷ   ④ ㄱ, ㄴ   ⑤ ㄱ, ㄷ

----

04 그림은 대장균의 전사와 번역 과정의 일부를 나타낸 것이다.

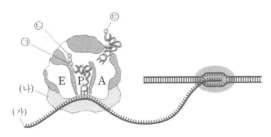

이에 대한 설명으로 옳지 않은 것은?

① (가) 지점은 mRNA의 5' 말단이다.
② 번역 개시 단계에서 개시 tRNA는 P 부위에 결합한다.
③ 소단위체 (나)는 16S rRNA를 포함한다.
④ 번역 신장 단계에서 ⓒ 아미노산은 ⑤과 ⓒ 아미노산 잔기 중 ⓒ에 결합한다.
⑤ 번역 신장 단계에서 리보솜이 이동하는 데 GTP가 필요하다.

11-4 돌연변이

01 돌연변이원(mutagen)이란?

① 돌연변이에 의해 변화된 유전자   ② 돌연변이를 일으키는 어떤 물질

③ 돌연변이에 의해 변화된 생물   ④ 돌연변이에 의해 변화된 염색체의 일부분

⑤ DNA 염기서열의 어떤 변화를 말한다.

-----

02 표는 대장균에서 발견된 어떤 효소를 암호화하는 유전자 X에 대한 4가지 점돌연변이 유전자($Xa \sim Xd$)의 돌연변이 유형을 나타낸 것이다.

돌연변이 유전자	돌연변이 유형
Xa	침묵돌연변이(silent mutation)
Xb	틀이동돌연변이(frameshift mutation)
Xc	정지돌연변이(nonsense mutation)
Xd	과오돌연변이(missense mutation)

이에 대한 설명으로 옳은 것만을 〈보기〉에서 있는 대로 고를 때, 그 개수는? (단, 각 돌연변이는 유전자 X의 단백질을 암호화하는 부위에서 한 번만 일어났다.)

〈보기〉
○ Xa에서 발현된 단백질은 X에서 발현된 단백질보다 효소 활성이 낮다.
○ Xb는 전사되지 않는다.
○ Xc에서 발현된 단백질의 분자량은 Xa에서 발현된 단백질의 분자량보다 적다.
○ Xd에서 전사된 mRNA의 길이는 Xa에서 전사된 mRNA의 길이와 같다.

① 1개   ② 2개   ③ 3개   ④ 4개   ⑤ 0개

-----

12 유전자 발현의 조절

01 간세포와 뇌세포가 각각 다른 기능을 할 수 있는 것은 어떤 이유에서인가?

① 세포의 모양이 다르기 때문

② 세포의 크기가 다르기 때문

③ 가지고 있는 유전자의 종류가 다르기 때문

④ 표현되는 유전자의 종류가 다르기 때문

⑤ 각각 가지고 있는 세포기관이 다르기 때문

----

02 벡터의 기능을 수행하기 위한 플라스미드의 특성과 관계없는 것은?

① 크기가 작은 것이 운반체의 역할을 수행하기가 좋다.

② 기주(host)세포에서 증식 시 적은 수로 복제하는 것이 정제 분리하는데 이점이 된다.

③ 외래유전자가 삽입될 부위의 염기서열은 제한효소에 의해 절단되어야 한다.

④ 탐지유전자(marker gene)를 가져야 한다.

⑤ 일반적으로 항생제 저항성 유전자가 탐지유전자로 활용된다.

----

03 그림과 같이 플라스미드 pAB와 pCD의 DNA를 BamH I 과 Hind III로 절단하였다. 네 개의 절편을 함께 넣어 연결 반응을 수행하고, 숙주 세균에 도입한 후 암피실린 배지에 도말하였다.

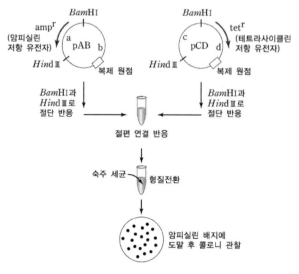

위 실험의 결과로 암피실린 고체 배지에서 얻은 세균들이 포함하고 있는 플라스미드의 종류를 〈보기〉에서 있는 대로 고른 것은? (단, pAD : a단편+d단편, pBC: b단편+c단편)

〈보 기〉

ㄱ. pAB   ㄴ. pAD   ㄷ. pBC   ㄹ. pCD

① ㄱ, ㄴ   ② ㄱ, ㄷ   ③ ㄴ, ㄷ   ④ ㄴ, ㄹ   ⑤ ㄷ, ㄹ

13 진화와 분류

01 고등생물에서 보다 하등 생물에서 DNA의 GC 함유량의 변이가 넓은 것이 진화의 증거가 될 수 있는 이유는?

① 하등 동물일수록 개체 변이가 잘 일어나기 때문이다.
② 고등 생물일수록 돌연변이가 적게 일어나기 때문이다.
③ 고등 생물일수록 염기 G와 C의 역할이 감소되기 때문이다.
④ 하등 동물일수록 생물체의 구성 체제가 정교하지 못하기 때문이다.
⑤ 하등 생물이 고등 생물보다 지구상에 생존한 역사가 길기 때문이다.

02 생물 진화를 밝힐 수 있는 가장 확실한 증거는?

① 발생 반복   ② 화석의 존재
③ 흔적기관의 존재   ④ 서식지의 동일성
⑤ 염색체 구조의 유사성

03 진화를 유전자 풀의 변화로 볼 때 진화의 요인으로 볼 수 없는 것은?

① 자연선택   ② 돌연변이
③ 유전적 부동   ④ 개체변이
⑤ 생식적 격리

04 그림은 4개 종(A~D)의 진화를 설명하는 계통수이다.

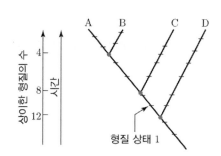

이에 대한 설명으로 옳은 것만을 〈보기〉에서 있는 대로 고른 것은? (단, 수렴진화(convergent evolution)나 진화역전(evolutionary reversal)은 고려하지 않는다.)

〈보 기〉

ㄱ. A와 B는 자매분류군이다.

ㄴ. 두 종 간의 상이한 형질의 수가 더 적을수록 두 종의 유연관계는 더 가깝다.

ㄷ. A와 C의 가장 최근의 공통조상으로부터 유래된 모든 종들은 형질 상태 1을 가진다.

① ㄱ   ② ㄴ   ③ ㄷ   ④ ㄱ, ㄴ   ⑤ ㄱ, ㄴ, ㄷ

----

05 그림은 어떤 집단에서 양적 변이의 양상을 나타내는 형질에 자연선택이 가해졌을 때 나타날 수 있는 3가지 유형의 진화((가)~(다))를 나타낸 것이다.

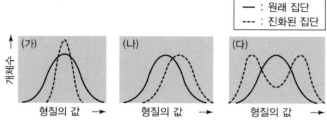

이에 대한 설명으로 옳지 않은 것은?

① (가)에서는 시간이 지나도 형질의 평균값은 변하지 않는다.

② (나)는 한 집단의 환경이 변할 때 나타날 수 있다.

③ (다)에서 자연선택은 형질의 평균값보다는 양 극단을 더 선호한다.

④ (가)~(다) 중 종분화가 일어날 가능성이 가장 높은 것은 (나)이다.

⑤ 사람 집단에서 출생 시 체중은 (가)에서 보이는 선택을 받는다.

---

06 그림은 집단 내 특정 형질의 표현형 변이에 따른 3가지 유형의 적응도 그래프를 나타낸 것이다.

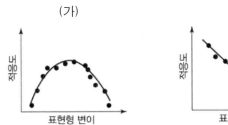
(가)

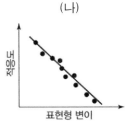
(나)

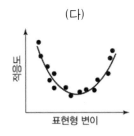
(다)

이에 대한 설명으로 옳은 것만을 〈보기〉에서 있는 대로 고른 것은?

〈보 기〉

ㄱ. (가) 유형의 적응도를 나타내는 집단의 진화 경향은 안정화 선택이다.

ㄴ. (나) 유형의 적응도를 나타내는 집단은 진화함에 따라 표현형의 평균값이 증가한다.

ㄷ. 씨앗 크기가 증가함에 따라 부리 크기가 증가하는 진화를 보이는 핀치새 집단의 적응도 그래프는 (다)이다.

---

① ㄱ   ② ㄴ   ③ ㄷ   ④ ㄱ, ㄴ   ⑤ ㄱ, ㄷ

---

07 다음은 중증급성호흡기 증후군(SARS)과 중동호흡기 증후군(MERS)등을 일으키는 코로나 바이러스(Coronavirus)의 생활사를 나타낸 것이다.

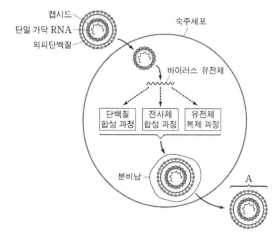

이에 대한 설명으로 옳은 것은?

① 전사체 합성 과정에 바이러스 유전체로부터 합성된 중합효소를 사용한다.

② 캡시드 단백질은 숙주세포 유전체가 암호화한다.

③ 외피단백질의 합성에 숙주의 세포소기관이 관여하지 않는다.

④ 역전사로 합성한 유전체를 숙주의 유전체에 삽입시켜 잠복기를 보낸다.

⑤ A는 비로이드(viroid)이다.

- -

08 그림 (가)는 단순헤르페스바이러스(herpes simplex virus)를, (나)는 독감바이러스 (influenza virus)를 나타낸 것이다.

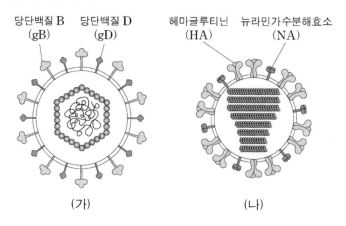

이에 대한 설명으로 옳은 것은?

① (가)는 RNA 바이러스이다.

② (가)는 주로 공기를 통해 전염된다.

③ 아시클로버(acyclovir)는 (나)의 부착 단계를 저해한다.

④ (나)의 유전체는 mRNA로 작용한다.

⑤ (나)는 자신의 유전체를 복제하는 효소를 가진다.

---

14 영양과 소화

01 사람의 3대 영양소에 관하여 설명한 내용 중 옳은 것은?

① 지방은 에너지원으로 쓰이지 않는다.

② 단백질은 생체막을 구성하는 성분이다.

③ 탄수화물의 기본단위는 아미노산이다.

④ 3대 영양소를 구성하는 공통된 기본원소는 C, H, O, N이다.

⑤ 우리가 섭취하는 음식물 중에서 가장 많은 양을 차지하는 영양소는 지방이다.

---

02 트립시노겐의 작용을 올바르게 서술한 것을 고르시오.

① 염산에 의해 활성화 되어 탄수화물에 작용한다.

② 쓸개즙에 의해 활성화 되어 지방에 작용한다.

③ 엔테로키나제에 의해 활성화 되어 단백질에 작용한다.

④ 가스트린에 의해 활성화 되어 젖당에 작용한다.

⑤ 펩신에 의해 활성화 되어 지방에 작용한다.

---

03 쓸개즙에 대한 설명 중 틀린 것은?

① 위로 배출된다.

② 간에서 만들어진다.

③ 소화효소가 없다.

④ 음식물의 부패를 막는다.

⑤ 지방을 유화시켜 흡수를 촉진시킨다.

----

04 위에서의 소화와 관계없는 것은?

① 위의 주세포에서는 펩신을 분비한다.

② 위의 벽세포에서는 염산을 분비한다.

③ 위의 점액세포는 점액을 분비한다.

④ 위액은 점액, 효소, 강한 산으로 이루어져 있다.

⑤ 위의 활발한 움직임으로 음식물은 위액과 잘 섞여 산성 유미죽을 만든다.

----

05 비타민에 대한 다음 설명 중 틀린 것은?

① 체내에서 전부 합성이 가능하다.

② 아주 적은 양만 필요로 한다.

③ 조효소나 조효소의 일부로 작용한다.

④ 대사작용의 촉매로 작용한다.

⑤ 지용성과 수용성이 있다.

----

06 다음 중 단백질 가수분해의 산물은?

① 포도당　　　② 인산　　　③ 글리세롤　　　④ 지방산　　　⑤ 아미노산

---

07 다음 중 단백질과 탄수화물의 분해효소가 모두 나오는 곳은?

① 이자　　　② 쓸개　　　③ 위　　　④ 간　　　⑤ 허파

---

08 그림은 지방의 소화와 흡수 과정을 나타낸 것이다.

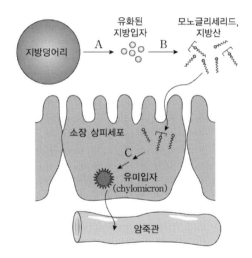

이에 대한 설명으로 옳은 것만을 〈보기〉에서 있는 대로 고른 것은?

〈보 기〉
ㄱ. A 과정에 필요한 쓸개즙 분비는 콜레시스토키닌에 의해 촉진된다.
ㄴ. B 과정에 작용하는 효소의 활성은 세크레틴에 의해 감소한다.
ㄷ. C 과정에서 모노글리세리드와 지방산은 트리글리세리드로 재합성된다.

① ㄱ　　　② ㄴ　　　③ ㄷ　　　④ ㄱ, ㄷ　　　⑤ ㄱ, ㄴ, ㄷ

---

09 그림 (가)는 사람의 소화계 일부를, (나)는 소화효소 활성화 과정의 일부를 나타낸 것이다. A~D는 각각 간, 위, 이자, 소장 중 하나이다.

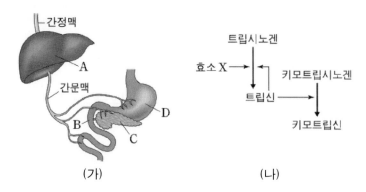

(가)　　　　　　　　　　　　　　　(나)

이에 대한 설명으로 옳은 것만을 〈보기〉에서 있는 대로 고른 것은?

──────── 〈보 기〉 ────────

ㄱ. 암죽관(유미관)은 간문맥에 직접 연결되어 있다.
ㄴ. (나)의 효소 X를 합성하는 세포는 B에 있다.
ㄷ. 지방 유화작용에 이용되는 물질이 A에서 생성된다.

① ㄱ　　　　② ㄷ　　　　③ ㄱ, ㄴ　　　　④ ㄴ, ㄷ　　　　⑤ ㄱ, ㄴ, ㄷ

---

15 호흡계

01 사람에서 호흡 운동의 중추와 호흡 운동을 촉진시키는 물질이 옳게 짝지어진 것은?
① 대뇌 – 혈액 속의 O_2 농도
② 간뇌 – 혈액 속의 H_2 농도
③ 척수 – 혈액 속의 N_2 농도
④ 소뇌 – 혈액 속의 CO_2 농도
⑤ 연수 – 혈액 속의 CO_2 농도

02 그림 (가)는 어떤 사람의 호흡 주기에서 흉막내압과 폐포내압의 변화를, (나)는 횡격막 근
원섬유의 미세구조를 나타낸 것이다. ㉠과 ㉡은 각각 흉막내압과 폐포 내압 중 하나이고,
구간 ⓐ는 흡기와 호기 중 하나이다.

(가)

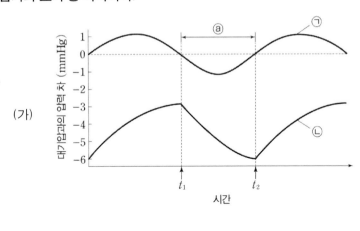

(나)

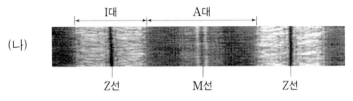

이에 대한 설명으로 옳은 것만을 〈보기〉에서 있는 대로 고른 것은?

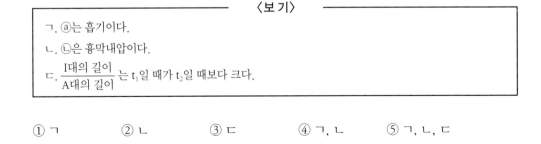

─────── 〈보 기〉 ───────

ㄱ. ⓐ는 흡기이다.

ㄴ. ㉡은 흉막내압이다.

ㄷ. $\dfrac{\text{I대의 길이}}{\text{A대의 길이}}$ 는 t_1일 때가 t_2일 때보다 크다.

① ㄱ   ② ㄴ   ③ ㄷ   ④ ㄱ, ㄴ   ⑤ ㄱ, ㄴ, ㄷ

01 사람의 체내에서 혈액이 응고되지 않는 이유는?

① 간에서 헤파린이 생성되므로
② 혈소판이 파괴되지 않으므로
③ 신장에서 트롬빈이 여과 되므로
④ 트롬보키나아제가 생기지 않으므로
⑤ Ca^{2+}가 다른 물질과 결합하여 있으므로

----

02 사람의 혈액의 적혈구 속에 있는 호흡색소는?

① 헤모글로빈
② 헤모시아닌
③ 루시페린
④ 빌리루빈
⑤ 헤모에리스린

----

03 그림은 사람의 심전도를 모식적으로 나타낸 것이다.

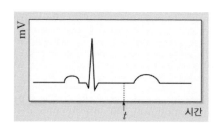

시점 t에서 심장의 상태와 혈액의 흐름으로 가장 적절한 것은? (단, 답지의 →는 혈액의 흐름을 나타낸다.)

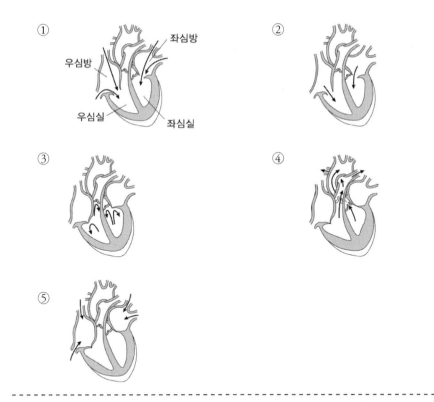

① 좌심방, 우심방, 우심실, 좌심실

04 대사가 왕성한 근육 조직에서 산소헤모글로빈이 산소와 헤모글로빈으로 해리되기 위한 적합한 조건은?

① CO_2의 분압이 낮고, O_2의 분압도 낮을 때 ② CO_2의 분압이 낮고, O_2의 분압은 높을 때
③ CO_2의 분압이 높고, O_2의 분압도 높을 때 ④ CO_2의 분압이 높고, O_2의 분압은 낮을 때
⑤ CO_2와 O_2의 분압에 관련이 없다.

05 다음은 호흡색소인 헤모글로빈과 미오글로빈의 산소-결합 특성에 대한 자료이다.

- P_{50}은 호흡색소가 산소로 50% 포화될 때의 산소 분압을 의미한다.
- 휴식 시 조직의 산소분압은 40 mmHg이고, 폐의 산소분압은 100 mmHg이다.
- 그림은 헤모글로빈과 미오글로빈의 산소분압과 호흡색소의 해리도와의 관계를 그래프로 나타낸 것이다.

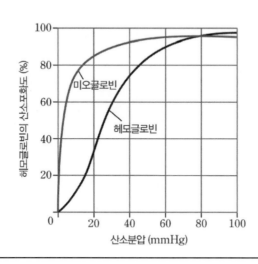

이에 대한 설명으로 옳은 것만을 〈보기〉에서 있는 대로 고른 것은?

─────────── 〈보 기〉 ───────────

ㄱ. P_{50}은 미오글로빈이 헤모글로빈보다 더 작다.

ㄴ. 휴식 시 근육조직에서 $\dfrac{산소와\ 결합한\ 특정\ 호흡색소의\ 수}{특정\ 호흡색소의\ 전체수}$ 값은 미오글로빈이 헤모글로빈보다 더 높다.

ㄷ. H^+은 헤모글로빈의 P_{50} 값을 높인다.

① ㄱ   ② ㄴ   ③ ㄷ   ④ ㄱ, ㄴ   ⑤ ㄱ, ㄴ, ㄷ

06 그림은 조직에서 생성된 CO_2가 혈액을 통해 수송되는 과정의 일부를 나타낸 것이다.

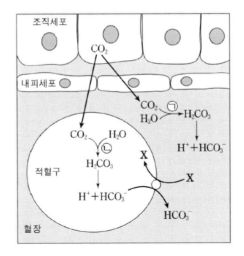

이에 대한 설명으로 옳은 것만을 〈보기〉에서 있는 대로 고른 것은?

─────── 〈보기〉 ───────

ㄱ. 물질 X는 양이온이다
ㄴ. 반응속도는 반응 ㉠이 반응 ㉡보다 빠르다.
ㄷ. 조직세포에서 적혈구 세포질까지의 CO_2 이동은 확산에 의해 일어난다.

① ㄴ   ② ㄷ   ③ ㄱ, ㄴ   ④ ㄱ, ㄷ   ⑤ ㄴ, ㄷ

---

17 면역계

01 다음 중 비특이적 방어작용이 아닌 것은 어느 것인가?

① 리소자임   ② 피부   ③ 위산   ④ 호흡기 점액   ⑤ 항체

---

02 보조 T 세포(helper T cell)의 기능이 아닌 것을 고르시오.

① 세포독성 T 세포(cytotoxic T cell)를 활성화한다.

② 대식세포(macrophage)를 활성화한다.

③ 항원제시세포(antigen-presenting cell)와 반응한다.

④ 항원을 직접 공격한다.

⑤ B세포의 항체 생성을 촉진한다.

----

03 다음 중 암세포를 특이적으로 직접 죽일 수 있는 세포는?

① helper T cell   ② cytotoxic T cell

③ B cell   ④ plasma cell

⑤ supressor T cell

----

04 사람의 항체 중에서 가장 많이 존재하는 항체는 어느 것인가?

① Ig A   ② Ig D   ③ Ig E   ④ Ig G   ⑤ Ig M

----

05 임파구들의 클론에 관해 옳게 설명한 것은?

① 다른 항체들을 만들 수 있다.

② 클론이 선택되어 분화되는 장소는 골수이다.

③ 면역기능을 수행할 수 없는 미숙세포로 구성된다.

④ 동일한 항원에 대항할 수 있는 항체를 만든다.

⑤ 보체로 구성된다.

----

06 그림은 신체에서 발견되는 3종류의 서로 다른 개별형(class)의 항체를 모식적으로 나타낸 것이다.

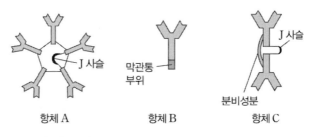

이에 대한 설명으로 옳지 않은 것은?

① 항체 A는 1차 면역반응이 일어날 때 가장 먼저 분비된다.

② 항체의 결합력(avidity)은 항체 A가 항체 C보다 더 크다.

③ 항체 B는 항원수용체로 작용한다.

④ 항체 B는 옵소닌으로 작용하여 항원이 식세포에게 쉽게 인식되도록 도와준다.

⑤ 항체 C는 주로 눈물이나 침 등의 분비물에서 발견된다.

----

07 그림은 5개 유형의 항체 구조를 나타낸 것이다.

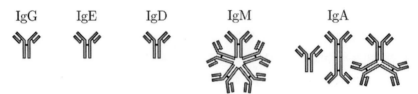

각 항체에 대한 설명으로 옳지 않은 것은?

① IgA는 점막으로 분비된다.　　　　　② 막부착 IgM은 단량체이다.

③ IgD는 보체 활성화를 유도한다.　　　④ IgE는 비만세포의 과립 분비를 유도한다.

⑤ IgG는 항체−의존 세포독성(ADCC)을 일으킨다.

- -

08 그림은 항체 X와 NK 세포가 관여하는 체액성 면역반응을 모식적으로 나타낸 것이다.

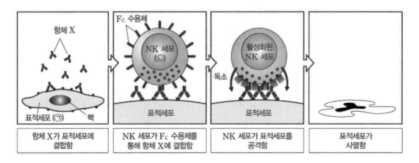

이에 대한 설명으로 옳은 것만을 〈보기〉에서 있는 대로 고른 것은?

〈보 기〉

ㄱ. 항체 X는 IgM이다.

ㄴ. ㉠이 자신의 세포라면, ㉠은 세포 표면에 1형 MHC 분자를 가진다.

ㄷ. NK 세포는 암세포를 비특이적으로 제거할 수 있다.

① ㄱ　　　　② ㄴ　　　　③ ㄷ　　　　④ ㄱ, ㄴ　　　　⑤ ㄴ, ㄷ

- -

09 그림은 항원 A에 대한 1차 면역 반응 과정의 일부를 나타낸 것이다.

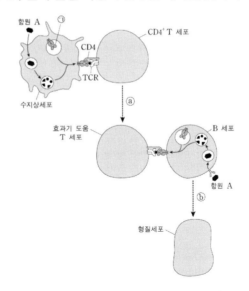

이에 대한 설명으로 옳은 것만을 〈보기〉에서 있는 대로 고른 것은?

〈보 기〉

ㄱ. ㉠은 활성화된 대식세포에서도 발현된다.

ㄴ. 과정 ⓐ와 ⓑ 모두에서 클론 증폭(clonal expansion)이 일어난다.

ㄷ. 1차 면역 반응에서 최초로 분비되는 항체는 이량체이다.

① ㄱ   ② ㄴ   ③ ㄷ   ④ ㄱ, ㄴ   ⑤ ㄱ, ㄷ

----

18 배설계

01 요소의 배설과정을 옳게 나타낸 것은?

① 신동맥 – 사구체 – 보우먼 주머니 – 세뇨관 – 신우 – 수뇨관 – 방광 – 요도

② 신정맥 – 사구체 – 보우먼 주머니 – 세뇨관 – 신우 – 수뇨관 – 방광 – 요도

③ 신동맥 – 말피기소체 – 집합관 – 세뇨관 – 수뇨관 – 방광 – 요도

④ 신정맥 – 말피기소체 – 집합관 – 수뇨관 – 세뇨관 – 방광 – 요도

⑤ 신동맥 – 보우만주머니 – 세뇨관 – 사구체 – 신우 – 방광 – 수뇨관 - 요도

----

02 요소에 대한 설명 중 틀린 것은?

① 물에 아주 잘 녹는다.

② 암모니아보다 독성이 덜하다.

③ 체내에 농축된 형태로 있을 수 있다.

④ 천천히 배설되기 때문에 수분 손실을 줄일 수 있다.

⑤ 답 없음

----

03 그림은 세포외액량이 정상 수준보다 높은 환자에게 약물 X를 일정 시간동안 지속적으로 투여하면서 시간의 경과에 따른 Na^+의 배설량과 세포외액량을 조사하여 그래프로 나타낸 것이다.

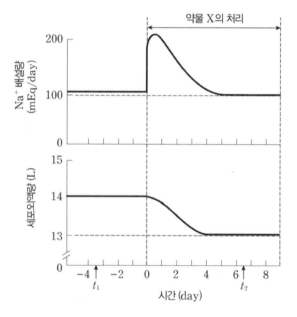

이에 대한 설명으로 옳은 것만을 〈보기〉에서 있는 대로 고른 것은?

〈보기〉

ㄱ. 평균동맥혈압은 t_1일 때가 t_2일 때보다 더 높다.

ㄴ. 안지오텐신 변환효소(angiotensin converting enzyme, ACE)의 특이적 억제제는 약물 X가 될 수 있다.

ㄷ. 약물 X의 효과는 처리하는 동안 내내 유지된다.

① ㄱ　　　　② ㄴ　　　　③ ㄷ　　　　④ ㄱ, ㄴ　　　　⑤ ㄱ, ㄷ

----

04 혈액에 존재하는 유기산인 물질 X는 신장을 통해 배설된다. 그림은 물질 X의 혈장 농도에 따른 신장에서의 물질 X의 여과량과 분비량, 배설량을 조사하여 나타낸 것이다.

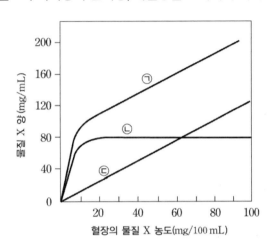

이에 대한 설명으로 옳은 것만을 〈보기〉에서 있는 대로 고른 것은? (단, 한 물질의 신장 청소율(renal clearance)은 단위 시간당 신장에 의해 그 물질이 완전히 제거되는 혈장의 부피로 정의된다.)

───────────── 〈보 기〉 ─────────────
ㄱ. 아미노산은 물질 X의 예가 될 수 있다.
ㄴ. ⓛ은 분비량을 나타내는 그래프이다.
ㄷ. 물질 X의 혈장 농도가 10 mg/100 mL일 때, 물질 X의 신장 청소율은 사구체 여과율(GFR)보다 크다.

① ㄱ　　　　② ㄴ　　　　③ ㄷ　　　　④ ㄱ, ㄴ　　　　⑤ ㄴ, ㄷ

----

05 다음은 항이뇨호르몬(ADH)과 관련한 자료이다.

• ADH는 신장의 세포 X에 작용하여 정단막(apical membrane)에 존재하는 아쿠아포린의 수를 증가시킨다.
• 그림은 정상인과 요붕증(diabetes Insipidus) 환자(A와 B)의 혈장에 고삼투압 자극이 주어졌을 때의 반응을 각각 나타낸 것이다.

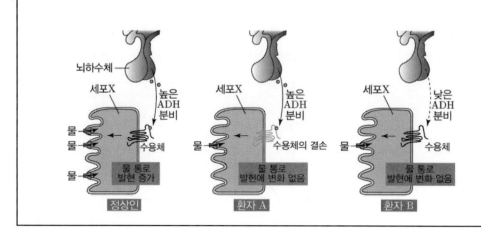

이에 대한 설명으로 옳은 것만을 〈보기〉에서 있는 대로 고른 것은?

〈보 기〉
ㄱ. 세포 X는 근위세뇨관에서 발견된다.
ㄴ. 환자 B는 다뇨증(polyurea) 증상을 보인다.
ㄷ. Desmopressin(ADH 유사체)을 처리하면 환자 A의 증상을 호전시킬 수 있다.

① ㄱ   ② ㄴ   ③ ㄷ   ④ ㄱ, ㄴ   ⑤ ㄱ, ㄷ

19 내분비계

01 뇌하수체 전엽의 작용 과정이 잘못된 것은?

① ACTH 분비 – 부신수질 자극 – 코르티코이드 분비– 혈당량과 무기염류량 조절

② TSH 분비 – 갑상선 자극– 티록신분비 – TSH분비 억제

③ LH 분비 – 황체자극 – 프로게스테론 분비 – 배란억제 – 임신유지

④ FSH 분비 – 여포자극–에스트로겐 분비 – 여성의 2차성징 발현

⑤ LTH 분비 – 젖샘 분비 활동 촉진– 결핍 시 젖 분비 정지

----

02 생장 중에 있는 실험 동물에서 뇌하수체 전엽을 제거 했을 때 나타나는 현상과 관계가 없는 것은?

① 생장이 억제된다.   ② 갑상선이 비대해진다.

③ 부신피질의 기능이 저하된다.   ④ 생식 기능이 약해진다.

⑤ 혈당량이 감소한다.

----

03 다음 중 혈당량을 일정하게 조절하는 생리적 기능과 가장 관계가 먼 것은?

① 호르몬   ② 자율신경   ③ 감각기관

④ 시상하부   ⑤ 뇌하수체 전엽

----

04 Ca 대사에 관여하는 호르몬을 산출하는 샘은?

  ① 갑상선   ② 부신   ③ 랑게르한스섬
  ④ 생식선   ⑤ 부갑상선

05 Na 재흡수, 삼투압 조절에 관여하는 호르몬은?

  ① 무기질 코르티코이드   ② 당질 코르티코이드   ③ 파라토르몬
  ④ 티록신   ⑤ 아드레날린

06 다음 중 호르몬의 성질이 아닌 것은?

  ① 체내에서 합성된다.
  ② 비교적 열에 약하다.
  ③ 미량으로 생리기능을 조절한다.
  ④ 혈액을 통해 표적 기관으로 운반된다.
  ⑤ 물질 대사과정에서 화학 반응을 촉매한다.

07 그림은 사람에서 호르몬에 의한 혈중 칼슘 농도 조절 과정의 일부분을 나타낸 것이다. ㉠~㉢은 각각 부갑상샘호르몬(PTH), 칼시토닌, 활성 비타민 D 중 하나이다.

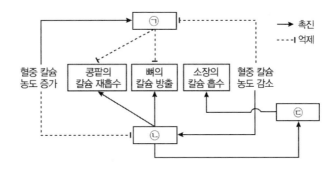

이에 대한 설명으로 옳은 것만을 〈보기〉에서 있는 대로 고른 것은?

─────────── 〈보기〉 ───────────

ㄱ. ㉠은 칼시토닌이다.
ㄴ. ㉡은 펩티드 호르몬이다.
ㄷ. ㉢은 부신수질에서 합성된다.

① ㄱ   ② ㄴ   ③ ㄷ   ④ ㄱ, ㄴ   ⑤ ㄱ, ㄷ

----

08 그림은 2가지 분비샘에서 일어나는 물질 분비를 각각 나타낸 것이다. (a)와 (b)는 각각 내분비샘에서의 물질 분비와 외분비샘에서의 물질 분비 중 하나이다.

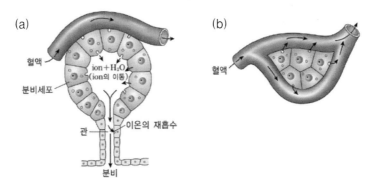

이에 대한 설명으로 옳은 것만을 〈보기〉에서 있는 대로 고른 것은?

<보기>

ㄱ. (a)는 외분비샘에서의 물질 분비이다.

ㄴ. 인체는 (a)와 (b)가 동시에 일어나는 기관을 가지고 있다.

ㄷ. 인체에서 호르몬의 분비 시에는 (a) 방식을 이용한다.

① ㄱ   ② ㄴ   ③ ㄷ   ④ ㄱ, ㄴ   ⑤ ㄱ, ㄷ

09 그림은 혈액 손실에 의한 저혈압 상황에서 혈압과 체액 조절 과정의 일부를 나타낸 것이다.

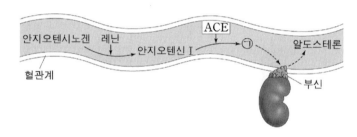

이에 대한 설명으로 옳지 않은 것은?

① ㉠은 세동맥을 수축시킨다.

② ㉠은 항이뇨호르몬(ADH) 분비를 억제한다.

③ 간에서 안지오텐시노겐이 분비된다.

④ 신장에서 레닌이 분비된다.

⑤ ACE의 작용이 억제되면 오줌으로 Na^+ 배출이 증가한다.

10 그림은 식사 후 휴식 상태에서 혈당이 높을 때, 건강한 사람의 근육세포에서 호르몬 ㉠이
포도당 수송에 미치는 영향을 나타낸 것이다.

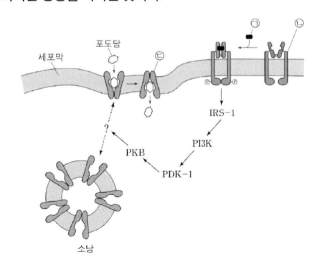

이에 대한 설명으로 옳은 것은?

① ㉠은 소수성 호르몬이다.

② ㉠은 췌장의 α-세포에서 분비된다.

③ ㉡에 이상이 생기면 제1형 당뇨병이 유발된다.

④ ㉢에 의해 포도당이 세포 내로 이동하는 방식은 수동수송이다.

⑤ ㉠과 ㉡의 상호작용에 의해 신호가 전달되면 ㉢을 가지는 소낭이 세포막 쪽으로 이동하는
것이 억제된다.

----

20 신경계

01 흥분전도에 관한 설명이 잘못된 것은?

① 자극은 일정한 방향으로만 전달된다.

② 탈분극은 전위 의존성 나트륨 채널에 의해 일어난다.

③ 활동전위의 발생은 미엘린 수초에서 발생한다.

④ 유수신경이 무수신경보다 전달 속도가 빠르다.

⑤ 축색돌기 말단에서는 흥분 전달물질이 분비된다.

----

02 다음은 시냅스에서 신호의 전달과 관련한 자료이다.

- 신경세포 X는 신경전달물질 ⓐ를 분비하여 세포 Y로 신호를 전달한다.
- 그림은 신경세포 X에 아무런 자극을 주지 않았거나(가) 혹은 역치 이상의 자극을 주었을 때(나), 세포 Y의 반응을 나타낸 것이다.

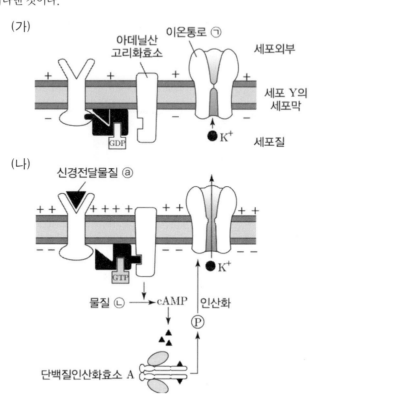

이에 대한 설명으로 옳은 것만을 〈보기〉에서 있는 대로 고른 것은?

〈 보 기 〉

ㄱ. 축삭에서 발생하는 활동전위의 하강기는 주로 이온통로 ㉠에 의해 나타난다.

ㄴ. 물질 ㉡은 ATP이다.

ㄷ. 신경세포 X는 세포 Y와 흥분성 시냅스를 맺고 있다.

---

① ㄱ   ② ㄴ   ③ ㄷ   ④ ㄱ, ㄴ   ⑤ ㄱ, ㄷ

03 그림은 어떤 신경세포에서 활동전위 생성 시 막전위의 변화를 나타낸 것이다. 휴지상태에서 이 신경세포의 K^+ 막투과도는 Na^+보다 40배 높고, K^+의 평형전위는 -80 mV이며, Na^+의 평형전위는 $+62$ mV이다.

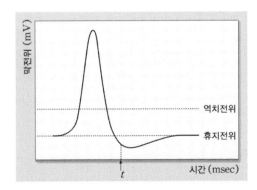

이에 대한 설명으로 옳은 것만을 〈보기〉에서 있는 대로 고른 것은? (단, K^+의 세포내 농도와 Na^+의 세포 외 농도는 동일하다.)

───────── 〈보 기〉 ─────────

ㄱ. 이 신경세포가 Na^+과 K^+만을 통과시킬 때 휴지전위는 -18 mV이다.
ㄴ. 복어의 테트로도톡신은 Na^+의 이동을 방해하여 활동전위의 생성을 억제한다.
ㄷ. 시점 t에서 전압개폐성 K^+ 채널을 통한 K^+의 이동은 없다.

① ㄱ   ② ㄴ   ③ ㄷ   ④ ㄱ, ㄴ   ⑤ ㄴ, ㄷ

---

21 감각계

01 다음 중 유스타키오관의 기능은?

① 고막 안팎의 기압을 조절한다.   ② 평형감각에 관여한다.
③ 음파를 증폭시킨다.   ④ 청각에 관여한다.
⑤ 회전 감각에 관여한다.

---

02 추운 날 피부 가까이에 있는 혈관은 어떻게 반응하는가?

① 확장하여 혈류량을 늘려 피부를 따뜻하게 해준다.
② 수축하여 피부에 있는 혈관을 따라 혈액을 흐르게 한다.
③ 수축하여 피부에 있는 혈액으로부터 열의 손실을 줄인다.
④ 확장하여 혈액의 흐름을 빠르게 하여 찬 피부를 따뜻하게 해준다.
⑤ 확장하여 혈류가 표피쪽으로 향하는 것을 막는다.

----

03 다음 중 날씨가 추울 때 일어나는 현상이 아닌 것은?

① 땀 분비 감소　　　② 근육의 수축　　　③ 심장박동 촉진
④ 모세혈관 확장　　　⑤ 물질대사 촉진

----

04 그림은 말하기와 관련된 4가지 유형의 활동 시에 성인의 대뇌 좌반구 피질에서 활성화된 주요 부위를 나타낸 것이다.

●　활성화 부위

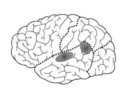
(가) 단어를 들을 때

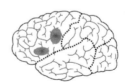
(나) 단어를 말할 때

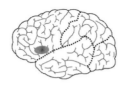
(다) 의미 있는 단어를 떠올릴 때

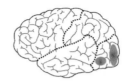
(라) 단어를 볼 때

이에 대한 설명으로 옳은 것만을 〈보기〉에서 있는 대로 고른 것은?

〈보 기〉

ㄱ. (가)에서 활성화된 부위는 베르니케 영역을 포함한다.
ㄴ. (나)에서 필요한 근육을 조절하는 운동피질은 두정엽에 위치한다.
ㄷ. (라)에서 활성화된 부위는 브로카 영역을 포함한다.

① ㄱ   ② ㄴ   ③ ㄱ, ㄴ   ④ ㄱ, ㄷ   ⑤ ㄴ, ㄷ

---

22 근육계

01 다음은 골격근 근섬유의 형태와 관련한 자료이다.

- 대부분의 골격근은 서로 다른 유형의 골격근 섬유를 포함하는데, 가자미근육은 대부분 느린 연축섬유로 구성되고, 바깥눈근육은 대부분 빠른 연축섬유로 구성되며, 비장근은 빠른 연축섬유와 느린 연축섬유의 비율이 중간이다.
- 그림은 가자미근육과 바깥눈근육, 비장근에 단일 자극을 각각 주었을 때 최대 장력을 발생하는데 걸리는 시간을 나타낸 그래프이다.

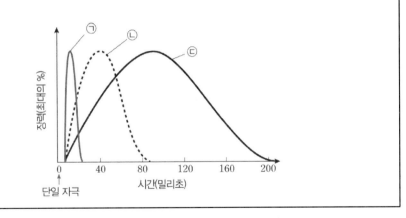

이에 대한 설명으로 옳지 않은 것은?

① ATP를 빠른 속도로 가수분해하는 능력은 ㉠을 주로 구성하는 근섬유가 ㉢을 주로 구성하는 근섬유보다 더 크다.

② 근육의 피로 속도는 ㉠이 ㉢보다 더 빠르다.

③ ㉡은 비장근이다.

④ 근육이 적색을 띠는 정도는 ㉠이 ㉢보다 더 작다.

⑤ $\dfrac{\text{해당작용을 통해 ATP를 공급하는 비율}}{\text{산화적 인산화를 통해 ATP를 공급하는 비율}}$ 은 ㉢이 ㉠보다 더 크다.

---

02 그림 (가)는 하나의 운동신경과 그 신경이 지배하는 근섬유로 구성된 운동단위 Ⅰ과 Ⅱ를, (나)는 (가)의 신경에 각각 단일자극을 줄 때 각 운동단위에서 시간에 따른 근수축 세기의 변화를 나타낸 것이다.

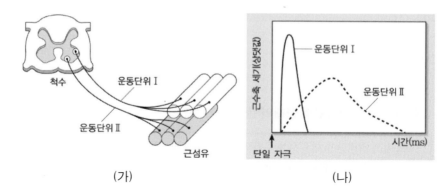

(가)   (나)

이에 대한 설명으로 옳은 것만을 〈보기〉에서 있는 대로 고른 것은? (단, 운동 단위 Ⅰ과 Ⅱ 에서 근섬유의 수는 동일하다.)

〈보 기〉
ㄱ. 단일 자극에 의한 근수축 속도는 운동단위Ⅱ보다 운동단위Ⅰ에서 빠르다.
ㄴ. 근섬유의 피로는 운동단위Ⅱ보다 운동단위Ⅰ에서 빨리 나타난다.
ㄷ. 근섬유의 직경은 운동단위Ⅰ보다 운동단위Ⅱ에서 크다.

① ㄱ   ② ㄴ   ③ ㄷ   ④ ㄱ, ㄴ   ⑤ ㄱ, ㄷ

---

23 생태계

01 동물이 배설하는 노폐물의 주성분은 동물에 따라 다르다. 이와 관계 깊은 요인은?
① 환경으로서 물과 그 공급   ② 신장의 구조
③ 몸의 크기와 활동   ④ 단백질의 섭취량과 분해량
⑤ 간의 기능

---

02 다음에서 우점종에 해당하는 것은?

① 우성형질만 갖춘 종   ② 극상을 이룬 종   ③ 피도와 빈도가 큰 종

④ 생활력이 강한 종   ⑤ 우수한 품종

---

03 생태 천이에서 극상에 해당하는 것은 다음 중 어느 것인가?

① 양수림   ② 음수림   ③ 수생식물   ④ 건생식물   ⑤ 관목림

---

04 생존곡선에 대한 설명으로 틀린 것을 모두 고른 것은?

① 생존곡선은 종에 따라 다르다.

② X축은 실제 나이가 아니라 평균 수명에 대한 백분율로 나타난다.

③ 고래, 코끼리 등과 같이 볼록형의 생존곡선을 갖는 종은 대부분 자손을 많이 낳아 잘 보살핀다.

④ 오목형의 생존곡선을 갖는 동물은 아주 어렸을 때 사망률이 높으나 그 후 사망률은 낮아져 일정한 나이까지 살아남은 개체수는 얼마 되지 않는다.

⑤ 곤충과 같이 변태를 하는 동물은 일정한 비율로 감소하는 직선형의 생존곡선을 나타낸다.

---

05 그림 (가)는 시간에 따른 개체군 X의 크기(N)가 변화하는 것을 조사하여 그래프로 나타낸 것이고, 그림 (나)는 개체군 X의 크기(N) 변화에 따른 개체군 X의 개체군생장률(population growth rate)이 변하는 것을 조사하여 그래프로 나타낸 것이다.

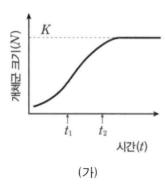
(가)

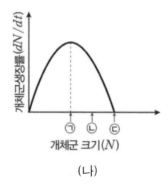
(나)

이에 대한 설명으로 옳지 <u>않은</u> 것은?

① ㉠은 $\dfrac{K}{2}$ 이다.

② 개체군 X의 크기가 ㉢보다 클 때, 개체당사망률이 개체당출생률보다 더 작다.

③ 개체군 크기가 ㉡일 때 개체군 X의 밀도의존적 요인에 의해 생장이 제한받는다.

④ 개체당증가율(r)은 t_1일 때가 t_2일 때보다 더 크다.

⑤ ㉢은 환경수용력(carrying capacity, K)이다.

----

06 표는 K-선택(K-selection) 생활사를 갖는 개체군과 r-선택(r-selection) 생활사를 갖는 개체군의 적응을 비교해 놓은 것이다.

적 응	K-선택 생활사	r-선택 생활사
종내 경쟁	(가)	?
일생 동안 생식 횟수	많다	적다
어버이 양육	?	(나)
성숙 기간	길다	짧다
개체 크기	(다)	?

(가)~(다)에 들어갈 단어가 올바르게 연결된 것은?

	(가)	(나)	(다)
①	많다	많다	크다
②	적다	많다	크다
③	많다	많다	작다
④	많다	적다	크다
⑤	많다	적다	작다

07 다음은 육상식물군락의 1차 천이 과정을 나타낸 모식도이다.

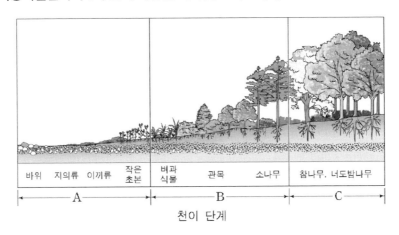

천이 단계

이에 대한 설명으로 옳은 것만을 〈보기〉에서 있는 대로 고른 것은?

─────────────── 〈보 기〉 ───────────────

ㄱ. B 단계 초기에 나타나는 벼과식물의 우점도는 소나무가 정착하면서 낮아진다.

ㄴ. C 단계에서 산불에 의해 교란이 일어나면 1차 천이가 다시 일어난다.

ㄷ. 개체군 성장률이 낮은 K-선택종은 C 단계에서보다 A 단계에서 많다.

① ㄱ   ② ㄴ   ③ ㄱ, ㄴ   ④ ㄱ, ㄷ   ⑤ ㄴ, ㄷ

08 그림은 육상생태계와 해양생태계의 질소순환을 나타낸 것이다.

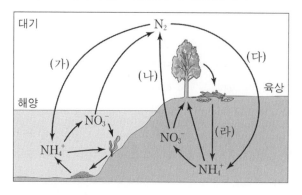

이에 대한 설명으로 옳지 <u>않은</u> 것은?

① 대기 중 가장 높은 농도로 존재하는 기체 분자는 N_2이다.

② 연간 고정되는 질소의 양은 (가) 과정에서가 (다) 과정에서보다 적다.

③ (나) 과정에서 NO_3^-의 질소는 질산화세균에 의해 대기로 방출된다.

④ 리조비움(Rhizobium) 세균은 콩과식물의 뿌리혹에서 (다) 과정을 수행한다.

⑤ (라) 과정은 암모니아화 과정이다.

---

09 그림은 연평균 강수량과 기온에 따른 주요 육상 생물군계인 사막, 초원, 툰드라, 북방침엽수림, 온대림, 열대림의 분포를 나타낸 것이다.

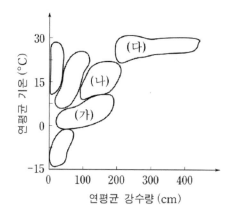

이에 대한 설명으로 옳은 것만을 〈보기〉에서 있는 대로 고른 것은?

─────────── 〈보 기〉 ───────────

ㄱ. 캐나다 북부에 넓게 분포하는 숲은 생물군계 (가)에 해당한다.

ㄴ. 생물군계 (나)는 낙엽 활엽수가 우점하는 지역이 넓다.

ㄷ. 생물군계 (다)는 종다양성이 가장 높은 군계이다.

① ㄱ   ② ㄴ   ③ ㄱ, ㄷ   ④ ㄴ, ㄷ   ⑤ ㄱ, ㄴ, ㄷ

- -

기출문제와 예상문제
답안과 해설

Chapter 01
23개년도 기출문제 답안과 해설

◆ 23개년도 기출문제 답안

1. 생물의 진화체계 답안

01	①

2. 생물의 원자적 구성 답안

01	⑤

3. 생명의 구성분자 답안

01	②	02	③	03	③	04	①
05	⑤	06	①	07	②, ④	08	②
09	⑤	10	①				

4. 세포구조 답안

01	①	02	④	03	②	04	①
05	③	06	①	07	③	08	⑤
09	①	10	⑤	11	⑤	12	③
13	⑤	14	③	15	③	16	①

5-1. 세포의 물질수송 답안

01	⑤	02	③	03	②	04	②
05	②	06	③	07	⑤	08	③

5-2. 세포에너지와 효소 답안

01	②	02	②	03	⑤

6. 세포호흡 답안

01	⑤	02	④	03	②	04	①
05	④	06	②	07	④	08	⑤
09	⑤	10	④	11	⑤	12	①

7. 광합성 답안

01	③	02	⑤	03	④	04	⑤
05	③	06	④	07	②	08	②
09	③	10	①	11	⑤	12	③
13	⑤	14	②	15	③	16	②
17	⑤	18	①	19	④	20	③
21	①						

8. 생식과 발생 답안

01	⑤	02	③	03	⑤	04	③
05	④	06	④	07	④	08	④
09	②	10	②				

9. 세포분열 답안

01	①	02	④	03	④	04	③
05	②	06	②	07	④	08	②
09	②	10	①	11	②	12	④

10. 유전학 답안

01	①	02	②	03	①	04	①
05	④	06	②	07	④	08	③
09	②	10	⑤	11	②	12	③
13	①	14	③	15	②	16	②
17	②						

11-1. DNA 복제 답안

01	③	02	①	03	④	04	③
05	③	06	③	07	④	08	①
09	③	10	③	11	①	12	③
13	⑤	14	⑤	15	①	16	①

11-2. 유전자의 전사 답안

01	③	02	④	03	④	04	⑤
05	⑤	06	②	07	②	08	③
09	②	10	⑤	11	③		

11-3. 유전자의 번역 답안

01	②	02	④	03	①	04	③
05	⑤	06	①	07	⑤	08	③
09	③	10	①	11	②	12	①

11-4. 돌연변이 답안

01	⑤	02	②	03	⑤	04	②
05	②	06	⑤				

12. 유전자 발현의 조절 답안

01	①	02	②	03	⑤	04	②
05	①	06	④	07	③		

13. 진화와 분류 답안

01	⑤	02	②	03	④	04	⑤
05	①	06	②	07	④	08	③
09	③	10	①	11	⑤	12	답없음 (⑤번이라 발표했었음)
13	③	14	②	15	③	16	④
17	②	18	①	19	②		

14. 영양과 소화 답안

01	②	02	①	03	④	04	③
05	②	06	②	07	①	08	①
09	④	10	②				

19. 내분비계 답안

01	③	02	⑤	03	②	04	⑤
05	①	06	⑤	07	⑤	08	③
09	④	10	②				

15. 호흡계 답안

01	②

20. 신경계 답안

01	①	02	④	03	③

16. 순환계 답안

01	③	02	④	03	①	04	③
05	①	06	⑤				

22. 근육계 답안

01	②

17. 면역계 답안

01	⑤	02	④	03	①	04	④
05	②	06	③	07	⑤	08	①
09	③	10	①	11	①	12	③
13	④	14	⑤				

23. 생태계 답안

01	③	02	④	03	⑤	04	①
05	⑤	06	①	07	④	08	④
09	④	10	③	11	③	12	②
13	④	14	④	15	③	16	⑤
17	①	18	⑤	19	①	20	②

18. 배설계 답안

01	①

◈ 23개년도 기출문제 해설

1 생물의 진화체계

01 [2006 변리사 자연과학개론 18번]

[정답] ①

자료해석

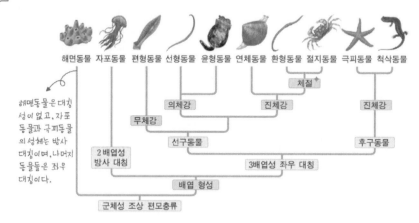

해면동물은 대칭성이 없고, 자포동물과 극피동물의 성체는 방사대칭이며, 나머지 동물들은 좌우대칭이다.

정답해설 ① 해파리는 자포동물(강장동물)에 속함

2 생물의 원자적 구성

01 [2006 변리사 자연과학개론 15번]

[정답] ⑤

정답해설 ⑤ 물이 얼 때 6각형 모양으로 배열되며 물 분자들 사이가 멀어지면서 부피가 팽창한다. 따라서 얼음은 액체 상채의 물보다 밀도(비중)이 낮아지기 때문에 물 위에 뜬다.

오답해설 ① 물 분자의 O와 H는 공유결합이다.
② 물이 증발할 때 수소결합이 깨져야 하기 때문에 물의 비열이 높다.
③ 액체 상태에서 물의 표면장력과 응집력이 큰 이유는 수소결합 때문이다.
④ 물 분자에서 H–O–H는 104.5°의 결합각으로 O는 전기음성도가 크고, H는 전기음성도가 작아서 불균등한 전자분포를 이루고 있기에 쌍극자 모멘트의 총합은 0이 아니다.

3 생명의 구성분자

01 [2024 변리사 자연과학개론 21번]

[정답] ②

정답해설 키틴은 갑각류의 껍데기와 진균의 세포벽의 주요 구성 성분을 이루는 섬유상의 다당류이다.

오답해설 큐틴, 펙틴, 리그닌, 셀룰로우스는 식물의 세포벽의 구성성분이다.

02 [2022 변리사 자연과학개론 21번]

[정답] ③

정답해설 ③ 포화지방은 불포화지방에 비해 촘촘하게 packing이 더 잘 되기 때문에 녹는점이 더 높아진다.

오답해설 ① 식물의 종자에는 주로 불포화지방이 존재한다.
② 라틴어로 '시스(cis)'는 '같은 방향'이라는 뜻이 있고, '트랜스(trans)'는 '가로질러', '반대 방향으로 뒤바뀐'이라는 뜻이 있다. 이런 시스와 트랜스라는 개념은 이중결합(불포화지방)이 있을 때 성립된다.
④ 포화지방산은 탄소와 탄소 사이가 모두 단일결합으로 이루어진 지방산을 말한다.
⑤ 포화지방산은 글리세롤과 에스테르결합(-COO-)으로 연결되어 있다.

난이도 및 총평 영양소와 소화 단원의 '지방'에 해당되는 기본적인 지식이 출제되었다.
지방이 탄소결합에 의해 포화지방, 불포화지방으로 나누어지고, 불포화지방은 트랜스지방, 시스지방으로 나누어진다는 것과 지방을 이루는 구성물질과 이의 결합에 대한 지식을 알아두어야 한다.

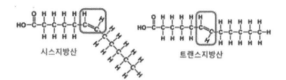

cis-2-Butene   trans-2-Butene

시스지방산   트랜스지방산

	포화 지방산	불포화 지방산
구 분	동물성 지방	식물성 지방 (예외, 열대 식물 팜유는 포화지방산이 더 많음)
상온	고체 또는 반고체	액체, 오일(Oil)
녹는점 (융점)	높음	낮음
	라우릭산(44℃), 팔미트산(63℃)	올레익산(13℃), 리놀레익산(-5℃)
분자구성 (탄소원자)	단일 결합	이중 결합
	다른 포화 지방산과 거리가 가깝다 → 분자가 인력이 크다	다리 중간에 이중결합으로 꺾인 구조 → 분자 간 인력이 약하다
예		

지방에 대한 문제가 출제되었기 때문에 탄수화물이나 단백질에 대한 공부를 미리 해두는 것을 추천한다.

---

03 [2015 변리사 자연과학개론 28번]   [정답] ③

정답해설 ▶ ㄴ, ㄹ. 왓슨과 크릭은 DNA 이중나선 구조 모델에서 DNA는 2개의 주형가닥이 상보적으로 결합하여 이중나선 구조를 이루고 있으며, 복제 과정에서 두 가닥을 결합하는 수소결합이 끊어져 분리된 가닥들이 주형으로 각각 작용하여 새로운 가닥을 조립한다고 제안하였다.

오답해설 ▶ ㄱ. DNA가 유전물질임을 증명한 것은 그리피스와 에이버리의 R형, S형균의 형질전환 실험, 박테리오파지를 이용한 허시와 체이스의 실험이다.
ㄷ. DNA의 복제는 DNA 중합효소 등에 의해 일어난다. 그리고, 왓슨과 크릭은 DNA 복제가 스스로 일어난다고 제안하지 않았다.

---

04 [2010 변리사 자연과학개론 28번]   [정답] ①

정답해설 ▶ ① 왓슨과 크릭이 제안한 DNA 이중나선 구조의 근거는 로잘린 프랭클린(Rosalind Franklin)의 DNA 결정의 X-선 회절 분석자료와 DNA에서의 4가지 종류의 뉴클레오티드의 비율에 대한 샤가프(Chargaff)의 법칙이다.

05 [2004 변리사 자연과학개론 21번]

정답해설 ⑤ 단백질의 2차 구조는 α-나선구조와 β-병풍구조가 있다. 둘 다 펩티드 가닥 사이의 수소결합에 의해 2차 구조의 모양이 만들어지고 유지된다.

06 [2004 변리사 자연과학개론 24번]

정답해설 ① DNA는 이중가닥으로서 단일가닥인 mRNA보다 변성에 더 강하다. DNA는 단백질, 지질, 탄수화물과는 달리 이인산에스테르결합으로 이루어져 있는데 이를 분해하기 위해서는 보다 더 강한 에너지가 필요하다. 또한, 세포는 뉴클레오티드 절제수선기전 등이 있어서 DNA에 티민이량체 같은 돌연변이가 일어나더라도 수선할 수 있는 기능을 갖추고 있다.

07 [2003 변리사 자연과학개론 21번]

📖 자료해석

	Cellulose	Starch		Glycogen
		Amylose	Amylopectin	
Source	Plant	Plant	Plant	Animal
Subunit	β-glucose	α-glucose	α-glucose	α-glucose
Bonds	1-4	1-4	1-4 *and* 1-6	1-4 *and* 1-6
Branches	No	No	Yes (~per 20 subunits)	Yes (~per 10 subunits)
Diagram				
Shape				

정답해설 ② 글리코겐은 D-포도당이 $\alpha(1 \to 4)$ 글리코시드 결합을 이룬 사슬에 $\alpha(1 \to 6)$ 글리코시드 결합으로 분지된 여러 가지를 포함한 포도당 중합체이다.

④ 한 아미노산의 $-NH_2$기와 다른 아미노산의 $-COOH$가 만나 $-CONH-$의 펩타이드 결합을 형성하며 물(H_2O) 1분자가 방출된다. 10개의 아미노산이 모두 결합하여 하나의 선형 폴리펩타이드를 만들 때 9개의 펩타이드 결합이 형성되며 9개의 물 분자가 방출될 것이다.

오답해설 ① 포도당과 과당은 이성질체이기 때문에 화학식이 $C_6H_{12}O_6$로 동일하다.

③ 글리세롤의 −OH기와 지방산의 −COOH가 결합하여 −COO−의 에스테르결합을 만들며 1분자의 물이 방출된다. 따라서 1분자의 글리세롤과 3분자의 지방산이 결합하여 트리글리세리드(중성지방) 1분자가 형성될 때 3분자의 물이 방출된다.

⑤ RNA의 5탄당은 리보오스라고 하며 2번째 탄소에 −OH가 결합되어 있다. DNA의 5탄당은 데옥시리보오스라고 하며 2번째 탄소에 수소가 결합되어 있다.

08 [2003 변리사 자연과학개론 24번]   [정답] ②

정답해설 ② DNA 이중나선의 나선과 나선 사이에 파인 홈의 길이는 큰 홈(major groove)와 작은 홈(minor groove)로 2종류이다. DNA에 결합하는 조절단백질은 주로 큰 홈으로 결합한다.

오답해설 ① DNA 이중나선에서 퓨린과 피리미딘은 상보적으로 수소결합을 형성한다. 따라서 DNA에서 퓨린과 피리미딘의 비율은 1:1이다.

③ DNA 이중나선을 이루는 두 가닥은 역평행하게 배열되어 있다.

④ 핵산은 5탄당에 염기와 인산이 결합되어 있다. DNA 가닥은 인산을 사이에 두고 5탄당끼리 결합하는 이인산에스테르결합으로 이루어져 있으며, DNA 이중가닥은 소수성의 염기들끼리 수소결합을 형성하며 내부로 배열되어 있기 때문에 이중가닥의 바깥쪽으로 인산이 노출되어 있다.

⑤ DNA는 실제로 A형, B형, Z형으로 3종류의 형태가 있다. 왓슨과 크릭이 제안한 구조는 B형으로 가장 일반적인 형태이며, A형과 Z형은 B형의 변이형태로 볼 수 있다. A형은 나선의 1회전당 염기쌍 11개, B형은 10.5개, Z형은 12회로 나선의 1회전 속에 약 10쌍의 뉴클레오티드가 존재한다는 말은 맞다.

09 [2001 변리사 자연과학개론 1번]   [정답] ⑤

📖 자료해석

지방은 주로 탄소와 수소로 이루어진 비극성 물질이며, 1분자의 글리세롤과 3분자의 지방산이 만나 중성지방을 형성한다. 포화지방산은 불포화지방산에 비해 packing이 잘 되어 안정하기 때문에 실온에서 주로 고체로 존재하고, 불포화지방산은 액체로 존재한다.

정답해설 ⑤ 탄소와 탄소가 단일결합으로 결합하여 탄소가 모두 H로 포화된 지방산을 포화 지방산이라 한다. 이중결합을 1개 이상 가지면 불포화 지방산이라고 한다.

10 [2000 변리사 자연과학개론 21번]   [정답] ①

정답해설 ① DNA는 C, H, O, N, P로 구성된다.

② 단백질은 C, H, O, N, S로 구성된다.
③, ④, ⑤ 셀룰로오스, 녹말, 지방산은 C, H, O로 구성되어 있다.

4 세포구조

01 [2023 변리사 자연과학개론 21번]   [정답] ①

정답해설 ① 세포골격을 구성하는 섬유 중 중간섬유와 미세섬유는 실같은 섬유 모양이지만, 미세소관은 튜불린이 중간이 비어있는 원통형 구조를 형성하기 때문에 미세소관이 가장 굵은 것이 맞다.

오답해설 ② 리소좀 내의 효소들은 산성 환경에서만 작용한다.
③ 골지체의 소포체쪽 면을 시스 면, 세포질막쪽 면을 트랜스 면이라고 한다. 따라서 소포체로부터 떨어져 나온 소낭을 받는 쪽은 시스 면이다.
④ 글리옥시좀은 식물세포, 특히 발아하는 종자의 지방저장 조직에서 발견되는 세포소기관이다. 지방산 분해와 포도당 신생 합성에 관련된 효소를 포함하고 있다.
⑤ 활면소포체는 주로 칼슘이온(Ca^{2+})을 저장/방출하며 근수축에 관여한다.

난이도 및 총평 세포소기관에 대한 지식을 평가하는 문항입니다. (난이도 중/하)

02 [2022 변리사 자연과학개론 26번]   [정답] ④

정답해설 ① 그람음성균의 세포벽 외막의 지질성분인 LPS(lipopolysaccharide)는 동물에서 독성을 일으키기 때문에 내독소라고도 부른다.
② 페니실린은 세균 세포벽인 펩티도글리칸의 교차연결의 형성을 저해하여 세균 세포벽의 약화를 일으켜 세균을 사멸시킨다.
③ 세균의 세포벽은 펩티도글리칸으로 구성되어 있으나, 곰팡이의 세포벽은 키틴으로 구성되어 있다.
⑤ 세균의 세포벽은 단단해서 세균의 형태를 유지시킨다.

오답해설 ④ 세균의 세포벽은 세포의 형태, 크기, 기능 유지를 도와주며 삼투압에 의한 세포 파열을 막고 다양한 외부 스트레스로부터 세균을 보호하는 역할을 한다. 분자 이동을 선택적으로 제어하려면 막단백질의 도움을 받아야 하는데 이에 대한 설명은 세포막에 더 적합하다.

난이도 및 총평 그람 양성균과 그람 음성균의 세포벽의 차이, 항생제 중 페니실린의 작용기전, 균류(곰팡이)와의 세포벽 조성의 차이, 세포벽의 역할 등에 대해 묻는 문제이다.
그람 양성균과 그람 음성균 뿐만 아니라 고세균의 특징과 차이점, 페니실린 같은 항생제의 작용기전에 대해서도 알아두면 좋을 것으로 보인다.
세균에 대한 문제이다 보니 동물세포나 식물세포에 대한 문제도 출제될 것으로 예상된다.

03 [2021 변리사 자연과학개론 22번]   [정답] ②

정답해설 분열 중인 동물세포에서 (가)처럼 관찰되는 것은 방추사이다. 방추사는 미세소관이고 튜불린으로 구성되어 있다.

04 [2021 변리사 자연과학개론 30번]   [정답] ①

정답해설 ① 세균 영역에 속하는 생물은 RNA 중합효소를 한 종류만 갖는다.

오답해설 ② 세균 영역에 속하는 생물은 히스톤이 없다.
③ 진핵세포에도 섬모가 있다.
④ 셀룰로오스로 구성된 세포벽은 식물세포의 특징이다.
⑤ 세균은 막성소기관이 없고, 진핵세포에 있다.

05 [2020 변리사 자연과학개론 22번]   [정답] ③

정답해설 ㄱ. RNA는 rRNA, mRNA, tRNA로 분류되며, rRNA와 단백질이 만나 리보솜 소단위체와 대단위체를 구성한다.
ㄴ. mRNA에 리보솜 소단위체와 대단위체가 붙은 뒤, mRNA의 5'에서 3'방향으로 이동하며 단백질을 합성한다.

오답해설 ㄷ. 거대분자를 단량체로 가수분해시키는 반응이 일어나는 곳은 리소좀이다.

06 [2020 변리사 자연과학개론 30번]   [정답] ①

정답해설 ㄱ. 세균의 세포벽은 N-아세틸글루코사민(N-acetylglucosamine, NAG), N-아세틸뮤람산(N-acetylmuramic acid, NAM)이 교차결합한 다당류사슬 사이에 펩티드가닥이 연결된 그물망 구조로 되어 있다. 이를 펩티도글리칸(peptidoglycan)이라 한다. 세균은 펩티도글리칸의 두께에 따라 그람양성균과 그람음성균으로 나눠지며, 그람양성균은 펩티도글리칸이 두껍다. 그람음성균은 펩티도글리칸이 얇지만 LPS(lipopolysaccharide)가 박혀있는 추가적인 외막이 있다.

오답해설 ㄴ. cellulose는 식물세포의 세포벽을 구성한다.
ㄷ. 펩티도글리칸은 다당류와 펩티드 가닥이 서로 엮인 그물망 구조라서 이를 통과하는 물질을 선택적으로 거를 수 없다. 그물망구조보다 크기가 작으면 자유롭게 드나들 수 있다. 물질이 선택적으로 통과하려면 이를 선택적으로 인식하는 채널, 수용체 등이 필요하며, 이는 주로 세포벽이 아니라 세포막에 존재한다.

07 [2019 변리사 자연과학개론 22번]

📖 자료해석

A = 식물세포. 진정세균, 고세균, 식물세포 중 미토콘드리아를 갖고 있는 것은 식물세포뿐이다.

B = 진정세균. 미토콘드리아가 없으나 클로람페니콜에 대해 감수성이 있으면 진정세균이다.

C = 고세균. 미토콘드리아가 없고 클로람페니콜에 저해되지 않으면 고세균이다.

고세균, 진핵세포는 진정세균과는 달리 클로람페니콜 외의 단백질 합성저해제인 스트렙토마이신, 테트라사이클린 등에도 내성을 나타낸다.

정답해설 ㄱ. 식물세포의 염색체 DNA에는 히스톤이 결합되어 있다.

ㄴ. 진정세균의 리보솜은 50S+30S=70S이다. 반면, 진핵세포의 리보솜은 60S+40S=80S이다.

오답해설 ㄷ. 포밀메티오닌은 진정세균의 개시아미노산이다. 고세균과 진핵세포의 개시아미노산은 메티오닌이다.

08 [2018 변리사 자연과학개론 26번]

정답해설 ㄱ. 미세섬유의 역할 = 동물세포의 세포질분열 시 수축환 형성, 근육의 구성성분으로 근육을 수축시킴, 식세포작용 시 위족 형성, 식물세포의 원형질 유동을 유발함.

ㄴ. 미세소관의 역할 = 방추사 형성, 섬모와 편모 구성, 소낭과 세포소기관의 세포 내 수송

ㄷ. 핵막을 지지하는 핵막층을 구성하는 중간섬유를 라민이라 부름.

09 [2018 변리사 자연과학개론 30번]

정답해설 A, B, C 중 유일하게 미토콘드리아가 있는 것은 C는 효모(진핵세포)이다.

미토콘드리아가 없으며, 스트렙토마이신에 대한 감수성이 있는 것은 진정세균으로 A는 대장균이다.

B는 고세균으로 메탄생성균이다.

10 [2016 변리사 자연과학개론 21번]

📖 자료해석

진핵세포의 세포골격은 미세소관, 미세섬유, 중간섬유로 구성된다. 미세소관은 $\alpha\beta$-튜불린, 미세섬유는 액틴, 중간섬유는 케라틴, 라민 등으로 구성된다.

콜라겐은 단백질의 일종으로 결합조직에 속한다. 결합조직은 조직과 조직, 기관과 기관 사이를 결합하고 지지하는 역할을 한다.

미오신은 근육의 구성성분이다.

디네인과 키네신은 운동단백질로 미세소관을 따라 소낭, 세포소기관 등을 이동시킨다.

11 [2016 변리사 자연과학개론 26번]　　　　　　　　　　　　　　　　　　　[정답] ⑤

📖 자료해석

사람의 결합조직은 섬유성결합조직, 성긴결합조직, 뼈, 연골, 혈액, 지방조직이 있다.

섬유아세포는 섬유성결합조직, 지방세포는 지방조직, 연골세포는 연골, 대식세포는 혈액에 속한다.

상피세포는 상피조직에 속하며, 상피조직은 몸을 보호하는 피부를 포함해 몸 안의 위벽을 덮고 있는 세포 등 공기 중으로 드러나 있는 모든 세포조직을 말한다.

12 [2014 변리사 자연과학개론 23번]　　　　　　　　　　　　　　　　　　　[정답] ③

📖 자료해석

고세균은 진핵세포와 달리 핵이 없는 원핵생물이다.

정답해설 ㄱ, ㄹ. 고세균은 진핵세포와 달리 막성세포소기관을 갖고 있지 않는다.

오답해설 ㄴ. 고세균은 70S 리보솜을 갖고 있다.

ㄷ. 고세균의 DNA에도 히스톤단백질이 결합한다.

ㅁ. DNA나 RNA에서 새로운 RNA가 만들어지려면 원핵/진핵생물 상관없이 RNA 중합효소가 필요하다.

13 [2010 변리사 자연과학개론 21번]　　　　　　　　　　　　　　　　　　　[정답] ⑤

📖 자료해석

DNA→RNA를 통해 만들어진 단백질에 당이 추가로 붙는 것을 당화라고 한다. 당화가 일어나는 세포소기관은 조면소포체와 골지체이다.

리소좀은 세포외부물질이나 쓸모가 없어진 세포내부물질을 분해하는 세포소기관이다.

활면소포체는 세포막이 인지질이나 여러 지질, 지방산, 호르몬 등의 스테로이드를 합성하고 탄수화물 대사, 세포 독성의 해독, 칼슘이온의 저장 등의 역할을 한다.

📖 자료해석

세포내공생설은 독자적으로 번식하던 원핵생물이 다른 원핵생물 내로 들어가 공생하면서 특정한 기능을 수행하는 세포소기관이 되어 진핵생물이 형성되었다는 가설이다.
이는 진핵세포와는 다른 리보솜, 자체의 DNA를 갖고 필요한 효소의 일부를 스스로 합성할 수 있는 미토콘드리아와 엽록체 등과 같은 세포소기관의 기원을 설명하기 위해 제시되었다.

정답해설 ㄴ. 스트렙토마이신은 진핵생물에는 감수성이 없지만, 미토콘드리아와 엽록체의 단백질 합성을 저해한다.
　　　　ㄷ. 커다란 세포가 다른 원핵세포를 감싸면서 세포소기관이 생기고 진핵세포가 되었다고 세포내공생설은 주장한다.
　　　　ㄹ. 진핵세포는 선형의 DNA를 갖고 있지만, 미토콘드리아와 엽록체는 환형의 DNA를 갖고 있다.

오답해설 ㄱ, ㅁ. 보기의 내용 자체는 맞지만, 이것이 세포내공생설을 설명하거나 뒷받침하는 내용은 아니다.

📖 자료해석

보기 중 종속영양생물에 해당되는 것은 동물과 균류이다.
이 중 단순한 관 모양의 형태를 갖고 있는 것은 균류이다.

정답해설 ① 퓨린과 피리미딘은 상보적으로 결합하기 때문에 유전물질의 50%는 퓨린이고, 50%는 피리미딘이다.

오답해설 ② 인간의 제놈을 구성하는 염기의 수가 모든 생물체 중에서 가장 많은 것은 아니다. 일례로 인간 미토콘드리아의 DNA는 약 1만7천개 정도인데 어떤 말미잘의 미토콘드리아 DNA는 8만1천개라고 한다.
③ RNA와 DNA의 차이는 리보오스의 2번 탄소에 있는 −OH기의 유무이다.
④ RNA와 DNA의 인산은 5번 탄소에 결합되어 있다.
⑤ DNA는 핵산이중가닥으로 안정적으로 존재하지만 RNA는 핵산단일가닥으로 단일가닥 내에서 수소결합으로 루프나 헤어핀 구조들을 만든다. 또한 이보다 더 복잡한 3차 구조를 형성하기도 한다. 왓슨−크릭 모델에서 G는 C와 결합하지만 RNA의 경우 G=C결합뿐만 아니라 G=U결합도 형성된다. 따라서 DNA보다 RNA구조가 더 복잡하다.

5-1 세포의 물질수송

01 [2020 변리사 자연과학개론 21번]   [정답] ⑤

📖 자료해석

동물세포의 생체막은 친수성머리와 소수성꼬리로 구성된 인지질 2개의 층이 소수성부분이 맞닿아 구성된 인지질이중층이다. 친수성머리가 어떤 구조인지에 따라 세포바깥쪽과 세포안쪽에 차이가 있다. 인지질이중층 사이사이에 막단백질이 박혀있는 유동모자이크 모형으로 설명되고, 물질의 선택적 투과성을 갖는다. 인지질의 소수성꼬리는 지방산의 탄화수소부분이며, 이 부분에 다중결합에 의한 꺾임으로 형성된 빈 공간과 콜레스테롤의 존재 정도로 막의 유동성이 조절된다.

정답해설 ⑤ 동물세포의 생체막에서 '꺾임'으로 느슨하고 유동적인 막을 만드는 것은 불포화지방산이다.

02 [2017 변리사 자연과학개론 28번]   [정답] ③

📖 자료해석

항체는 분비단백질이다. 분비단백질은 핵에서 DNA에서 전사된 mRNA가 조면소포체에서 단백질로 번역되고 골지체와 수송낭을 통해 세포 밖으로 분비된다.

03 [2016 변리사 자연과학개론 22번]   [정답] ②

정답해설 ㄷ. 세포 내 소낭에 들어있는 물질이 소낭막과 세포막이 결합되어 세포밖으로 배출되는 것을 세포외배출작용(exocytosis)라고 한다.

오답해설 ㄱ. 삼투는 비투과적인 막을 사이에 두고 저농도의 물이 고농도쪽으로 이동하는 현상이라, 용질이 아니라 용매의 확산이라 해야 한다.
ㄷ. 폐포로부터 대기로의 이산화탄소의 이동은 세포막을 통한 수동수송이다.

04 [2015 변리사 자연과학개론 21번]   [정답] ②

정답해설 ㄱ. 세포막을 통한 물의 확산 현상이 삼투이다.
ㄹ. 삼투는 용질은 통과시키지 않고 물만 통과하는 선택적 투과성을 가진 막을 사이에 두고, 양쪽 용액의 농도 기울기 때문에 생긴다.

오답해설 ㄴ. 삼투는 용매인 물이 이동하면서 생긴다.

ㄷ. 삼투에 의해 용질의 농도기울기는 평행에 가까워진다.

05 [2013 변리사 자연과학개론 24번]   [정답] ②

자료해석

세포막의 인지질은 친수성머리와 소수성꼬리로 구성되어 양친매성 분자이다. 소수성꼬리쪽의 지방산에 불포화결합이 많을수록 꺾임이 발생하여 유동성이 커지고, 친수성머리쪽의 당단백질 등은 세포를 인식하는데 쓰인다. 표재성막단백질은 세포막 바깥쪽에 붙어있는 것이지만, 내재성 막단백질은 세포막 사이에 박혀있기에 지질 이중층 내부와의 친화력이 높다.

정답해설 ② 세포막을 구성하는 인지질은 계속 수평이동을 하며, 수직이동도 낮은 확률로 가능하다.

06 [2008 변리사 자연과학개론 21번]   [정답] ③

정답해설 ㄷ. 간에서 A의 대사를 촉진하여 A의 수용성이 증가되면, 지질 이중막인 세포막을 통과하기가 힘들어져서 세포막을 통해 흡수되는 A의 양은 감소한다.

오답해설 ㄱ, ㄴ. 흡수 부위에 혈류량이나 농도가 증가하면 흡수가 촉진된다.

07 [2002 변리사 자연과학개론 22번]   [정답] ⑤

자료해석

세포 밖 물질을 세포내로 들여오는 엔도시토시스(endocytosis)는 식세포작용(phagocytosis)에 속하며 클라트린(clathrin)이 세포막 안쪽에 붙으면서 시작된다. 엔도시토시스는 세포가 콜레스테롤이나 철을 흡수하는 역할도 한다.

08 [2000 변리사 자연과학개론 27번]   [정답] ③

자료해석

세포막의 Na^+-K^+ pump는 ATP를 쓰며 Na^+이온과 K^+이온을 저농도→고농도로 이동시키는 능동수송에 속한다.

5-2 세포에너지와 효소

01 [2004 변리사 자연과학개론 22번] [정답] ②

📖 자료해석

효소의 양이 일정할 때 기질의 농도([S])가 증가할수록 효소의 반응속도(v)는 효소의 최대반응속도(V_{max})에 가까워진다. 따라서 위 그래프의 X축은 기질의 농도이고, Y축은 효소의 반응속도이다.

02 [2002 변리사 자연과학개론 23번] [정답] ②

📖 자료해석

효소는 각 효소의 특정한 기질과 반응하며, 반응의 활성화에너지를 낮추어 반응속도를 빠르게 한다. 하지만 반응의 평형농도나 자유에너지 변화에는 영향을 주지 못한다.
RNA이자 효소 역할을 하는 것을 리보자임(ribozyme)이라 부른다.

정답해설 ▶ ② 효소는 반응속도를 빠르게 하는 것이지 반응의 평형농도는 변화시키지 못한다.

03 [2000 변리사 자연과학개론 25번] [정답] ⑤

📖 자료해석

효소의 반응속도에 영향을 주는 것은 기질의 농도, pH, 온도, 염의 농도, 효소의 농도 등이다.
물질대사에 관련된 알로스테릭 효소 중에 ATP에 의해 활성이 촉진되거나 억제되는 효소가 있다. 하지만 ATP는 이런 특정 효소에만 영향을 주기 때문에 효소의 반응속도에 영향을 주지 않은 것을 고르는 이 문제의 보기 ①~⑤ 중에 ⑤번을 고르는 것이 가장 옳다.

6 세포호흡

01 [2024 변리사 자연과학개론 23번] [정답] ⑤

정답해설 ▶ ㄱ. 포도당이 피루브산으로 분해되는 과정은 해당과정으로 세포질에서 일어난다.
ㄴ. 산소가 없어도 일어날 수 있다.
ㄷ. 2분자의 ATP를 쓰고 4분자의 ATP를 생산한다.

정답해설 ㄱ. 광인산화는 엽록체 틸라코이드막에서 빛에너지가 NADPH를 생성하는 전자전달과정과 짝지워져서 생성되는 양성자 기울기로 ATP 합성효소에 의한 ATP가 합성되는 과정을 말한다. 산화적 인산화는 미토콘드리아 내막에서 NADH, $FADH_2$ 등이 산화되며 생성하는 전자전달과정과 짝지워진 양성자 기울기로 ATP 합성효소에 의해 ATP가 합성되는 과정이다. 따라서 맞는 보기이다.

ㄴ. C3 식물은 엽육세포에서 탄소고정과 캘빈회로가 일어난다. 하지만 C4 식물은 고온 기후에 대한 진화적 적응으로 엽육세포에서 말산을 통한 탄소고정이 일어나고, C3 식물과 장소만 다른 유관속초세포에서 캘빈회로가 일어난다. 따라서 맞는 보기이다.

오답해설 ㄷ. 캘빈회로를 통해 직접 생성되는 탄수화물은 3탄당인 G3P(Glyceraldehyde-3-Phosphate)이다.

난이도 및 총평 엽록체에서 일어나는 광합성과 C3, C4 식물의 차이, 미토콘드리아에서 일어나는 세포호흡에 대한 것을 구분할 수 있는지 지식을 물어보는 문제입니다. (난이도 중)

자료해석

미토콘드리아의 산화적 인산화 과정의 전자전달계에서 최종 전자 수용체는 산소이다.
(아래 그림의 네모 참조.)

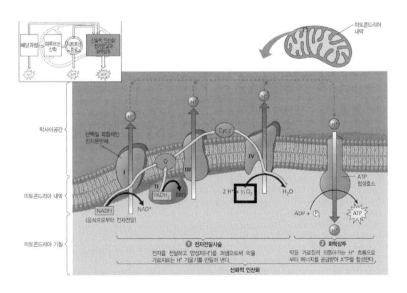

광합성의 명반응의 전자전달계에서 최종 전자 수용체는 $NADP^+$이다.

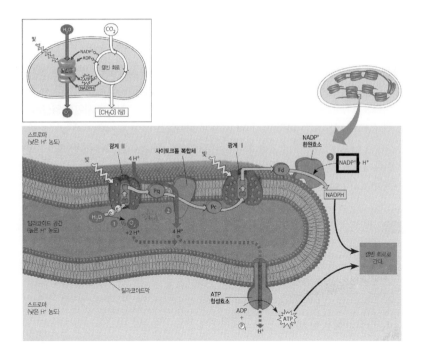

(난이도 및 총평) 미토콘드리아와 엽록체에는 각각의 전자전달계가 있고, 이를 통해 전달된 전자가 최종으로 도달하는 '최종 전자 수용체'를 찾는 문제이다.

미토콘드리아에서는 O_2가 전자를 받고, H^+와 결합하여 H_2O가 되고,

엽록체에서는 $NADP^+$가 전자를 받고, H^+와 결합하여 NADPH가 되는 것을 기본적으로 알고 있었다면 쉽게 풀 수 있는 문제이다.

미토콘드리아에서 일어나는 세포호흡에서 전자전달계 이전에는 해당과정, 피루브산 산화, 시트르산 회로가 있고, 엽록체에선 전자전달계 이후에 캘빈회로가 있기 때문에 추가적으로 이에 대한 지식을 알아두는 것이 중요하다.

---

04 [2016 변리사 자연과학개론 24번]   [정답] ①

(오답해설) ② 전자전달계에서 최종 전자수용체는 O_2이다.

③ 기질수준의 인산화는 해당과정과 시트르산 회로를 말하는 것이고, 전자전달계에서 ATP를 합성하는 것은 산화적 인산화라고 한다.

④ 시트르산 회로에서 GTP가 합성되는 반응은 숙시닐-CoA가 숙신산으로 전환될 때이다.

⑤ 미토콘드리아의 ATP 합성효소는 막간 공간에 있는 H^+가 기질쪽으로 들어오면서 작동하기 때문에 막간 공간보다 기질의 pH가 더 높을 때 ATP가 생성된다.

05 [2015 변리사 자연과학개론 22번] [정답] ④

📖 자료해석

진핵세포의 세포호흡의 최종 전자수용체는 O_2라서 산소 공급이 중단되면 ATP 생산이 감소한다. 해당과정의 다음 반응이 시트르산 회로이고, 시트르산은 해당과정의 효소인 PFK-1을 알로스테릭 억제한다. 포도당에 들어있는 에너지의 일부는 ATP로 저장되고 나머지는 열로 발산된다.

정답해설 ④ 해당과정에서 나온 ATP는 기질수준의 인산화에 의해서 생성된 것이다.

06 [2014 변리사 자연과학개론 28번] [정답] ②

정답해설 ㄱ. ATP 합성효소는 F_0 부위에 양성자가 지나가면서 F_0이 회전할 때 F_1에서 ATP를 합성한다.
ㄴ. C-P-Q는 엽록소 관련 안테나시스템을 모방한 인공적인 반응중심이다. 빛에너지를 받아 양성자를 이동시키는 역할을 한다.
ㄷ. ATP 합성효소의 F_0 방향에서 F_1 방향으로 양성자가 이동해야 ATP를 생성할 수 있기 때문에 ATP 합성효소가 인공막에 삽입되는 방향이 바뀌면 ATP가 생성되지 않는다.

07 [2012 변리사 자연과학개론 27번] [정답] ④

📖 자료해석

박테리아가 포도당을 흡수하면 해당과정의 첫 단계는 포도당에 인산을 결합해서 포도당-6-인산을 만드는 과정이다. 그래서 (가)는 포도당-6-인산이다.
TCA 회로의 첫번째 생성물질은 시트르산으로 (나)는 시트르산이다.
TCA 회로가 끝나면 포도당 1분자는 6개의 이산화탄소로 분해되면서 2개의 ATP, 10개의 NADH, 2개의 $FADH_2$를 생성하기 때문에 포도당이 가지고 있던 에너지는 대부분 NADH에 저장된다.

08 [2011 변리사 자연과학개론 21번] [정답] ⑤

📖 자료해석

해당과정과 시트르산 회로를 통해 NAD^+는 NADH가 되고, FAD는 $FADH_2$가 된다. 따라서 A는 수소이다. 전자전달계의 최종 전자수용체는 산소로 수소와 산소가 반응하여 물이 생성된다.

09 [2011 변리사 자연과학개론 29번] [정답] ⑤

📖 자료해석

한 분자의 포도당이 해당과정을 거치면 2개의 피루브산, 2개의 ATP, 2개의 NADH가 생성된다.

각 피루브산은 아세틸-CoA가 될 때 NADH를 형성해서 2개의 NADH가 추가된다.

각 아세틸-CoA는 TCA 회로를 통해 NADH 3개, $FADH_2$ 1개, ATP 1개를 형성해서 6개의 NADH, 2개의 $FADH_2$, 2개의 ATP가 추가된다.

따라서 한 분자의 포도당이 해당과정을 거쳐 시트르산 회로를 마쳤을 때, 최종적으로 4개의 ATP, 10개의 NADH, 2개의 $FADH_2$가 생성된다.

10 [2002 변리사 자연과학개론 24번] [정답] ④

정답해설 ▶ ④ 포도당 한 분자당 4개의 ATP, 10개의 NADH, 2개의 $FADH_2$가 생성된다. 말산-아스파르트산 셔틀을 이용하고, NADH 1개당 ATP 3개, $FADH_2$ 1개당 ATP 2개가 생성된다고 가정하면 총 38개의 ATP가 생성된다. 뇌와 근육에는 말산-아스파르트산 셔틀이 아니라 글리세롤 3-인산 셔틀이 있는데 이는 해당과정에서 생성된 2개의 NADH가 미토콘드리아 안으로 들어올 때 2개의 $FADH_2$로 바뀐다. 그러면 포도당 한 분자에서 36개의 ATP가 생성된다고 계산된다.

정확하게 따지면 NADH는 2.5 ATP, $FADH_2$는 1.5 ATP로 환산된다고 하며, 이렇게 계산하면 포도당 한 분자당 ATP가 30~32로 계산된다.

전자운반체당 ATP가 얼마나 생성되는지, 해당과정으로 생성된 NADH가 미토콘드리아 안으로 들어올 때 어떤 셔틀이 이용되는지에 따라 포도당 한 분자당 생성되는 ATP의 개수에 차이가 있지만 보기 ①, ②, ③, ⑤가 논란의 여지가 없이 확실히 틀렸기 때문에 이 문제의 정답은 ④번으로 고르는 것이 옳다.

오답해설 ▶ ① 무산소호흡은 기질수준의 인산화를 통해 에너지를 생성한다.

② 해당과정은 한 분자의 포도당이 2개의 피부르산이 되는 과정이다.

③ 아세틸-CoA는 4개의 탄소를 갖는 화합물인 옥살로아세트산과 결합하여 시트르산이 되면서 시트르산 회로로 들어간다.

⑤ 전자전달계의 전자 운반체들은 환원력이 낮은 순서로 배열되어 있어 운반체가 받은 전자는 에너지가 낮은 다음 운반체에 전달된다.

11 [2000 변리사 자연과학개론 22번] [정답] ⑤

📖 자료해석

2탄소 화합물인 아세틸-CoA가 4탄소 화합물인 옥살로아세트산과 결합하여 6탄소 화합물인 시트르산을 형성하며 TCA 회로가 시작된다. 이는 CO_2로 분해되면서 ATP, NADH, $FADH_2$를 형성한다.

12 [2000 변리사 자연과학개론 26번]

📖 자료해석

보기 중 가장 효율적으로 에너지를 만드는 것은 산소 호흡이다.

7 광합성

01 [2024 변리사 자연과학개론 22번]   [정답] ③

정답해설 ㄱ. C4 식물은 C3 식물과 달리 유관속초세포가 있어서 광호흡을 C3보다 더 적게 하므로 광호흡에 의한 손실을 최소화할 수 있다.

ㄷ. CAM 식물은 기공을 밤에 열어서 이산화탄소를 밤에 말산으로 고정해서 액포에 저장해둔 후 기공을 닫고 낮에 캘빈회로를 수행한다.

오답해설 ㄴ. 유관속초세포에서 이산화탄소를 고정하는 것은 C4 식물이다.

02 [2022 변리사 자연과학개론 22번]   [정답] ⑤

정답해설 ㄱ. 옥수수는 C_4 식물에 속한다. C_4 식물로는 옥수수, 사탕수수, 참억새, 기장, 조 등이 있다.
참고로 C_3 식물로는 시금치, 콩, 벼, 밀 등이 있고, CAM 식물로는 선인장, 파인애플이 있다.

ㄴ. C_4 식물이 C_3 식물과 다른 점은 엽육세포와 유관속초를 둘러싸고 있는 유관속초세포가 추가적으로 있는 구조로, 대기 중의 CO_2를 엽육세포에서 4탄당 물질로 고정하고 유관속초세포에서는 캘빈회로를 작동시킴으로 '공간의 분리'를 나타낸다.

ㄷ. 대기 중에 있는 CO_2는 엽육세포에서 고정된다. 이는 C_3, C_4, CAM 식물의 공통점이며, C_3식물은 이산화탄소를 3탄당인 3-phosphoglycerate(3-PGA)로 고정하지만, C_4, CAM 식물은 4탄당인 옥살로아세트산으로 고정한다는 차이점이 있다.

난이도 및 총평 C_4 식물에 대한 기본 지식을 묻는 문제이다.
C_4 식물의 대표적인 예, C_4 식물의 특징을 묻고 있다.
C_4 식물과 더불어 C_3와 CAM의 특징이나 명반응, 암반응(캘빈회로)의 작동원리까지도 잘 숙지하고 있으면 좋을 것으로 보인다.

03 [2021 변리사 자연과학개론 21번] [정답] ④

정답해설 ㄴ. 암반응은 캘빈회로라고도 불리며, 탄소고정반응으로 시작한다.
ㄹ. 광계 II는 전자전달계를 구성한다. 광계 II는 빛에너지를 받아 전자를 이동시키며 H^+ 농도기울기를 만들고, 이에 의해 ATP가 합성된다.

오답해설 ㄱ. 광합성에서 전자운반체는 $NADP^+$이다.
ㄷ. 배출되는 O_2는 물(H_2O)에서 유래된 것이다.

04 [2020 변리사 자연과학개론 26번] [정답] ⑤

오답해설 ① 광계 I의 반응중심 색소는 틸라코이드막에 있다.
② 광계 II의 반응 중심을 구성하는 엽록소는 680 nm 파장의 빛을 가장 많이 흡수해서 P_{680}이라고도 한다. 700 nm 파장의 빛을 최대로 흡수하는 엽록소는 광계 I이며 P_{700}이 있다.
③ 틸라코이드막의 바깥쪽인 스트로마와 접한 쪽에 존재하는 $NADP^+$ 환원효소에서 $NADP^+$의 환원이 일어난다.
④ 캘빈회로는 엽록체의 틸라코이드가 아니라 스트로마에서 일어난다.

05 [2019 변리사 자연과학개론 24번] [정답] ③

정답해설 ㄴ. 광합성의 명반응은 산소, ATP, NADPH를 합성한다. 포도당은 캘빈회로(암반응)에 의해 합성된다.
ㄷ. 세포호흡에서 산소는 전자전달계의 최종 전자수용체이다.

오답해설 ㄱ. 광합성은 ATP를 생성한다.
ㄹ. 광합성의 부산물인 산소는 빛에너지를 받은 물에서 형성된다.

06 [2018 변리사 자연과학개론 23번] [정답] ④

정답해설 ㄱ. 명반응과 캘빈회로는 연결된 반응이기 때문에 명반응이 진행될 때 캘빈회로가 작동한다.
ㄴ. RuBP는 캘빈회로의 구성물질로 스트로마에서 CO_2를 고정시킬 때 쓰이고 다시 재생된다.

오답해설 ㄷ. 틸라코이드막을 따라 전자전달이 일어날 때 스트로마에서 틸라코이드 안쪽으로 양성자가 이동하기 때문에 틸라코이드 공간의 pH는 낮아진다.

정답해설 ㄱ. 진핵생물의 광합성은 엽록체에서 일어난다.
ㄷ. 남세균은 광합성으로 산소를 발생시키는 세균이다.

오답해설 ㄴ. 광합성의 최종 전자수용체는 $NADP^+$이다.
ㄹ. 식물이 이산화탄소를 고정하는 건 암반응(캘빈회로)이다. 명반응은 캘빈회로가 돌아가기 위한 에너지를 제공한다.
ㅁ. 식물세포는 광합성에 가시광선을 흡수해서 이용한다.

정답해설 ② 남조류는 물을 분해해서 산소를 발생시키는 광합성을 한다.

오답해설 ① 자색세균은 H_2O이 아니라 H_2S를 이용한 대사를 한다.
③ NADPH와 ATP가 생성되는 것은 명반응이고, 암반응은 이 에너지를 이용하여 CO_2를 고정해서 포도당을 합성한다.
④ 캘빈회로에서 사용되는 루비스코는 이산화탄소와 산소와 둘 다 결합할 수 있지만 이산화탄소와 기질친화력이 더 크다.
⑤ 광합성에서 ATP가 생성되는 반응은 광인산화라고 부른다.

📖 자료해석
광합성은 빛에너지를 화학에너지로 전환하는 과정이며, H_2O를 분해하여 O_2를 방출하고 $NADP^+$를 환원시켜 NADPH를 만들며, CO_2로부터 포도당을 합성하는 과정이다.

정답해설 ③ 막을 통해 양성자를 이동시키는 과정은 엽록체와 미토콘드리아에서 공통적으로 일어난다.

정답해설 ㄱ, ㄴ, ㄷ. 식물은 미토콘드리아와 엽록체가 다 있기 때문에 두 세포소기관에서 ATP를 합성할 수 있다. 미토콘드리아에서 기질수준의 인산화, 산화적 인산화가 일어나고, 엽록체에서 광인산화가 일어난다.

ㄹ. 캘빈회로에서 인산화는 일어나지 않는다. 캘빈회로는 ATP와 NADPH를 이용하여 CO_2를 당으로 전환하는 과정이다.

11 [2009 변리사 자연과학개론 21번]   [정답] ⑤

📖 자료해석

광합성의 암반응에서 CO_2와 결합하는 물질은 RuBP이다. 따라서 CO_2의 공급이 중단되면 엽록체에는 RuBP가 가장 많이 축적될 것이다.

12 [2009 변리사 자연과학개론 22번]   [정답] ③

정답해설 ㄴ. 광합성 시 물이 빛에너지를 받아 분해되면서 산소가 형성된다.
ㄷ. Rubisco 효소는 이산화탄소에 대한 기질친화력이 있다.

오답해설 ㄱ. 광합성을 하는 세균도 있다. 남세균, 자색세균 등의 세균이 광합성을 하고 녹조류, 갈조류 같은 조류에서도 광합성이 일어난다.
ㄹ. 광합성은 명반응과 암반응(캘빈회로)로 나눠지는데 명반응이 빛에너지를 쓰는 반응이다. 명반응의 산물은 ATP와 NADPH이다.

13 [2008 변리사 자연과학개론 22번]   [정답] ⑤

📖 자료해석

광합성의 암반응은 캘빈회로라고도 하며, 명반응의 산물인 ATP, NADPH를 사용한다. 스트로마에서 RuBP가 이산화탄소와 반응해서 PGA를 만들며 반응이 시작되고 포도당을 생성하며, RuBP는 다시 재생된다.

정답해설 ⑤ 분해된 물에서 나온 전자가 NADPH 합성에 이용된다는 말 자체는 맞는 말이지만, 이는 명반응에 대한 것이다. 문제는 암반응에 대한 설명으로 옳지 않은 것을 고르라고 하고 있기 때문에 5번이 답이다.

14 [2005 변리사 자연과학개론 32번]   [정답] ②

📖 자료해석

캘빈회로는 직접적으로 빛을 이용하는 것은 아니라서 암반응이라고도 불린다. 스트로마에서 일어나며, 루비스코라는 효소가 RuBP와 이산화탄소의 반응을 촉매하고, 캘빈회로의 마지막에 RuBP는 다시 재생된다.

정답해설 ② 명반응에서 만들어진 것은 ATP와 NADPH이다. NADH라고 해서 틀린 보기이다. 이 에너지를 이용해서 캘빈회로로 이산화탄소를 당으로 전환한다는 것은 맞는 말이다.

15 [2004 변리사 자연과학개론 28번]   [정답] ③

📖 자료해석

광주기성은 낮과 밤의 상대적 길이에 대한 식물의 반응이다. 가시광선이나 근적외선에 의해 피토크롬들의 농도가 달라지며 식물의 광주기성이 표현된다.
식물은 종종 추위나 가뭄과 같은 어려운 환경 조건이 시작되기 전에 휴면을 취하거나 물질대사를 감소시키며, 가을에 낙엽은 엽록소 파괴에 의한 노화 현상 중의 하나이다.

정답해설 ③ 식물의 광주기성은 명기(light period)가 아니라 연속적인 밤의 길이에 의해 결정된다.

16 [2004 변리사 자연과학개론 29번]   [정답] ②

📖 자료해석

광합성속도는 빛의 강도가 높아질수록 비례하며 높아진다. 하지만 포화상태에 도달한다. 너무 빛이 강하거나 건조한 환경이면 수분증발을 막기 위해 기공을 닫고 세포 내 이산화탄소 농도보다 산소농도가 높아지면 루비스코가 이산화탄소가 아니라 산소와 반응하는 광호흡 반응이 일어난다. 따라서 이런 경우에는 광합성 효율이 떨어지기도 한다.
진핵식물세포는 700nm를 잘 흡수하는 광계I과 680nm를 잘 흡수하는 광계II를 갖고 있다.
광합성을 하는 세균으로 남세균, 자색세균 등이 알려져 있다.

정답해설 ② 광합성은 크게 명반응과 암반응으로 구분된다. 명반응은 틸라코이드(or 그라나)에서 일어나고, 암반응은 스트로마에서 일어난다.

17 [2002 변리사 자연과학개론 30번]   [정답] ⑤

📖 자료해석

식물호르몬 중 에틸렌은 기체상태이다. 메티오닌이 변형된 것으로 과일의 성숙과정을 조절한다. 식물체가 똑바로 자라는 것을 어느 정도 방해해서 씨앗이 발아할 때 유식물의 정단조직이 파괴되지 않도록 생기는 혹(hook)의 형성에 관여한다. 꽃의 성결정에 관여하기도 한다.

정답해설 ⑤ 공변세포에 작용하여 기공을 닫는 식물호르몬은 앱시스산이다.

18 [2001 변리사 자연과학개론 2번]

📖 자료해석

양성자가 많은 곳에서 낮은 곳으로 ATP합성효소를 통해 이동하는 힘으로 ATP 합성효소는 ATP를 생성한다.

19 [2001 변리사 자연과학개론 3번]

[정답] ④

📖 자료해석

엽록소는 엽록체의 틸라코이드에 존재하고, 녹색파장 보다는 붉은빛이나 파랑/보라빛을 흡수한다. 명반응에서 물로부터 산소가 생성되어 방출되고, 암반응의 최초산물은 3-PGA이다.

정답해설 명반응의 산물은 ATP와 NADPH이다.

20 [2001 변리사 자연과학개론 8번]

[정답] ③

정답해설 식물 뿌리의 부피생장은 주로 관다발형성층의 세포분열의 결과이다.
정단분열조직의 세포분열은 뿌리가 길어지는 것이며, 뿌리세포들의 분화는 어린 세포가 특정 세포로 성숙하는 과정을 말한다.

21 [2001 변리사 자연과학개론 9번]

[정답] ①

정답해설 식물의 굴광성은 옥신에 의해서 일어난다. 옥신이 빛의 반대방향으로 이동하여 세포신장을 촉진하기 때문에 식물이 빛을 향해 자랄 수 있다.

8 생식과 발생

01 [2023 변리사 자연과학개론 25번]

[정답] ⑤

정답해설 ㄴ. 난할 중인 세포는 세포의 성장 없이 유전자의 복제와 세포질분열만 일어나기 때문에 주로 S기와 M기만으로 구성되므로 맞는 보기이다.
ㄷ. 난할의 방식은 알의 종류에 따라 전할과 부분할로 나뉘진다. 성게, 포유류 등은 난황의 양이 매우 적어서(등황란) 알 전체에서 난할이 일어나는 전할을 한다. 알의 한 쪽에 다량의 난황이 치우쳐져 있으면 단황란이라 한

다. 개구리와 같은 양서류는 단황란이지만 난황의 양이 매우 많은 것은 아니라 알 전체에서 난할이 일어나는 전할을 한다. 파충류, 조류는 난황의 양이 매우 많은 단황란이라 동물극에서만 난할이 일어나는 부분할(반할)을 한다. 알의 중앙부에 난황의 양이 매우 많은 중황란은 곤충, 갑각류에 많다. 알의 표면쪽의 세포질 부분만 분열하는 부분할이 나타나는데 이 경우는 표할이라고 한다.

오답해설 ㄱ. 난자 내에서 난황이 집중되어 있는 쪽은 식물극이라 한다.

난이도 및 총평 동물의 난할과 세포주기에 관한 문제입니다. 개구리의 난할 패턴은 성게의 난할과 함께 교재에 빈번히 등장하지만 약간 지엽적이라고 느껴지기도 한다. (난이도 상)

02 [2015 변리사 자연과학개론 27번]   [정답] ③

정답해설 ㄱ. ey 유전자는 초파리의 눈 형성의 핵심 조절 유전자이기에 이 유전자를 다리가 될 운명의 세포군에서 발현시켰을 때 다리 부위에서 눈이 형성될 수 있다.
ㄷ. 위 문제와 같이 원래 다리가 될 운명의 세포군은 눈 관련 유전자는 발현되지 않는데, 인위적으로 발현시켰더니 다리에서 눈이 형성됐다. 이처럼 배 발생과정에서 유전자의 비정상적인 발현으로 형질 변이가 일어날 수 있다.

오답해설 ㄴ. 초파리 내의 모든 세포의 유전체는 동일하다. 다만 조직/기관에 따라 발현되는 유전자의 차이가 있다.

03 [2012 변리사 자연과학개론 26번]   [정답] ⑤

정답해설 ㄷ. 배란 직전에 황체형성호르몬(LH)의 영향으로 여포가 파열되어 제2난모세포가 방출된다.
ㄹ. 제2난모세포가 정자와 만나야 제2감수분열이 진행되고 수정란이 될 수 있다.

오답해설 ㄱ. 출생 시 생식세포는 제1감수분열 전기 상태에 멈춰있으므로 제1감수분열이 완료된 상태가 아니다.
ㄴ. 제1난모세포는 제1감수분열이 종료되면 1개의 제2난모세포와 제1극체를 만든다.

04 [2011 변리사 자연과학개론 24번]   [정답] ③

정답해설 ③ 정낭에서 나온 관은 사정관에 연결되지만, 전립선과 요도구선에서 나온 관은 요도로 연결된다.

05 [2011 변리사 자연과학개론 27번]   [정답] ④

정답해설 ④ 유전체가 2n으로 유성생식을 하는 개체는 부계와 모계 유전자의 차이가 있는데, 생식세포를 형성하며 무작위적으로 교차가 일어나 유전적으로 훨씬 더 다양한 생식세포를 형성한다. 또한 이 생식세포들끼리 무작위적으로 결합하기 때문에 유전적으로 매우 다양한 개체를 형성할 수 있다. 따라서 무성생식을 하는 생물체보다 다양한 환경에 적응할 수 있다.

06 [2007 변리사 자연과학개론 26번]   [정답] ④

정답해설 ④ 식물극쪽에서 중배엽유도인자들을 분비한다.

오답해설 ① A 지역이 동물반구, D 지역이 식물반구이다.
② A 지역을 분리하여 단독으로 발생시키면 표피가 된다. 발생 과정 중에 A 지역의 아랫쪽에서 형성된 중배엽 유래 척삭에 의해 영향을 받아야 A 지역이 신경계가 될 수 있다.
③ 새로운 배아의 축을 형성할 수 있는 부분은 B 지역이 아니라 C 지역이다. C 지역을 원구배순부라고도 부른다.
⑤ 위 그림의 배아는 포배 상태여서 아직 내배엽, 외배엽이라 말할 수 없다. 이후 낭배기 상태일 때 내배엽, 중배엽, 외배엽이 형성된다.

07 [2007 변리사 자연과학개론 27번]   [정답] ④

정답해설 ④ 이 여성은 임신으로 인해 배아에서 hCG 호르몬이 생성된다. 이 호르몬에 의해 황체 퇴화가 억제되어 계속 프로게스테론이 높은 농도로 유지되고 있다.

오답해설 ① 14일차에 황체형성호르몬(LH)의 영향으로 여포에서 제2난모세포가 방출되고 황체가 형성된다.
② 35일차에 이 여성의 자궁벽은 높은 농도의 프로게스테론에 의해 두껍게 유지된다.
③ 임신으로 인해 7일차보다 42일차의 에스트로겐 농도가 훨씬 높다.
⑤ 42일차에 이 여성의 뇌하수체 전엽은 높은 농도의 에스트로겐/프로게스테론에 의해 FSH의 분비는 억제된다.

08 [2006 변리사 자연과학개론 14번]   [정답] ④

📖 자료해석

정자와 난자가 만날 때 ㄷ. 첨체반응으로 서로가 반응해서 세포막이 융합된다. ㄴ. 세포질로의 양이온 유입으로 다른 정자의 침입을 막는 빠른 차단이 일어나고, ㄱ. 표층과립반응으로 세포막쪽이 두꺼워지는 ㄹ. 수정막이 형성되어 다른 정자의 침입을 막는 느린 차단이 일어난다.

---

09 [2005 변리사 자연과학개론 38번] [정답] ②

정답해설 ▶ 여성 B의 난자와 남성 C의 정자를 수정시켰기 때문에 이 아기의 유전자형을 결정한 요인은 여성 B와 남성 C이다.

---

10 [2004 변리사 자연과학개론 26번] [정답] ②

정답해설 ▶ ② 여성은 제1차 감수분열 전기에 멈춰있는 제1난모세포를 가지고 태어난다. 사춘기 때부터 월경주기에 따라 제2감수분열 중기에 멈춰있는 제2난모세포를 배란하고, 이는 정자와 만나야만 감수분열을 완료하여 난자가 형성된다.

---

9 세포분열

01 [2024 변리사 자연과학개론 28번] [정답] ①

정답해설 ▶ ① 감수분열은 4개의 딸세포를 만든다.

오답해설 ▶ ② 염색체의 복제는 간기의 S기에서 일어난다.
③ 상동염색체는 감수1분열 전기에 나타난다.
④ 체세포분열은 세포분열이 1회 일어나고, 감수분열은 2회 연속으로 일어난다.
⑤ 감수분열은 교차를 동반하므로 유전적으로 다양한 딸세포를 만든다.

---

02 [2021 변리사 자연과학개론 25번] [정답] ④

정답해설 ▶ ㄱ. 감수분열I 에서 상동염색체 사이에 교차가 일어난다.
ㄴ. 감수분열II 에서 자매염색분체가 서로 분리되고, 처음에 2n의 핵상을 가졌던 세포가 n으로 바뀐다.

오답해설 ▶ ㄷ. 감수분열I 에서는 DNA 복제가 한 번 일어나지만, 감수분열II 는 DNA 복제 없이 진행된다.

03 [2017 변리사 자연과학개론 23번]   [정답] ④

정답해설 ④ 배아줄기세포는 수정란이 포배상태일 때 배반포 안쪽에 있는 내세포괴에서 추출한다.

오답해설 ① 감수분열은 생식세포를 만드는 과정이다.
② 상처는 체세포 분열을 통해서 재생된다.
③ 감수분열 I 전기에 발생하는 상동염색체 사이의 유전자 재조합은 유전적 다양성에 크게 기여한다.
⑤ 2n=8인 생물의 체세포분열 중기 단계의 세포의 염색체수는 8, 2n=16인 생물의 감수분열 II 중기 단계의 세포에서 관찰되는 염색체수도 n=8로 동일하다.

04 [2016 변리사 자연과학개론 25번]   [정답] ③

정답해설 ㄷ. 세포 분열기에는 중심체가 관찰되고, 이 곳에서 방추사가 형성되어 염색체를 분리시킨다.

오답해설 ㄱ. 세포판은 식물세포의 세포분열에서 관찰되며, 동물세포의 세포질 분열에는 수축환이 형성된다.
ㄴ. 핵막의 붕괴는 전기에 일어난다.

05 [2014 변리사 자연과학개론 30번]   [정답] ②

정답해설 ② 전기에 염색사가 염색체가 되는 건 맞지만, 염색체가 적도판에 배열되는 시기는 중기이다.

오답해설 ① 체세포분열은 핵분열과 세포질분열로 나눠진다.
③ G_1기의 세포에서는 RNA, 리보솜, 효소 등 세포분열에 필요한 물질의 양이 거의 2배로 증가한다.
④ S기는 DNA가 2배로 복제되는 시기이다.
⑤ 생식세포의 핵분열은 2회 연속으로 일어나서 제1감수분열, 제2감수분열이라 부르며, 제2감수분열 때는 DNA 복제가 일어나지 않는다.

06 [2013 변리사 자연과학개론 26번]   [정답] ②

정답해설 ② 위 그림과 같은 염색체 배열에서 보이는 염색체의 갯수는 6이다. 2n=6인 세포이기 때문에 제1감수분열 때이며, 염색체가 적도판에 배열되어 있기 때문에 제1감수분열 중기이다.

07 [2011 변리사 자연과학개론 23번]

정답해설 ㄱ. 간기는 세포주기의 대부분을 차지한다.
ㄴ. G₁ 시기에는 세포생장에 필요한 단백질 등이 합성된다.
ㄹ. 간기는 G₁, S, G₂기로 나눠지고, S기에 DNA가 복제된다.

오답해설 ㄷ. 세포주기는 크게 간기와 분열기로 나눠지는데, 분열기가 전기, 중기, 후기, 말기로 구분된다.

08 [2010 변리사 자연과학개론 22번]

[정답] ②

자료해석

세포사멸(apoptosis)은 동물의 발생과정 중에 손가락 사이 등의 필요 없는 세포를 없애거나 하는 과정에서 일어나며, 카스파제(caspase)라는 효소에 의해 활성화된다. 핵 안의 DNA가 일정한 크기로 절단되고, 세포가 소낭과 같은 형태로 분리되면 리소좀 등에 의해서 소화된다. 암세포는 이 과정이 억제되어 암세포가 증식하게 된다.

정답해설 ② 세포사멸 때는 세포가 부풀지 않는다. 세포가 부푼 후 터지는 현상은 괴사 때 관찰된다.

09 [2008 변리사 자연과학개론 26번]

[정답] ②

정답해설 ㄱ. 감수분열 중에 DNA 복제는 한 번만 일어난다.
ㄴ. 감수분열을 통하여 자손의 유전적 다양성이 증가한다.

오답해설 ㄷ. 상동염색체 사이의 유전자 교환이 일어나는 시기는 제1감수분열 전기이다.

10 [2003 변리사 자연과학개론 22번]

[정답] ①

정답해설 제1감수분열 전기에 부계염색체와 모계염색체가 나란히 배열되어 이 염색체들 사이에서도 교차가 일어나기 때문에 보다 높은 유전적 다양성을 제공할 수 있다.

11 [2001 변리사 자연과학개론 6번]

[정답] ②

정답해설 간기에 유전물질은 핵 안에 염색사로 존재한다. 염색체는 전기에 형성된다.

12 [2001 변리사 자연과학개론 7번]

[정답] ④

> **정답해설** 상동염색체는 크기와 모양이 같은 염색체를 말한다. 상동염색체의 같은 위치에 있는 같은 특성을 가진 유전자를 대립유전자라고 부른다. 같은 위치에 있기 때문에 세포분열 과정에서 교차가 일어날 수 있다. 쥐의 털 빛깔 유전자와 눈 빛깔 유전자는 다른 특성을 가진 유전자이기 때문에 상동염색체나 대립유전자와 관련이 없다.

10 유전학

01 [2023 변리사 자연과학개론 26번]

[정답] ①

> **자료해석**
> 분홍색 작은 꽃(rrll)의 표현형 비율이 0.01로 매우 적은 것으로 보아 이 형질은 교차에 의해 발생한 것으로 추측할 수 있다. 배우자형 rl이 교차에 의해 생기므로 유전자형 RrLl인 식물(P)는 기본적으로 Rl, rL의 배우자형을 생성함을 알 수 있다.

> **정답해설** ㄱ. 교차는 감수분열 I 전기에 2가염색체가 형성되며 일어나므로 맞는 보기이다.

> **오답해설** ㄴ. 빨간색 큰 꽃 F_1 식물은 기본적으로 생성되는 자손과 재조합 자손이 섞여 있다.
> ㄷ. 유전자형이 RrLl인 식물(P)은 대립유전자 R과 l, r과 L이 함께 위치한 염색체를 갖고 있다.

> **난이도 및 총평** 유전에서 자주 문제로 활용되는 잡종 자가교배에 대한 문제입니다. 상인연관과 상반연관의 차이, 교차의 발생을 잘 이해하고 있다면 쉽게 접근할 수 있습니다. (난이도 중)

02 [2021 변리사 자연과학개론 26번]

[정답] ②

> **정답해설** 이 식물이 형성하는 배우자의 유전자형의 비율은 (Ad, B):(Ad, b):(aD, B):(aD, b)=1:1:1:1이다. Ad/aD X Ad/aD에서 AaDd가 나올 확률은 1/2이고, B/b X B/b에서 Bb가 나올 확률은 1/2이다. 따라서 AaBbDd가 나올 확률은 1/2 X 1/2 = 1/4이다.

03 [2019 변리사 자연과학개론 23번]

[정답] ①

> **자료해석**
> 친부모의 혈액형이 둘 다 A형인데, 자식 중에 O형이 있는 것으로 보아 부모의 혈액형은 둘 다 AO이다. 셋째 아

이를 낳을 때 그 아이가 O형이려면 부모로부터 O 유전자를 받아야 한다.

부로부터 O를 받을 확률 1/2, 모로부터 O를 받을 확률 1/2, 여자아이일 확률 1/2을 모두 곱하면 1/8이다.

04 [2018 변리사 자연과학개론 21번]   [정답] ①

📖 자료해석

유전자형이 RrYy로부터 만들어지는 생식세포는 RY, Ry, rY, ry가 1:1:1:1로 형성된다. rryy인 종자는 ry의 생식세포를 형성한다. 표현형이 둥글고 노란색인 종자의 유전자형은 R_Y_이고, 주름지고 녹색인 종자의 유전자형은 rryy이다. 유전자형이 RrYy와 rryy인 종자를 교배하였을 때 F1의 비율은 R_Y_:R_yy:rrY_:rryy=1:1:1:1라서 R_Y_:rryy=1:1이다.

05 [2017 변리사 자연과학개론 21번]   [정답] ④

📖 자료해석

AB와 ab 사이의 재조합 비율은 (18+22)/(183+177+18+22) ×100% = 10%이다.

06 [2015 변리사 자연과학개론 26번]   [정답] ②

정답해설 ㄴ. 유전자에서 전사된 mRNA대로 단백질이 만들어지기 때문에 단백질의 아미노산 서열에 대한 정보는 유전자에 담겨 있다.

오답해설 ㄱ. 유전자는 핵산으로 이루어져 있다. 핵산에 히스톤단백질이 뭉쳐져 염색체를 형성한다.
ㄷ. DNA는 번역과정에 직접 관여하진 않기 때문에 틀린 보기이다.

07 [2013 변리사 자연과학개론 22번]   [정답] ④

정답해설 ㄴ. 정상인 부모(II-5, II-6) 사이에서 유전질환을 가진 자식(III-5)이 태어나면, 부모는 보인자이고, 상염색체 열성유전질환임을 알 수 있다. 따라서 II-6이 이 유전질환에 대해 이형접합체라는 말은 옳다.
ㄷ. III-2와 III-3 사이에서 아이가 태어날 때 유전질환을 가지려면, 둘 다 보인자여야 한다. III-3의 부모 중에 질환을 가진 사람이 있기 때문에 III-3은 100% 보인자이다. I-1이 유전질환자이기 때문에 II-2는 보인자이다. II-1이 우성동형접합이라고 했으므로 III-2가 보인자일 확률은 1/2이다. 보인자 사이에서 열성유전질환자가 태어날 확률은 1/4라서 III-2와 III-3 사이에서 태어난 아이가 유전질환자일 확률은 1/2×1/4인 1/8이다.

08 [2010 변리사 자연과학개론 23번]

[정답] ③

자료해석

빨강 눈을 가진 초파리 암수를 교배하였을 때 빨강 눈을 가진 수컷, 흰색 눈을 가진 수컷, 빨강 눈을 가진 암컷이 태어났다고 한다. 빨강 눈을 가진 부모 사이에서 흰색 눈을 가진 자식이 태어났으므로 빨강 눈 유전자는 우성, 흰색 눈 유전자는 열성이다. 또한 수컷과 암컷의 표현형 비율이 다르므로 눈 유전자는 성염색체 유전자이다. Y염색체 유전이라면 부계의 열성유전자가 그대로 아들에게 전달되는 것이기 때문에 이 문제의 초파리 눈 색깔 유전자는 X염색체 연관되어 있다고 추측할 수 있다. 따라서 빨강 눈 수컷은 XY, 흰색 눈 수컷 X'Y, 빨강 눈 암컷 XX or XX', 흰색 눈 암컷 X'X'으로 표현할 수 있다.

따라서 맞는 보기는 ㄴ, ㄷ이다.

09 [2009 변리사 자연과학개론 25번]

[정답] ②

자료해석

하디-바인베르크의 법칙이 적용된다고 하면 흰 털(bb)의 유전자 빈도는 $q^2 = 90/1000 = 0.09$이다. 따라서 $q = 0.3$, $p = 0.7$이다. (하디-바인베르크 집단에서 $p + q = 1$이다.)

이 집단에서 이형접합(Bb)의 유전자 빈도는 $2pq = 2 \times 0.7 \times 0.3 = 0.42$라서, 1000마리 중에서는 420마리가 존재한다.

10 [2009 변리사 자연과학개론 26번]

[정답] ⑤

자료해석

위 세포의 생식세포가 AbC가 되려면 A와 a 중에서 A를 받아야 하고, BC와 bc 중에서 교차가 일어난 bC를 받아야 한다.

A와 a 중에서 A를 받을 확률 = 1/2

BC와 bc에서 교차율 10%로 생성되는 생식세포→ BC:Bc:bC:bc=9:1:1:9(BC:Bc:bC:bc=n:1:1:n이라고 가정했을 때, $(1+1)/(n+1+1+n) = 1/10(=10\%)$로 계산할 수 있음)이므로 이 중에서 bC를 받을 확률 = $1/(9+1+1+9) = 1/20$

AbC의 생식세포가 생길 확률 = $1/2 \times 1/20 = 1/40$

11 [2008 변리사 자연과학개론 27번]

[정답] ②

자료해석

유전자형이 AaBbCcDd인 개체인데 A, B, C, D는 연관되어 있고 교차가 일어나지 않는다면 생성되는 생식세포의 유전지형은 ABCD와 abcd뿐이다.

12 [2007 변리사 자연과학개론 24번]

📖 자료해석

색맹은 X-염색체에 연관되어 열성으로 유전되니 정상 남자 XY, 색맹 남자 X'Y, 정상 여자 XX or XX', 색맹 여자 X'X'로 표현할 수 있다. 왜소증은 상염색체 우성으로 유전되니 정상 aa, 왜소증은 AA or Aa로 표현할 수 있다.

색맹이 아니며 왜소증인 남자 = XY, AA or Aa

하지만 남자의 아버지가 키가 정상이라 aa이므로 이 남자는 XY, Aa이다.

색맹이며 키가 정상인 여자 = X'X', aa

정답해설 ㄱ. 왜소증 남자에게 A유전자를 물려준 사람이 어머니이기 때문에 어머니도 왜소증을 갖고 있다.

ㄴ. (XY, Aa)×(X'X', aa)가 딸을 낳았을 때 색맹일 확률은 0이고, 왜소증일 확률은 1/2이다. 따라서 색맹이며 왜소증일 확률은 0이 맞다.

ㄹ. (XY, Aa)×(X'X', aa)가 색맹이 아니며 왜소증인 딸을 낳았을 때 딸의 유전자형은 X'X, Aa이다. 색맹과 왜소증에 대해서 모두 이형접합자이므로 확률이 1이다.

오답해설 ㄷ. (XY, Aa)×(X'X', aa)가 아들을 낳았을 때 색맹일 확률은 1이다. 키가 정상일 확률은 1/2이다. 따라서 색맹이면서 키가 정상일 확률은 1/2이다.

13 [2006 변리사 자연과학개론 17번]

정답해설 XX와 X'Y 사이에는 XY, XX'의 자녀가 태어날 수 있다. 혈우병이라면 X'X', X'Y여야 하므로 이 자녀들 사이에 혈우병은 없다.

14 [2005 변리사 자연과학개론 34번]

📖 자료해석

네 개의 유전자 a, b, c, d 사이 거리가 a와 b사이는 15%, a와 c사이는 2%, a와 d사이는 19%, b와 c사이는 13%, b와 d사이는 4%, c와 d사이는 17%이면,

a--c-------------b----d 순서로 배열되어 있다.

aBd×AbD 사이에서 ABD가 만들어지려면, a-b, b-d 사이에서 교차가 한 번씩 일어나야 한다. 따라서 a-b 교차율=0.15과 b-d 교차율=0.04을 곱한 0.006(0.6%)의 확률로 일어난다.

15 [2003 변리사 자연과학개론 23번]

정답해설 이형접합자 F1(BbLl)을 열성 어버이(bbll)과 교배했을 때 독립이라면 BbLl:Bbll:bbLl:bbll=1:1:1:1 로 형성된다. 하지만 문제와 같이 n:1:1:n로 나왔다면 BL과 bl이 연관되어 있고 일부 교차가 일어났다는 뜻이다.

16 [2002 변리사 자연과학개론 25번]

[정답] ②

정답해설 붉은색 꽃을 피우는 동형접합성 금어초의 유전자형을 RR, 흰 꽃을 피우는 동형접합성 금어초의 유전자형을 rr이라고 한다면, F₁ 식물의 유전자형은 Rr이다. Rr이 RR과 rr의 중간형질을 나타내는 현상을 불완전 우성이라고 한다.

17 [2000 변리사 자연과학개론 24번]

[정답] ②

정답해설 A형의 혈액형을 가진 남자의 유전자형은 AA or AO이다. B형 여자의 유전자형은 BB or BO이다. 만약 AO×BO라면 AB, AO, BO, OO로 모든 혈액형의 자식이 나올 수 있다.

11-1 DNA 복제

01 [2024 변리사 자연과학개론 25번]

[정답] ③

정답해설 ㄱ. DNA 복제방식은 반보존적 복제 방식을 따른다.
ㄴ. RNA 프라이머는 프리메이스에 의해 합성된다.

오답해설 ㄷ. 선도가닥은 계속 DNA 중합이 일어나고, 지연가닥에서 오카자키 절편이 발견된다.

02 [2022 변리사 자연과학개론 27번]

[정답] ①

제시된 서열	5'-ATGTTCGAGAGGCTGGCTAAC-||--CCTTTATCGGAATTGGATTAA-3'
프라이머	~CTTAACCTAATT-5'
프라이머	5'-ATGTTCGAGAGG~
상보적 서열	3'-TACAAGCTCTCC ~~~ CTTAACCTAATT-5'

DNA는 이중가닥이고 문제에는 한쪽 단일가닥만 주어졌기 때문에 상보적인 반대쪽 단일가닥을 생각해보아야 한다. PCR로 DNA를 증폭하고자 하면 DNA의 단일가닥 각각에 5 말단부터 시작되는 프라이머가 붙는다. 따라

서 5'-ATGTTC~, 5'-TTAATC~인 1번 보기가 정답이다.

(난이도 및 총평) 알파벳이 많이 쓰여서 지레 겁을 먹고 막막하게 느껴졌을 수도 있는 문제이다. 하지만 DNA는 상보적인 이중가닥으로 존재하며 핵산의 새로운 가닥은 무조건 5 말단에서 3 말단으로 진행되고, 5 말단부터 읽는다는 기본 정보만 알고 있으면 쉽게 풀 수 있는 문제였다.

03 [2021 변리사 자연과학개론 29번]   [정답] ④

📖 자료해석
RT-PCR은 처음 복제하려는 RNA를 DNA로 역전사효소를 이용해서 만들고, DNA 중합효소를 이용해서 DNA 이중가닥을 만든 뒤 증폭하는 방법이다. DNA 이중가닥에 열을 가해서 단일가닥으로 만든 뒤 프라이머를 붙여서 DNA 중합을 진행하기 때문에 DNA 중합효소는 고열에도 안정한 열안정성 DNA 중합효소를 이용한다.

정답해설 ④ RT-PCR 과정에 IgM은 필요하지 않다.

04 [2020 변리사 자연과학개론 25번]   [정답] ③

정답해설 ㄱ. 세균의 플라스미드는 염색체와 별도로 존재하는 작은 환형의 DNA이다.
ㄴ. 플라스미드 DNA는 자체 복제원점을 갖고 있기 때문에 염색체 DNA의 복제와 독립적으로 조절된다.

오답해설 ㄷ. 세균의 플라스미드에는 세균의 증식에 필수적인 유전정보가 있는 것은 아니다.

05 [2020 변리사 자연과학개론 28번]   [정답] ③

정답해설 ㄷ. DNA 절편으로 겔 전기영동을 했을 때 나타나는 밴드의 두께가 DNA의 양에 비례한다.

오답해설 ㄱ. DNA 절편은 음전하를 띠기 때문에 양극쪽으로 이동한다.
ㄴ. 긴 DNA 절편은 짧은 DNA 절편보다 겔에서 움직이기 힘드므로 느리게 이동한다.

06 [2018 변리사 자연과학개론 28번]   [정답] ③

정답해설 ㄱ. DNA 헬리카제는 (가)와 (나) 모두에서 DNA 이중나선을 단일가닥으로 푸는 역할을 한다.
ㄷ. DNA는 5'→3'방향으로 형성되기 때문에 A가 복제될 때 오카자키 절편이 생성된다.

ㄴ. DNA 회전효소(DNA topoisomerase)는 helicase가 작용하는 이중나선의 앞쪽에 위치하여 helicase 때문에 이중나선의 앞쪽이 더 꼬이는 것을 풀어주는 역할을 한다.

07 [2016 변리사 자연과학개론 28번]   [정답] ④

📖 자료해석

PCR은 DNA의 양을 증폭시키는 과정이고, 디데옥시 DNA 염기서열분석법은 핵산과 ddNTP를 동시에 넣은 용액에서 DNA를 중합시키면서 ddNTP 뒤에는 새로운 핵산이 붙지 못하는 원리를 이용하여 새로운 DNA가닥이 어떤 핵산으로 종결되었는지를 파악하며 DNA의 염기서열을 분석하는 방법이다.

정답해설 ㄱ, ㄴ, ㄷ. PCR과 디데옥시 DNA 염기서열분석법 둘 다 DNA 중합효소와 primer를 사용한다. DNA 를 중합하기 위해 DNA 이중가닥을 단일가닥으로 만들어야 하므로 수소결합이 끊어지는 과정이 필요하다.

오답해설 ㄹ. 새롭게 합성되는 DNA 가닥은 5'→3' 방향으로 신장한다.

08 [2015 변리사 자연과학개론 25번]   [정답] ①

정답해설 $^{15}N-^{15}N$를 ^{14}N 조건에서 1회 복제하면 $^{15}N-^{14}N$, $^{14}N-^{15}N$가 형성된다. 한 번 더 복제하면 $^{15}N-^{14}N$, $^{14}N-^{14}N$, $^{14}N-^{14}N$, $^{14}N-^{15}N$가 형성된다. 계속 이렇게 반복될 것이기 때문에 여러 번 복제해도 $^{15}N-^{14}N$인 DNA 분자의 수는 2이다.

09 [2014 변리사 자연과학개론 21번]   [정답] ③

정답해설 인간 염색체가 복제될 때 제한효소(restriction endonuclase)는 필요 없다.

10 [2012 변리사 자연과학개론 29번]   [정답] ③

📖 자료해석

폐렴균은 S형과 R형이 있다. S형은 겉이 smooth해서 쥐의 면역체계를 회피하여 감염시켜 죽게 하고, R형은 겉이 rough해서 쥐의 면역체계에 걸려 쥐가 생존할 수 있다. S형의 DNA와 R형 폐렴균이 있다면, S형의 DNA가 R형 폐렴균 안으로 들어가서 유전자 재조합이 일어나면 S형 폐렴균이 형성될 수 있다. 따라서 S형의 DNA와 R형 폐렴균을 주입받은 쥐는 사망한다.

정답해설 ㄱ. 죽은 S형과 살아있는 R형 폐렴균이 존재하는 용액에 DNase를 처리하면 S형 유전자가 분해되므로 살아있는 R형 폐렴균만 쥐에 주사한 것과 같은 효과이다. 따라서 쥐는 생존한다.

ㅁ. 죽은 S형과 살아있는 R형 폐렴균이 섞여 있는 용액을 120도로 30분간 가열하면 용액 속에 DNA가 살아있더라도 이를 이동시킬 세균이 사멸한다. 따라서 쥐는 생존한다.

오답해설 ㄴ. 죽은 S형과 살아있는 R형 폐렴균이 존재하는 용액에 proteinase를 넣으면 S형의 DNA에는 아무 영향이 없다. 따라서 쥐는 사망한다.

ㄷ. 죽은 S형 폐렴균을 100도로 30분간 가열한 후 식혀서 살아있는 R형 폐렴균 용액과 섞으면 S형의 DNA가 남아있을 가능성이 있다. 따라서 쥐는 사망한다.

ㄹ. NaOH는 RNA를 파괴시킬 수 있다. 하지만 DNA는 파괴시키지는 못하고 변성시키기만 한다. 죽은 S형 폐렴균을 NaOH 처리하여 완전히 용해시키고 살아있는 R형 폐렴균이 존재하는 용액과 섞으면 NaOH가 중화되면서 변성된 DNA가 다시 복구될 수 있다. 따라서 이 용액을 주사한 쥐는 사망한다.

11 [2010 변리사 자연과학개론 24번]   [정답] ①

정답해설 primase는 DNA 복제를 시작하기 위한 작은 RNA 가닥(primer)를 만들어주는 효소이다. 따라서 primase에 돌연변이가 생겨 그 활성이 결여되면 DNA 복제 개시가 되지 않는다.

12 [2008 변리사 자연과학개론 29번]   [정답] ③

정답해설 ㄷ. 원하는 DNA의 앞/뒷쪽에 해당하는 서열을 primer로 넣어주면 여러 DNA 혼합물에서 원하는 DNA 부분만을 선택적으로 증폭할 수 있다.

ㄹ. PCR은 일반적으로 denaturation→anealing→elongation 단계를 순서대로 반복한다.

오답해설 ㄱ. DNA 가닥의 분리를 위하여 DNA 가닥 사이의 수소결합 파괴를 위해 용액을 가열시킨다. helicase는 쓰지 않는다.

ㄴ. 일반적으로 annealing 단계의 온도가 50~65도이고 elongation 단계의 온도는 72도이다.

13 [2007 변리사 자연과학개론 25번]   [정답] ⑤

📖 자료해석

DNA 복제는 primer라는 짧은 RNA가닥이 생긴 이후에 뒤이어 합성된다. primer는 나중에 DNA로 치환된다. DNA 합성이 5'→3'방향으로 진행되는 것은 DNA 중합효소가 핵산 3번 탄소의 −OH기에 새로운 핵산을 결합시키기 때문이다. DNA는 이중가닥이라 복제과정 중에 2개의 딸가닥이 생기는데 이 중 한 가닥은 오카자키 절편으로 구성된다. 복제가 완결된 이중나선 DNA는 원래 있던 주형가닥과 새로 생긴 가닥으로 구성된다.

정답해설 ⑤ DNA 중합효소 I의 3'→5'말단핵산분해효소 기능은 DNA 복제 중에 잘못 들어간 염기를 제거하는 교정기능이다. 따라서 이 활성도를 잃으면 복제 중에 오류 발생률이 증가하는 것이지 오카자키 절편과는 상관 없다.

14 [2003 변리사 자연과학개론 27번]   [정답] ⑤

정답해설 ⑤ Xho I과 Sal I에 의해 만들어진 점착성 말단이 서로 결합하면, Xho I과 Sal I에 의해 더 이상 인식될 수 없으므로 이 제한효소들에 의해 절단되지 않는다.

↓	↓	
CTCGAG GAGCTC	GTCGAC CAGCTG	CTCGAC GAGCTG
↑	↑	
Xho I	Sal I	합쳐진 가닥

오답해설 ① 제한효소에 의해 잘린 가닥들의 일부는 스스로 다시 ligation되어 원상복귀된다.
② 재조합 플라스미드는 벡터에 삽입 DNA가 추가된 것이기 때문에 원래의 벡터보다 DNA 크기가 증가한다. 따라서 아가로스 젤 전기영동을 하면 재조합 플라스미드는 벡터보다 느리게 이동할 것이다.
③ 재조합 DNA에 삽입 DNA가 삽입되는 방향은 정방향이나 역방향 모두 가능하다. 따라서 미리 알 수 없다.
④ 벡터와 삽입 DNA를 서로 다른 제한효소로 절단했으나 제한효소에 의해 잘린 점착말단(단일가닥 부위)가 동일하여 재조합 DNA가 만들어질 수 있다.

15 [2002 변리사 자연과학개론 27번]   [정답] ①

자료해석
플라스미드 벡터를 이용하여 재조합 DNA를 만들 때는 벡터와 삽입될 DNA를 자를 제한효소가 필요하다. 제한 효소에 의해 잘린 가닥이 서로 상보적 결합을 했을 때 이를 이어줄 수 있는 DNA ligase가 필요하다.

16 [2001 변리사 자연과학개론 4번]   [정답] ①

자료해석
DNA는 이중가닥으로 구성되어 있으며, 양가닥은 서로 상보적이고 역방향으로 배열되어 있다. DNA 합성에 관여하는 효소는 DNA polymerase이며 5'말단에서 3'말단방향으로 합성이 일어난다.

정답해설 ① DNA의 복제는 보존적이 아니라 반보존적으로 일어난다.

11-2 유전자의 전사

01 [2022 변리사 자연과학개론 28번]   [정답] ③

정답해설 ㄱ. 노던 블롯은 RNA를 전기영동하여 RNA의 길이, 발현량 등을 파악할 수 있는 실험법이다.
ㄴ. 전기영동된 밴드의 두께가 두꺼울수록 RNA가 많이 발현되었음을 알 수 있다.

오답해설 ㄷ. 노던 블롯은 RNA의 길이, 발현량 등의 정보만 알 수 있을 뿐 단백질의 구조와는 관련 없다. 단백질을 전기영동하는 것은 웨스턴 블롯이라고 한다.

난이도 및 총평 노던블롯을 어떤 목적으로 쓰는지에 대해 묻는 문제이다.
어떤 물질을 전기영동으로 분류하는지에 따라 서던블롯(DNA), 노던블롯(RNA), 웨스턴블롯(단백질)로 나누어지는데 이에 대한 배경지식을 필수적으로 알고 있어야 한다.
추가적으로 전기영동의 원리와 RFLP와 같은 다른 유명한 실험법도 알아두면 좋을 것이다.

02 [2021 변리사 자연과학개론 27번]   [정답] ④

정답해설 ④ 히스톤 꼬리의 아세틸화는 염색질이 더 풀어지도록 유도한다. 따라서 전사인자 등이 더 잘 붙을 수 있어서 유전자 발현이 증가한다.

오답해설 ① 오페론은 원핵세포에만 있다. 진핵세포에는 없다.
② mRNA 가공은 핵 안에서 일어나고, 5'-capping, 3'-tailing이 완료된 상태로 세포질로 이동한다.
③ 인핸서는 전사를 촉진하는 핵산서열이다. 인핸서를 작동하게 하는 전사인자가 단백질이다.
⑤ 마이크로 RNA(miRNA)는 특정 RNA에 상보적으로 결합해서 그 RNA를 파괴시키거나 번역을 억제하게 하는 물질이다. 폴리펩티드를 번역시키는 RNA 서열이 아니기 때문에 단백질 정보를 담고 있다고 볼 수 없다.

03 [2020 변리사 자연과학개론 27번]   [정답] ④

정답해설 ④ 세균은 핵이 없는 원핵생물이다. 따라서 전사와 번역과정이 세포질에서 일어난다.

오답해설 ① DNA 복제는 반보존적으로 일어난다.
② 세균의 mRNA의 반감기는 진핵세포의 반감기보다 짧다. 진핵세포의 mRNA는 5'-capping과 3'-tailing에 의해 반감기가 증가하기 때문이다.

③ RNA 중합효소 I, II, III은 진핵세포의 RNA 중합효소이다. 세균의 RNA 중합효소는 한 종류이다.
⑤ mRNA의 3'-말단에 poly(A) 꼬리가 첨가되는 과정은 진핵세포에서만 일어난다.

04 [2013 변리사 자연과학개론 27번]   [정답] ⑤

정답해설 ⑤ 스플라이소좀은 단백질과 작은 핵 RNA(small nuclear RNA, snRNA)가 모인 작은 핵 리보핵산단
백질(small nuclear ribonucleoprotein, snRNP)로 구성되어 있다.

오답해설 ① 진핵세포의 RNA 중합효소는 RNA 중합효소 I, II, III이 있다.
② 전사된 mRNA에 poly(A)이 첨가될 때 주형 DNA는 필요 없다.
③ mRNA의 5'-capping, poly A tailing은 전사 후 가공이라 하는데 이는 핵 안에서 일어난다.
④ 스플라이싱은 mRNA의 인트론을 제거하고 엑손끼리만 연결하는 과정이다. 이 과정에 의해서 3'-UTR은 제
거되지 않는다.

05 [2013 변리사 자연과학개론 28번]   [정답] ⑤

정답해설 ㄴ. DNA가 메틸화되면 DNA가 더욱 응축하여 전사인자 등의 결합이 어려워져 유전자 발현이 억제
된다. 따라서 DNA 메틸화에 의해 유전자 발현이 조절될 수 있다.
ㄹ. miRNA는 표적 mRNA에 결합하여 번역을 막거나 mRNA를 파괴시킨다.

오답해설 ㄱ. 염색질이 응축될수록 유전자 발현은 어려워진다.
ㄷ. 인핸서는 표적유전자 내부에 있을 수도 있다.

06 [2012 변리사 자연과학개론 25번]   [정답] ②

정답해설 ㄱ. 마이크로어레이 분석법에 의해서 여러 유전자의 발현을 동시에 검출할 수 있다.
ㄷ. 적은 양의 DNA, mRNA라도 증폭시키고 형광 염색하면 탐침으로 이용할 수 있다.

오답해설 ㄴ. 미생물의 종 동정에도 사용할 수 있다.
ㄹ. 마이크로어레이는 슬라이드 표면에 여러 개의 단일가닥 조각들을 붙여놓고, 분석하고 싶은 단일가닥을 넣
어준 뒤 어느 조각들이 반응했는지를 관찰하는 분석방법이다.

07 [2010 변리사 자연과학개론 30번]

[정답] ②

정답해설 ㄱ, ㄹ. 세포 핵에서 DNA 복제, RNA 합성/가공이 일어난다.

오답해설 ㄴ. ATP 합성(산화적 인산화)는 미토콘드리아에서 일어난다.
ㄷ. 단백질 합성은 세포질에서 일어난다.

08 [2009 변리사 자연과학개론 27번]

[정답] ③

정답해설 ㄱ. 진핵생물의 RNA 중합효소 I은 rRNA를 합성한다. 참고로 II는 mRNA, III는 tRNA를 합성한다.
ㄷ. tRNA는 A, U, G, C 뿐만 아니라 이 염기들이 화학적으로 변형된 염기도 존재한다.

오답해설 ㄴ. mRNA는 단일가닥이라 샤가프의 규칙을 따르지 않는다.

09 [2007 변리사 자연과학개론 23번]

[정답] ②

정답해설 ㄴ. 스플라이소좀의 구성성분인 RNA는 스플라이싱 과정에서 인트론을 제거하는 반응을 촉매한다.
ㄹ. 스플라이싱은 mRNA의 인트론을 제거하고 엑손끼리 연결하는 과정이다. 하지만 이 과정에서 엑손도 제거될 수 있어서 다양한 엑손의 결합이 이루어져 아미노산 서열이 다른 단백질이 만들어질 수 있다.

오답해설 ㄱ. 다중아데닌화에 필요한 염기서열은 3'-비번역부위(3'-UTR)에 있다.
ㄷ. RNA 분자에 G 뉴클레오티드가 결합하는 곳은 5'-말단이다.

10 [2006 변리사 자연과학개론 11번]

[정답] ⑤

정답해설 ⑤ mRNA에서 만들어진 cDNA를 증폭하기 위해 PCR 방법을 사용한다. mRNA를 증폭하려면 유전자를 많이 전사시키기만 해도 된다.

오답해설 ① 박테리아의 플라스미드에 특정 유전자를 끼워 넣으면 이 유전자의 운반체로 사용할 수 있다.
② 효모의 유전자를 박테리아에서 전사시키려면 박테리아의 전사체계를 이용해야 하기 때문에 박테리아의 프로모터가 필요하다.
③ DNA칩을 이용하면 어느 유전자가 발현되고 어느 유전자가 발현되지 않는지를 관찰하여 유전적 변이를 탐지할 수 있다.
④ DNA 재조합 방법을 이용하여 박테리아에 인슐린 유전자를 도입하면 박테리아에서 인슐린을 생산할 수 있다.

11 [2001 변리사 자연과학개론 5번] [정답] ③

📖 자료해석

진핵세포에서 전사된 1차 전사체 mRNA는 의미없는 서열인 인트론과 단백질로 번역될 서열인 엑손이 섞여있고, 세포질에서 쉽게 분해될 수 있다. 따라서 인트론을 제거하고 엑손만을 연결하기 위해 스플라이싱이 일어나고, 세포질에서 쉽게 분해되는 것을 막기 위해 5'-capping, 3'-poly(A) tailing 과정이 일어난다.

정답해설 ③ 만약 단백질이 특정 세포소기관으로 이동될 예정이라면 단백질이 번역되는 시작부위에 그 세포소기관으로 향하는 signal peptide가 존재한다. 이는 이 단백질이 세포소기관으로 들어가는 과정에서 절단된다.

11-3 유전자의 번역

01 [2024 변리사 자연과학개론 27번] [정답] ②

정답해설 ② 번역에는 tRNA, 리보솜이 필요하다.

오답해설 ① 진핵세포에서 전사는 핵 안에서, 번역은 세포질에서 일어난다.
③ 전사는 핵 안에서 일어난다.
④ 엑손과 인트론이 모두 전사된 후, 전사 후 가공과정 중에 인트론이 제거된다.
⑤ 코돈의 3번째 염기가 달라져도 같은 아미노산을 암호화할 수 있으므로 반드시 아미노산 잔기의 변화로 이어지는 것은 아니다.

02 [2016 변리사 자연과학개론 27번] [정답] ④

정답해설 ㄱ. (가) 과정에서 에너지가 사용된다.
ㄴ. (나) 과정에서 RNA 중합효소가 작용한다.

오답해설 ㄷ. (나) 과정을 통해 rRNA, mRNA, tRNA가 만들어진다. mRNA에 의해 만들어진 일부 단백질이 다시 핵 안으로 들어와서 rRNA와 결합한 뒤 리보솜이 만들어진다.

03 [2014 변리사 자연과학개론 25번] [정답] ①

정답해설 ㄱ. siRNA는 특정 유전자의 mRNA에 결합하여 분해시키거나 번역을 억제시키는데 사용될 수 있다.

오답해설 ㄴ. siRNA는 동물뿐만 아니라 진핵세포에서 발견된다.

230 PART 02. 기출문제와 예상문제 답안과 해설

ㄷ. siRNA는 Dicer라는 효소에 의해 잘린 이중가닥 RNA의 통칭이다. 약 20~25개의 염기쌍으로 이루어져 있고, 다른 단백질과 결합하여 RISC(RNA-induced silencing complex, RNA 유도형 사일런싱 복합체)를 형성한 후 단일가닥으로 변형되어 다른 mRNA를 방해한다.

04 [2012 변리사 자연과학개론 22번]

> **정답해설** ㄱ. miRNA 전구체는 다이서(dicer)에 의해 절단된다.
> ㄹ. miRNA는 세포질에서 표적 RNA와 결합하여 번역을 억제한다.

> **오답해설** ㄴ. miRNA는 헤어핀 구조(3차 구조)를 갖고 있는 pre-miRNA에서 만들어진다.
> ㄷ. miRNA의 전구체는 핵 내에서 만들어지지만, 세포질에서 Dicer에 의해 잘려 miRNA가 만들어진다.

05 [2010 변리사 자연과학개론 26번]
[정답] ⑤

📖 자료해석
진핵세포의 유전자를 플라스미드에 넣어 박테리아에서 발현시키려고 할 때, 플라스미드에는 복제기점, 프로모터, A 유전자에 대한 cDNA, 리보솜 결합부위(샤인-달가노 서열)가 필요하다.

> **정답해설** ⑤ 진핵세포의 핵 DNA에서 분리된 A의 유전자는 인트론과 엑손을 모두 갖고 있다. 하지만 박테리아는 인트론이 없기 때문에 진핵세포의 핵 유전자를 그대로 넣어주면 박테리아에서 제대로 발현되지 않는다. 따라서 박테리아에 플라스미드를 통해 넣어줄 때는 엑손만 가공된 유전자(cDNA)를 넣어주어야 한다.

06 [2009 변리사 자연과학개론 28번]
[정답] ①

> **정답해설** ① tRNA의 안티코돈이 mRNA와 상보적으로 결합한다. 5'-GCCCGUGCA-3'의 mRNA에 상보적으로 결합할 tRNA 안티코돈은 5'-UGC/ACG/GGC-3'이므로 문제의 표를 참고하면 알라닌/아르기닌/알라닌의 아미노산 서열이 합성될 것이다.

07 [2008 변리사 자연과학개론 28번]
[정답] ⑤

> **정답해설** 동일한 DNA에서 염색체 응축정도나 기관/조직에 존재하는 전사인자 등에 따라 발현되는 유전자가 다르고, mRNA 스플라이싱을 통해 더 다양한 단백질을 생산할 수 있기에 DNA에서 바로 단백질을 생산하는 것보다 RNA를 거친 뒤 단백질을 생산하는 것이 진핵세포에게 더 이득이다.

Chapter 01. 23개년도 기출문제 답안과 해설 231

08 [2005 변리사 자연과학개론 37번]   [정답] ③

정답해설 ③ 웨스턴 블롯팅은 항체를 이용해서 특이적으로 결합하는 단백질을 찾는 방법이다.

오답해설 ① 서던 블롯팅은 핵산 탐침으로 특이적인 DNA를 찾는 방법이다.
② 노던 블롯팅은 핵산 탐침으로 특이적인 RNA를 찾는 방법이다.
④ DNA에 전사인자가 결합하면 크기가 커지므로 겔 전기영동에서 이동이 느려지고, 밴드가 이전보다 더 위쪽에서 관찰되므로 특정 전사인자가 결합하는 DNA 조절부위를 찾아낼 때 이용할 수 있다.
⑤ 효모 단백질 잡종법은 두 단백질 사이의 상호작용을 연구하기 위한 방법이다.

09 [2004 변리사 자연과학개론 23번]   [정답] ③

📖 자료해석
단백질은 유전암호에 의해서 결정된다. 이 실험에서 단백질 합성에 제일 결정적인 mRNA는 돼지의 것이기 때문에 돼지의 mRNA에 따른 단백질이 합성될 것이다.

10 [2003 변리사 자연과학개론 30번]   [정답] ①

정답해설 ① RNAi란 특정 유전자의 염기서열에 해당하는 RNA 이중가닥을 세포 내에 도입하여 그 유전자의 발현을 저해하는 방법을 말한다.

오답해설 ② 동물에서 관찰되는 RNAi 과정은 식물의 유전자 발현저해현상과 비슷하다.
③ RNAi에 사용된 RNA의 길이가 너무 길면 RNA의 번역을 저해하는 것을 넘어 RNA가 파괴될 수 있다.
④ RNA 대신 DNA를 도입해서 세포 내에서 RNA 이중가닥이 만들어지게 하여 이용할 수도 있다.
⑤ 유전자 발현을 조절하여 유전자 치료에 응용할 수 있다.

11 [2002 변리사 자연과학개론 29번]   [정답] ②

📖 자료해석
프로테오믹스는 특정 세포에서 어떤 종류의 단백질이 합성되고 상호작용하는지 등을 연구하는 분야이다.

12 [2000 변리사 자연과학개론 28번]   [정답] ①

진핵세포의 유전자 안에서 단백질을 만드는데 관여하지 않는 noncoding 영역을 인트론이라 한다.

11-4 돌연변이

01 [2019 변리사 자연과학개론 27번]   [정답] ⑤

정답해설 ⑤ 해독틀이 이동되는 돌연변이가 발생하려면 한 염기쌍이 아예 결실되거나 새로운 염기쌍이 도입되어야 한다. 이런 돌연변이를 틀이동 돌연변이라고 한다.

오답해설 ① 어떤 유전자의 엑손 부위에서 한 개의 염기쌍이 다른 염기쌍으로 바뀌어서 종결서열로 바뀌었다면, 정상보다 길이가 짧은 폴리펩티드가 생성될 것이다. 이를 넌센스 돌연변이라고 한다.
② 한 염기쌍이 바뀌어서 한 아미노산에서 다른 아미노산으로 바뀌는 돌연변이가 일어날 수 있다. 이를 미스센스 돌연변이라고 한다.
③ 아미노산을 암호화하는 코돈은 64종이지만 아미노산은 20종이어서 한 아미노산을 여러 개의 코돈이 암호화할 수 있다. 유전자의 한 염기쌍이 바뀌었을 때 한 아미노산을 암호화하는 한 코돈에서 다른 코돈으로 바뀌면 돌연변이가 일어나도 이전과 동일한 폴리펩티드가 생성될 수 있다. 이를 침묵 돌연변이라고 한다.
④ 아미노산은 소수성 아미노산, 양이온성 아미노산, 음이온성 아미노산 등으로 분류된다. 돌연변이로 인해 아미노산이 바뀌어도 같은 계열의 아미노산이면 폴리펩티드의 기능 차이가 별로 없을 수도 있다.

02 [2018 변리사 자연과학개론 27번]   [정답] ③

📖 **자료해석**
돌연변이가 일어난 (나)에서 14번 염색체와 21번 염색체가 융합된 염색체가 관찰된다. 따라서 (나)에서는 14번과 21번의 비상동염색체 사이의 전좌가 일어났다.

03 [2017 변리사 자연과학개론 30번]   [정답] ⑤

📖 **자료해석**
돌연변이체 Ⅲ은 중간산물 A와 물질 X가 있을 때만 생장하는 것으로 보아 A에 의해 X가 만들어짐을 유추할 수 있다(A→X). 돌연변이체 Ⅱ는 A, B와 물질 X가 있을 때만 생장하는 것으로 보아 B→A→X이고, 따라서 최소배지→C→B→A→X 순으로 합성되는 것을 알 수 있다.

정답해설 ㄴ. 돌연변이체 II는 중간산물 B만 있어도 생장할 수 있기 때문에 B를 기질로 이용할 수 있음을 알 수 있다.

ㄷ. 물질 X의 합성은 C→B→A→X 순으로 일어난다.

오답해설 ㄱ. 돌연변이체 I은 중간산물 A, B, C를 넣어줘도 다 생장하지 못하기 때문에 이 중간산물들로 물질 X를 합성할 수 없음을 알 수 있다.

04 [2011 변리사 자연과학개론 30번] [정답] ②

📖 자료해석

제한효소 단편분석(RFLP)을 하기 위해 일단 대상자의 세포에서 DNA를 추출하고 제한효소를 처리하여 제한효소 단편 조각을 만든다(가).
제한효소 단편 혼합물을 전기영동한다(다).
전기영동된 이중가닥을 단일가닥으로 만든 뒤, 특수한 필터 종이에 이 단일가닥들을 옮겨 붙인다(블롯팅, 나).
알아보고자 하는 유전자와 상보적인 염기서열을 가진 단일가닥에 방사성 물질을 결합시킨 뒤, 블롯팅한 필터 종이와 반응시킨다(마).
X-선 필름을 종이 필터 위에 올려놓고 방사능을 검출한다(라).

05 [2006 변리사 자연과학개론 16번] [정답] ②

📖 자료해석

보기의 DNA에 의해 생기는 mRNA는 5'-GAGUACAUGAAUUUGAUCAGUUAAGAUAGUAATC-3'이다. 보기의 밑줄로 표시된 A에 대응하는 부분은 밑줄 친 U이다. 이 mRNA의 볼드체로 표시한 AUG가 개시코돈이므로 이 위치부터 아미노산이 번역된다. 종결코돈인 UAA, UAG, UGA이 나오면 아미노산 번역이 중단된다. 이 mRNA의 개시코돈부터 종결코돈까지 나열하면 AUG/AAU/UUG/AUC/AGU/UAA이고, 종결코돈은 아미노산을 지정하진 않기 때문에 5개의 아미노산이 연결된 가닥이 만들어진다. 밑줄 친 U부분이 결실되면 UUG였던 코돈이 UGA로 변경된다. 그러면 AUG/AAU/UGA로 바뀌므로 2개의 아미노산이 연결된 가닥이 만들어진다.

06 [2005 변리사 자연과학개론 35번] [정답] ⑤

정답해설 ⑤ 특정 유전자에서 돌연변이가 발생했지만 그 유전자가 암호화하고 있는 폴리펩티드 서열이 변하지 않았다면, 한 아미노산을 지정하는 여러 코돈 중에서 한 코돈이 다른 코돈으로 바뀐 경우일 것이다. 이런 결과가 발생한 가능성이 있는 경우는 암호화 영역 내에서 하나의 뉴클레오티드가 다른 뉴클레오티드로 치환된 경우이다.

오답해설 ①, ③ 암호화 영역 내에서 한, 두 개의 뉴클레오티드가 추가/결손되면 해독틀이 바뀌므로 폴리펩티드 서열이 크게 바뀔 가능성이 있다.

② 개시코돈이 다른 코돈으로 변형되면 단백질 번역이 아예 시작되지 않을 수 있으므로 폴리펩티드 서열이 크게 바뀔 것이다.

④ 인트론 내에 뉴클레오티드가 삽입되어 새로운 스플라이싱 수용체 부위가 생기면 스플라이싱 위치가 달라지므로 mRNA서열이 크게 바뀔 것으로 예상된다.

12 유전자 발현의 조절

01 [2024 변리사 자연과학개론 26번]   [정답] ①

정답해설 ② 단백질의 N-말단에 있는 아미노산을 순차적으로 제거하여 서열을 알아내는 방식

③ 단백질과 같은 전하를 띤 분자를 등전점을 기준으로 하여 분리하는 전기영동방식

④ 상이한 원리의 전기영동을 조합하여 2차원적으로 전개시키는 겔전기영동법. 1차원에서는 등전점전기영동으로 분리하고, 2차원에서는 SDS 존재 하의 분자량에 따라 전기영동한다.

⑤ in vitro의 항원-항체반응을 이용한 미량 분석기술

오답해설 ① RNA를 검출하여 유전자 발현을 연구하는 기술이다.

02 [2023 변리사 자연과학개론 27번]   [정답] ②

정답해설 ② 젖당 오페론은 젖당이 없는 경우 억제인자가 작동자에 결합하여 오페론을 억제하는 음성 조절을 받는다. 젖당이 있는 경우 유도자가 억제인자에 결합하고, 유도자-억제인자는 작동자에서 떨어져서 오페론이 활성화될 수 있다.

젖당 오페론은 활성인자(CAP)와 공동활성자(cAMP)도 갖는다. 젖당 존재&포도당 존재하는 경우 공동활성자(cAMP)의 농도가 낮아서 활성인자(CAP)가 젖당 오페론에 결합하지 못해서 젖당 오페론은 활발히 작동하지는 않는다.

젖당 존재&포도당 결핍인 경우 공동활성자(cAMP)의 농도가 높아져 CAP-cAMP 복합체가 젖당 오페론에 붙으면 오페론이 강하게 활성화된다. 따라서 젖당 오페론의 양성 조절에서 공동조절자가 결합한 전사인자는 전사를 활성화시키는 것이 맞다.

오답해설 ① 트립토판 오페론은 억제인자와 공동억제자(트립토판) 복합체가 오페론에 결합하여 트립토판의 생성을 억제하는 음성 조절을 받는다.

③ 오페론은 원핵세포에만 있고 진핵세포에는 없다.

④ 젖당 오페론은 젖당이 없는 경우 억제인자가 결합하여 오페론을 억제하는 음성 조절을 받는다. 젖당이 있는 경우 유도자가 억제인자에 결합하고, 유도자-억제인자는 오페론에서 떨어지므로 틀린 보기이다.

⑤ 트립토판 오페론은 억제인자와 공동억제자(트립토판) 복합체가 오페론에 결합하여 트립토판의 생성을 억제

하는 음성 조절을 받기 때문에 전사인자만으로 전사가 억제된다는 것은 틀린 보기이다.

(난이도 및 총평) 세균 오페론에 대표적인 젖당 오페론과 트립토판 오페론을 함께 다루는 문제입니다. 활성인자/억제인자, 양성 조절/음성 조절, 공동활성자/공동억제자 등 상반되는 개념과 대명사처럼 지칭되는 공동조절자라는 용어로 문제 풀이가 헷갈릴 수 있습니다. (난이도 상)

03 [2023 변리사 자연과학개론 28번]　　　　　　　　　　　　　　　　　[정답] ⑤

(정답해설) ⑤ 히스톤의 리신의 아미노기(-NH₂)로 인해 리신은 보통 양성자가 붙은 아미노산 상태로 양전하를 띤다. DNA는 인산기로 인해 음전하를 띠고 있기 때문에 히스톤과 DNA는 결합하여 뉴클레오솜을 형성한다.

(오답해설) ① 염색질은 세포주기에 따라 뭉쳐져서 염색체가 되거나 염색질로 풀어지는 것을 반복한다.
② 염색질 구조를 느슨하게 하여 염색질이 풀어지게 하는 것은 DNA 탈메틸화나 히스톤의 아세틸화이다. 하지만 아세틸화(-COOH)는 히스톤의 꼬리에 있는 리신의 N말단(-NH₂)에서 일어난다.
③ DNA의 메틸화는 염색질이 더욱 뭉치게 하므로 전사인자의 접근이 어려워져 전사가 억제된다.
④ 뉴클레오솜의 직경은 10 nm 정도이다.

(난이도 및 총평) 염색체를 이루는 히스톤단백질과 DNA 가닥에 대한 문제입니다. 옳은 답은 5번으로 쉽지만 2번에서 히스톤의 아세틸화가 염색질 구조를 느슨하게 한다고 배우지만 히스톤 N-말단 꼬리에서 일어난다는 것까지는 지엽적인 부분이라서 함정에 빠질 가능성이 높습니다. 아세틸화가 일어나는 반응의 원리와 왜 아세틸화로 DNA가 느슨해지는지 등의 원인까지 잘 파악할 수 있도록 해야 합니다. (난이도 중)

04 [2023 변리사 자연과학개론 29번]　　　　　　　　　　　　　　　　　[정답] ②

(정답해설) ① Cas9는 특정 염기서열을 인지하여 DNA를 자르는 eudonuclease이다.
③ 세균은 바이러스 조각으로 CRISPR DNA 서열을 가지고 있다가 그 바이러스가 침입하면 CRISPR-Cas9로 바이러스 DNA를 자르면서 박테리오파지 감염에 대응한다.
④ 세균 염색체 DNA 상에 CRISPR 서열이 있다.
⑤ CRISPR-Cas9 시스템으로 특정 유전자를 절단할 수 있기 때문에 돌연변이의 복구도 가능하다.

(오답해설) ② Cas9 단백질은 CRISPR 서열과 함께 작용하며 DNA 서열을 자를 수 있다.

(난이도 및 총평) CRISPR-Cas9 유전자가위에 대한 문제입니다. (난이도 상)

05 [2022 변리사 자연과학개론 25번]　　　　　　　　　　　　　　　　　[정답] ①

(정답해설) ② 원핵생물의 리보솜은 70S이다.
③ DNA 복제 과정에서 에너지가 사용된다.

④ 원핵생물의 특징적인 전사 조절 방법으로 오페론 구조가 있다.

⑤ 원핵생물의 단백질 합성의 개시 아미노산은 포밀메티오닌이며, 진핵생물은 메티오닌이다.

오답해설 ① 원핵생물의 RNA 중합효소는 1종류이다.

진핵생물의 RNA 중합효소가 I, II, III 등으로 분류된다.

난이도 및 총평 대장균(원핵생물)의 유전자 발현에 대해 전반적으로 묻는 문제이다.

원핵생물과 진핵생물의 RNA 중합효소 차이, 리보솜의 차이, 개시 아미노산의 차이와 원핵생물의 대표적인 특징인 오페론을 다루고 있다.

진핵생물 안의 미토콘드리아와 엽록체도 원핵생물처럼 70S 리보솜을 갖고 자체적인 단백질을 합성할 수 있다는 점을 알고 있어야 한다. 오페론은 대표적으로 젖당 오페론과 트립토판 오페론이 있는데, 이에 대해서도 추가적으로 알고 있으면 도움이 될 것으로 보인다.

06 [2018 변리사 자연과학개론 29번]   [정답] ④

정답해설 ㄱ. 사람의 인슐린 유전자를 플라스미드에 재조합 시키기 위해서는 플라스미드에 제한효소자리 서열이 필요하다. 사람의 인슐린 유전자와 플라스미드를 동일한 점착성 말단을 형성하는 제한효소로 절단하여 서로 연결시키면 재조합 DNA를 만들 수 있다.

ㄷ. 재조합 플라스미드를 만들어서 박테리아에 도입시킨 후, 어떤 박테리아에 재조합 플라스미드가 들어갔는지 선별해서 그 박테리아만 번식시키는 것이 효율적이다. 박테리아를 선별하기 위해 재조합 플라스미드에 특정 항생제 저항성 유전자 서열이 있다면, 항생제를 포함한 배지에서 박테리아를 번식시키고 생존한 박테리아만 골라내면 된다.

오답해설 ㄴ. 인트론은 진핵세포에서만 관찰되기 때문에 박테리아에 재조합 DNA를 넣어주려면 엑손만 있는 서열을 넣어주어야 한다.

07 [2011 변리사 자연과학개론 26번]   [정답] ③

정답해설 ③ 진핵세포와 원핵세포에서 공통적으로 존재하는 유전자 발현 조절 단계는 DNA에서 mRNA가 만들어지는 전사단계이다.

오답해설 ①, ④, ⑤는 진핵세포에서만 일어난다.

②는 원핵세포에서만 일어난다.

01 [2024 변리사 자연과학개론 29번]　　　　　　　　　　　　　　　　　　　　　　[정답] ⑤

> **정답해설** ① 속씨식물은 꽃이라는 생식기관을 갖는 종자식물로 밑씨가 씨방 안에 들어있다.
> ② 오늘날 전체 식물의 약 90%를 차지한다.
> ③ 타가수분으로 유전적 다양성이 증가된다.
> ④ 중복수정은 속씨식물의 난세포와 극핵이 동시에 두 개의 정핵에 의해서 각각 수정되는 현상이다.

> **오답해설** ⑤ 속씨식물은 크게 쌍떡잎식물과 외떡잎식물로 나뉜다.

02 [2023 변리사 자연과학개론 30번]　　　　　　　　　　　　　　　　　　　　　　[정답] ②

> **정답해설** ① 편형동물, 연체동물, 환형동물은 촉수담륜동물문에 속한다.
> ③ 좌우대칭동물은 삼배엽성동물이다. 방사대칭동물은 이배엽성이다.
> ④ 환형, 절지, 연체, 극피, 척삭동물은 진체강동물이다.
> ⑤ 탈피동물은 탈피할 수 있는 외골격을 가지고 있다.

> **오답해설** ② 원구가 입으로 발달하는 것은 선구동물, 원구가 항문으로 발달하는 것은 후구동물이라 한다.

> **난이도 및 총평** 동물의 분류에 관한 문제입니다. 생물의 범위가 워낙 넓어서 분류는 소홀히 하기 쉽고 이해하는 것 보다는 전부 암기되는 부분이 많아서 놓치기 쉽습니다. (난이도 중)

03 [2022 변리사 자연과학개론 29번]　　　　　　　　　　　　　　　　　　　　　　[정답] ④

> **정답해설** ㄴ. 세대 교번은 생물의 생활사에서 포자체(2n)와 배우체(n) 세대가 번갈아가며 나타나는 현상을 말한다. 세대 교번은 식물이나 일부 조류 등에서 나타나는 특징이다. 따라서, 겉씨식물은 식물에 속하므로 정답이다.
> ㄷ. 중복수정은 속씨식물류의 한 특징이다. 암술 머리에 붙은 꽃가루는 꽃가루관을 뻗어 밑씨에 이르는데, 이 꽃가루관 안에서 꽃가루의 핵이 분열하여 2개의 정핵이 만들어진다. 1개의 정핵은 씨방 안에 난세포와 수정하여 다음 세대의 배가 되고, 나머지 1개의 정핵은 극핵 2개와 합쳐져 3n의 배젖이 된다.

> **오답해설** ㄱ. (가) 위치는 겉씨식물류와 속씨식물류가 동시에 갖고 있는 형질을 말한다. 따라서 (가)는 '종자'이고, 겉씨식물류와 속씨식물류가 갈라지는 (가)의 하부 지점이 '꽃'이다.

> **난이도 및 총평** 계통수와 양치식물, 겉씨식물, 속씨식물의 특징을 복합적으로 묻는 문제이다.
> 계통수를 어떤 기준으로 그리는지, 세대 교번, 속씨식물의 중복수정에 대해 알고 있어야 한다.
> 단계통, 측계통처럼 계통수 자체에 대한 문제도 출제될 수 있다. 속씨식물의 중복수정은 철저한 학습을 해두기를 추천한다.

04 [2022 변리사 자연과학개론 30번]

[정답] ⑤

정답해설 ㄱ. 유전적 부동이란 생물 집단의 유전자 풀에서 대립형질의 발현 빈도가 달라지는 것을 말한다. 일반적으로 유전적 부동은 개체군의 크기가 작을 때(보통 100 이하) 유전자 풀이 우연히 변할 수 있다는 개념이다. 유전적 부동을 일으키는 유형으로 병목현상, 창시자효과 등이 있다.

병목현상은 개체수를 급격히 감소시키는 사건을 동반한다. 지진, 홍수, 산불, 인간에 의한 남획 등으로 병목현상이 나타난다. 창시자효과는 소수의 개체들이 새로운 지역에 정착하여 번식하는 경우이다.

ㄴ. 유전적 부동으로 인해 대립유전자 빈도는 임의로 변화한다. 특정 대립형질이 증가하거나 감소할 수도 있고, 아예 사라질 수도 있다.

ㄷ. 유전적 부동에 의한 영향은 크기가 큰 집단보다 작은 집단에서 영향력이 더 크다. 개체수가 적고 고립된 소집단에서는 돌연변이나 유전자 이동 없이도 순전히 우연히 대립유전자의 상대적 빈도수가 변화할 수 있다. 따라서 특정 종이 멸종할 수도 있다.

난이도 및 총평 유전적 부동(genetic drift)에 대해 물어보는 문제이다.

한 집단의 유전자 풀에서 유전자 빈도 변화에 대한 주요 개념을 물어보았다.

'임의'의 유의어로 '무작위'가 있으며, 유전적 부동으로 대립유전자 빈도가 무작위(임의)로 변경된다는 것은 정답이 틀림없다.

ㄱ 보기와 ㄷ 보기가 맞다는 것은 비교적 쉽게 고를 수 있으니 ㄱ, ㄷ이 모두 포함된 5번 보기를 고르는 것도 정답을 찾는 방법이 될 수 있다.

> 유전적 부동을 라이트 효과(Wright's effect)라고도 하며, 유전자의 기회적 변동이라고도 한다.
>
> 예를 들어 개체의 수가 10000개체로 이루어진 개체군에서 5%인 500개체가 어떤 특정한 대립유전자(Aa)를 지니고 있다고 가정해 보면, 어떤 재앙으로 그들 중 100개체가 죽는다해도 그 대립유전자(Aa)는 400개체에 남아 있게 된다.
>
> 그런데, 100개체로 이루어진 개체군에서 그것의 5%인 5개체가 대립유전자(Aa)를 가지고 있다고 가정해보자. 이들이 어느 날 산을 넘으려고 서 있다가 산사태로 5개체가 모두 전멸되었다면, 이 대립유전자는 개체군으로부터 완전히 사라지게 된다. 따라서 개체군이 클수록 대립유전자(Aa)를 가진 개체가 어떠한 대참사에서 일부 살아남을 확률이 더 크게 된다.

05 [2021 변리사 자연과학개론 28번]

[정답] ①

정답해설 A~E의 진화적 관계가 동일한 계통수를 파악하려면 A~E사이 분기점이 일치하는 것을 고르면 된다. D와 E가 가장 최근에 C에서 갈라져 나온 것을 보면 (가)와 (나)가 일치함을 알 수 있다.

06 [2019 변리사 자연과학개론 21번]

[정답] ②

정답해설 ㄴ. 10세대에서 대립유전자 r의 빈도는 유전자형 Rr에서 한 개, 유전자형 rr에서 두 개 있으므로

(100+2×500)를 총 유전자 갯수(2×(400+100+500))로 나누어 구할 수 있다. 즉, 0.55이다.

오답해설　ㄱ. 1세대에서 대립유전자 R의 빈도는 위의 ㄴ보기와 같이 구하면 (2×100+600)/(2×(100+600+300))=0.4이다.

ㄷ. 하디-바인베르크 평형은 세대가 지나더라도 유전자 빈도가 변하지 않는 것을 말한다. 위 집단은 1세대와 10세대의 유전자 빈도가 변화했으므로 하디-바인베르크 평형이 유지되었다고 할 수 없다.

07 [2019 변리사 자연과학개론 29번]　　　　　　　　　　　　　　　　　　　　[정답] ④

📖 자료해석
황열병 – 아르보바이러스
광견병 – 광견병 바이러스
홍역 – 홍역 바이러스
구제역 – 피코나바이러스에 의해 발병한다.

정답해설　④ 광우병은 프리온이라는 단백질에 의해 일어나는 질병이다.

08 [2018 변리사 자연과학개론 24번]　　　　　　　　　　　　　　　　　　　　[정답] ③

정답해설　ㄱ, ㄴ. 한 집단의 유전자 풀이 갑자기 변화하는 상황을 유전적 부동이라고 한다. 유전적 부동이 발생하는 원인으로 새로운 유전자가 나타나는 창시자 효과, 유전자 풀의 구성 비율이 크게 변화하는 병목 현상 등이 있다.

오답해설　ㄷ. 수렴진화는 진화가 거듭되면서 비슷한 특징이 나타나는 것으로 유전적 부동의 원인이라고 보지 않는다.

09 [2017 변리사 자연과학개론 24번]　　　　　　　　　　　　　　　　　　　　[정답] ③

정답해설　ㄱ. A~C 모두 대립유전자 빈도가 변화하는 것을 나타낸다.
ㄷ. C는 중간형질의 비율이 높아지는 것으로 개체군의 평균값은 변하지 않는다.

오답해설　ㄴ. 야생 개체군들에서 살충제에 대해 약한 해충의 빈도는 낮아지고, 살충제에 저항성을 갖는 해충의 빈도가 높아지는 것을 설명하는 적응 유형은 (A)가 더 적절하다.

10 [2017 변리사 자연과학개론 27번] [정답] ①

정답해설 ① 위 그림은 우연한 환경의 변화에 의해 집단의 크기가 크게 감소하고 유전자 빈도가 바뀌고 유전적 변이가 적어지는 유전적 부동을 나타낸다.

오답해설 ② 다른 서식처의 먹이의 변화에 따라 진화한 자연선택의 결과이다.
③ 말라리아에 대한 저항성이 높은 낫 모양 적혈구의 유전자 빈도가 높아진 것으로 자연선택의 결과이다.
④ 박테리아 중에서도 다양한 항생제에 내성을 가진 박테리아가 번성하는 자연선택의 결과이다.
⑤ 노란 민들레 군락지에서 흰 민들레의 출현은 돌연변이로 짐작할 수 있다.

11 [2015 변리사 자연과학개론 30번] [정답] ⑤

정답해설 ㄱ. 자포동물은 방사대칭 동물이고, 촉수담륜동물, 탈피동물, 후구동물은 좌우대칭 동물이다.
ㄴ. 해면동물은 진정한 조직이 없다.
ㄷ. 진화적 유연관계는 같은 가지에 있거나 가까운 가지에 있을수록 더 가깝다고 본다. 따라서 자포동물–탈피동물 사이의 진화적 유연관계가 해면동물–자포동물 사이보다 더 가깝다.

12 [2014 변리사 자연과학개론 24번] [정답] 답 없음(⑤번이라 발표했었음)

오답해설 ㄱ. AI 바이러스는 RNA를 유전물질로 갖고 있다.
ㄴ. 바이러스가 증식할 때 표면 단백질의 형태가 변해도 바이러스에 감염된 숙주세포는 단백질에 대한 항체를 만들 수 있다.
ㄷ. AI 바이러스는 influenza 바이러스의 일종이다. 인플루엔자 바이러스는 역전사효소가 없다. negative-sense, 단일가닥 RNA 바이러스여서 RNA의존성-RNA 중합효소로 복제한다.

13 [2013 변리사 자연과학개론 30번] [정답] ③

자료해석

인류의 진화는 오스트랄로피테쿠스(나) → 호모 하빌리스(가) → 호모 에렉투스(다) → 호모 사피엔스(현재) 순으로 이루어졌다.

14 [2012 변리사 자연과학개론 24번]

정답해설 ㄱ. 안정화 선택은 양극단의 표현형이 도태되고 중간형질의 비율이 높아지는 것을 말한다. 환경에 안정적으로 적응한 상태여서 진화속도가 느려진다.

ㄴ. 방향성 선택은 집단 내 어떤 형질의 평균값이 한 극단을 향해 이동하는 것을 말한다.

ㄷ. 분단성 선택은 중간형질의 빈도가 낮아지고 양극단의 빈도가 높아지는 진화양상을 말한다. 따라서 변이가 증가된다고 볼 수 있다.

15 [2008 변리사 자연과학개론 25번]

정답해설 ㄱ. 리보자임은 RNA이면서 효소작용도 있는 것을 말한다. 따라서 RNA만 있었어도 따로 효소가 필요 없을 수 있기에 초기의 생명근본 물질이 RNA라는 근거가 될 수 있다.

ㄴ. 바이러스의 유전자가 RNA만 있는 것도 DNA가 꼭 필요하지 않았음을 나타내기에 초기 생명근본 물질이 RNA라는 근거가 될 수 있다.

오답해설 ㄷ. 밀러의 '생명의 근원' 실험은 무기물만 있을 때 전기적 충격 등을 주면 유기물이 합성된다는 실험이다. 따라서 초기 생명근본 물질이 RNA라고 주장하는 것과는 상관없다.

16 [2008 변리사 자연과학개론 30번]

📖 자료해석
진화는 시간이 흐르면서 어떤 개체군의 유전자 풀에 존재하는 대립인자의 상대적 빈도가 변하는 과정이다. 진화를 일으키는 주요 원인 중 하나는 자연선택이다. 지진, 홍수, 산불 등으로 소진화 현상이 생길 수 있다. 개체군의 크기가 작을수록 유전적 부동의 영향을 크게 받는다.

정답해설 ④ 하디-와인버그 법칙은 세대가 지나도 특정 형질의 비율이 유지되는 집단을 말한다. 따라서 진화가 일어나지 않음을 가정하는 법칙이다.

17 [2005 변리사 자연과학개론 33번]

📖 자료해석
바이러스는 생물과 무생물의 중간적 특징을 갖고 있다. 핵산과 단백질껍질로 이루어져 있으며 혼자서는 번식하지 못하지만, 살아있는 숙주 세포 내에 기생하면서 번식한다. 구제역, 독감, 광견병, 홍역 등의 질병을 일으키는 원인물질이다.

정답해설 ② AIDS 바이러스(HIV)는 RNA 바이러스이다.

18 [2003 변리사 자연과학개론 26번]

📖 자료해석

최초의 유전자는 DNA가 아니라 RNA라고 주장하는 근거
- RNA는 효소기능도 갖고 있기 때문에 RNA 스스로 인트론도 제거하고, 복제할 수 있다.
- DNA 복제에 비해 RNA 복제가 단순하다.
- RNA만을 유전물질로 갖는 바이러스가 존재한다.

정답해설 ① DNA가 RNA보다 안정적인 구조이다.

19 [2002 변리사 자연과학개론 28번]

정답해설 ② 단속평형설 – 진화는 짧은 기간에 급격한 변화에 의해 야기되나 그 후 긴 기간이 지나도 생물에는 변화가 생기지 않는다고 주장하는 이론

오답해설 ① 점진진화 – 진화의 속도는 일정하기 때문에 생물의 성질이 시간과 같이 서서히 변화하는 진화양식
③ 수렴진화 – 계통분류학적으로 서로 다른 생물종이 서식하는 환경조건의 유사성 때문에 구조나 모양이 유사하게 진화하는 것
④ 적응방산 – 같은 종류의 생물이 각종 환경에 가장 적합하게 생리적/형태적 분화를 일으켜 진화가 일어나는 것
⑤ 발산진화 – 적응방산과 같음

14 영양과 소화

01 [2018 변리사 자연과학개론 25번]

📖 자료해석

A는 지방의 유화이며 쓸개즙(담즙)이 작용한다. C에서 모노글리세리드와 지방산은 다시 트리글리세리드로 합성된다. D 이후 형성된 유미입자는 아포지질단백질을 포함한다. 유미입자는 소장 상피세포를 빠져나와 유미관(암죽관)으로 들어가서 림프관을 통해 이동한다.

정답해설 ② A는 지방의 유화이며 쓸개즙에 의해 일어난다. B는 지방의 소화이며 리파아제에 의해 일어난다. 이 두 과정은 모두 소장(십이지장)에서 일어난다.

02 [2017 변리사 자연과학개론 25번]   [정답] ①

정답해설 ① A 지점을 묶으면 쓸개즙이 차단된다. 쓸개즙은 지방의 유화를 촉진하기 때문에 지방의 소화 효율이 떨어질 것이다.

03 [2014 변리사 자연과학개론 26번]   [정답] ④

정답해설 ㄴ. 대장균 O157은 장내세균 중 유해한 균으로 식품 매개 질병의 원인균이 되며, 출혈성 설사, 복통 등을 일으킨다.

오답해설 ㄱ. 사람이나 사람이 갖고 있는 미생물은 cellulase를 생산할 수 없어서 cellulose를 소화시킬 수 없다. 초식동물 등은 cellulase를 만드는 미생물과 공생하여 식물을 소화시킬 수 있다.
ㄷ. 장내세균은 분변을 통해 전염될 수 있기 때문에 토양에서도 발견될 수 있다.

04 [2009 변리사 자연과학개론 24번]   [정답] ③

정답해설 ㄱ. 쓸개즙은 간에서 만들어져 쓸개에 저장된다.
ㄴ. 쓸개즙은 지방덩어리를 잘게 쪼개는 유화를 돕고, 지방분해산물과 지용성 비타민의 흡수를 촉진한다.

오답해설 ㄷ. 쓸개즙에는 지방을 분해하는 효소는 들어있지 않다. 지방분해효소는 리파아제이다.

05 [2007 변리사 자연과학개론 21번]   [정답] ②

정답해설 ㄱ. 헬리코박터 필로리는 위궤양의 원인세균으로 알려져 있다.
ㄹ. 위의 부세포에서는 염산이 분비되는데, 주세포에서 분비된 펩시노겐을 활성형인 펩신으로 바꿔주는 역할을 한다.

오답해설 ㄴ. 정상인의 간문맥을 통해 이동하는 혈액의 포도당 농도는 식사에 포함된 탄수화물의 양에 따라 변화한다.
ㄷ. 쓸개즙은 간에서 합성되어 쓸개에 저장된다.

06 [2006 변리사 자연과학개론 19번]

정답해설 물질 X를 섞었을 때만 소화생성물이 생성되므로 물질 X는 지방을 소화시키는 리파아제이다. 물질 X만 섞었을 때보다 물질 X와 Y를 같이 섞었을 때 소화생성물의 양이 증가하므로 물질 Y는 지방의 소화를 도와주는 쓸개즙이다.

07 [2005 변리사 자연과학개론 39번]

📖 자료해석

사람의 간에서는 포도당을 글리코겐으로 저장하거나 글리코겐을 포도당으로 분해함으로써 혈당량을 조절한다. 아미노산이 분해될 때 생기는 암모니아를 독성이 거의 없는 요소로 전환시킨다. 여분의 당과 아미노산을 지방으로 전환시켜 저장조직에 저장한다. 암모니아와 같은 체내의 유독물질을 분해하고 수명이 다한 적혈구를 파괴시킨다.

정답해설 ① 장에서 흡수된 양분은 간문맥을 통하여 간으로 이동한다. 간 자체로 혈액을 공급해주는 혈관이 간동맥이다.

08 [2004 변리사 자연과학개론 25번]

정답해설 ① 췌장의 베타세포에서는 인슐린이 생산된다. 따라서 베타세포가 손상되면 인슐린 생성이 감소한다.

오답해설 ② 글루카곤은 췌장의 알파세포에서 생산된다.
③ 인슐린 생성이 감소하면 혈액 내 포도당의 양이 증가한다.
④ 소화효소가 포함된 알칼리성 췌장액은 이자의 외분비세포가 분비한다.
⑤ 지방질을 유화시키는 것은 쓸개즙이다.

09 [2000 변리사 자연과학개론 29번]

정답해설 ④ 효소는 대부분 단백질로 이루어진 주효소와 비단백질부분인 보조인자가 결합해야 최선의 활성을 나타낼 수 있다. 보조인자로는 금속이온이나 조효소가 있는데. 대부분의 비타민이 조효소로 작용한다.

10 [2000 변리사 자연과학개론 30번] [정답] ②

정답해설 ② 어떤 동물 체내에서 꼭 필요한 아미노산이지만 다른 아미노산으로부터 합성할 수 없어서 먹어서만 섭취해야하는 아미노산이 있다. 이를 필수 아미노산이라고 한다.

15 호흡계

01 [2011 변리사 자연과학개론 22번] [정답] ②

정답해설 ㄴ. 산소와 이산화탄소의 교환은 각 기체의 분압 차에 따른 확산(수동수송)에 의해 일어난다.
ㄷ. 세포호흡은 조직세포에서 유기물을 산화시켜 에너지를 얻는 과정으로, 세포 내 미토콘드리아에서 일어난다.

오답해설 ㄱ. 흡기동안 횡격막은 수축한다.
ㄹ. 폐포에서 기체교환을 마치고 빠져나온 혈액은 심장의 좌심방으로 들어간다. 좌심방에서 좌심실로 이동하고, 온 몸을 순환하며 산소를 공급한다.

16 순환계

01 [2021 변리사 자연과학개론 23번] [정답] ③

정답해설 ㄱ. 혈압은 동맥에서 가장 높다. 혈압은 심장에 가까울수록 높고, 멀어질수록 낮아진다.
ㄷ. 총단면적은 모세혈관에서 가장 크다

오답해설 ㄴ. 혈류속도는 모세혈관에서 가장 느리다.

02 [2019 변리사 자연과학개론 26번] [정답] ④

정답해설 ㄱ. 1개의 헤모글로빈은 최대 4개의 산소분자를 운반할 수 있어서 효율적 산소운반을 돕는다.
ㄴ. 폐순환고리의 경우 폐동맥보다 폐정맥의 산소포화도가 더 높다.

오답해설 ㄷ. 동맥, 정맥, 모세혈관 중 혈압이 가장 낮은 곳은 정맥이다.

03 [2013 변리사 자연과학개론 23번]   [정답] ①

정답해설 ① 심장의 전기신호는 동방결절에서 시작되어 방실결절, 히스색, 푸르킨예 섬유를 따라 전달되며 심장의 수축을 유발한다. 심방의 수축은 정상이지만 심실의 수축은 불규칙적인 것으로 보아 심방과 심실 사이에 있는 방실결절에 문제가 있을 것으로 추측된다.

04 [2012 변리사 자연과학개론 28번]   [정답] ③

정답해설 심방의 수축시기: (나)
심실의 수축시기: (라)

05 [2011 변리사 자연과학개론 25번]   [정답] ①

정답해설 ㄱ. 산소 분압이 증가하면 헤모글로빈의 산소해리도가 감소하고, 산소포화도가 증가한다.

오답해설 ㄴ. 헤모글로빈에 산소가 순차적으로 결합할수록 다음 산소에 대한 친화력이 점차 증가해서 산소친화력 그래프가 S자 곡선을 그린다.
ㄷ. 혈액의 pH가 감소할수록 산소해리도가 증가한다.

06 [2007 변리사 자연과학개론 22번]   [정답] ⑤

정답해설 ⑤ 푸르킨예 섬유에 전달되는 신호는 심실의 수축을 조절한다.

오답해설 ① 동맥, 정맥, 모세혈관 중 평균 혈압이 가장 낮은 곳은 정맥이다.
② 혈압은 혈액이 혈관벽에 미치는 압력을 말한다. 따라서 숨을 들이쉬는 것과 혈압은 상관없다.
③ 하대정맥과 상대정맥은 독립적으로 우심방과 연결되어 있다.
④ 혈류의 속도가 모세혈관에서 낮아지는 주된 이유는 모세혈관의 총단면적이 제일 넓기 때문이다.

17 면역계

01 [2024 변리사 자연과학개론 24번]   [정답] ⑤

정답해설 ⑤ 일련의 예정된 단계를 통해 세포가 자연적으로 천천히 죽는 현상. 신체에서 필요하지 않거나 비정상적인 세포를 제거하기 위해 일어나는 자연적인 현상이다. 골수에서 자기반응성을 가진 세포는 필요하지 않으므로 성숙과정에서 사멸시킨다.

오답해설 ① 처음에 B세포는 IgM, IgD만 수용체형으로 생산한다. 이후 T_H세포에 의해 자극 등을 받으면 IgA, IgE, IgG의 분비형 항체를 만들 수 있다. 이렇게 형질세포가 항체 종류를 바꿔 생산하는 현상을 동형전환(개별형 전환)이라고 한다.
② 세포로 혈액 공급이 차단되거나 외부적 충격 등에 의해 세포가 비가역적으로 사멸되는 것을 말하며, 내부 구조가 파괴되고 세포 형태가 붕괴된다.
③ T세포의 흉선내 분화과정에서 일어나는 클론선택의 일종이다. 각 개체의 MHC분자에 의해 제시된 항원을 인식하는 클론만이 선택적으로 분화하는 것을 말한다.
④ 보체계의 여러 성분이 일련의 화학반응으로 활성화되는 것으로, 보체가 활성화되면 세포 융해를 일으킨다.

02 [2023 변리사 자연과학개론 24번]   [정답] ④

정답해설 ㄴ. 세포독성 T세포는 감염된 세포를 직접 죽이는 면역반응을 일으키므로 맞는 보기이다.
ㄹ. B세포뿐만 아니라 항원수용체와 항체는 항원표면의 항원결정부(epitope)을 인식하므로 맞는 보기이다.

오답해설 ㄱ. 핵이 있는 모든 세포는 I형 MHC를 갖는다. 항원제시세포는 이에 추가로 II형 MHC를 갖는다.
ㄷ. T세포는 흉선에서 성숙한다.

난이도 및 총평 사람의 적응면역에 대한 전반적인 지식을 묻는 문제입니다. (난이도 중)

03 [2022 변리사 자연과학개론 24번]   [정답] ①

정답해설 IgM은 1차 면역반응에서 B세포로부터 처음 배출되는 항체이다. 충분한 양의 IgG가 생성되기 전 단계에서 항원을 제거한다.

오답해설 ㄴ. 눈물과 호흡기 점막같은 외분비액에 존재하는 항체는 IgA이다.
ㄷ. 알레르기 반응에 관여하는 항체는 IgE이다.

난이도 및 총평 면역계에서 항체, 특히 IgM에 대한 문제이다.
5가지 항체(IgM, IgG, IgD, IgA, IgE)의 특징을 미리 염두에 두어야 한다. 항체들의 특성을 알고 있었다면 쉽게 접근할 수 있는 기본적인 문제이다.
면역계에서는 추가로 선천면역과 후천면역의 차이, B세포와 T세포가 반응하는 MHC와 CD4/8의 차이 및 특징을 알아두면 좋을 것으로 보인다. 이번 문제로 항체 종류의 특징이 출제되었으므로 항체 자체의 역할이나, 구성 등에도 집중함이 좋을 것이다.

04 [2020 변리사 자연과학개론 29번]

정답해설 ④ 핵을 가진 모든 세포는 I형 MHC를 갖고 있고, 항원제시세포는 II형 MHC 분자를 추가로 갖고 있다. 따라서 항원제시세포는 I형 및 II형 MHC 분자를 모두 가지고 있다.

오답해설 ① 항체 IgG는 단량체이다. 5량체를 형성하는 것은 IgM이다.
② T세포는 세포성 면역반응을 담당하고, 감염된 세포를 죽인다.
③, ⑤ B세포는 체액성 면역반응을 담당하고, 항체를 분비한다.

05 [2016 변리사 자연과학개론 23번]

📖 자료해석

IgM은 1차 면역반응에서 B세포로부터 가장 먼저 배출되는 항체이고, 5량체를 형성할 수 있다.
IgA는 눈물, 침, 점액 같은 분비물에 존재하며 점막의 국소방어에 기여한다.
IgE는 혈액에 낮은 농도로 존재하며 알레르기 반응 유발에 관여한다.
IgD는 항원에 노출된 적이 없는 성숙 B세포 표면에 IgM과 함께 존재한다.

정답해설 ② IgG는 단량체이며, 태반을 통과해서 태아의 수동면역에 기여한다.

06 [2010 변리사 자연과학개론 25번]

정답해설 ㄱ. B세포는 림프구의 일종이며, 체액성 면역에 관여한다.
ㄴ. 호중구는 가장 흔한 백혈구이며 식세포작용을 한다.

오답해설 ㄷ. 백혈구는 과립구, 단핵구, 림프구로 분류하고, 과립구에 호중구, 호산구, 호염기구가 속한다. 과립을 가지고 있으며 기생충에 대한 방어 작용을 하는 것은 호산구이다.

07 [2008 변리사 자연과학개론 23번]

정답해설 ⑤ 한 종류의 형질세포는 항원 특이성이 동일한 항체를 생산한다.

오답해설 ① 우리 몸에서는 특이적 면역반응뿐만 아니라 비특이적인 면역반응도 일어난다.
② 염증반응은 외부 침입체로부터 몸을 보호하는 반응이다.
③ 자신의 면역세포가 자기항원과 결합하여 반응하는 것을 자가면역이라고 한다. 자가면역을 방지하도록 자기항원에 자신의 면역세포가 반응하지 않게 하는 것을 면역관용이라고 한다.

④ 조직이식 시 거부현상이 일어나는 주된 원인은 개인마다 MHC가 다르기 때문이다.

08 [2007 변리사 자연과학개론 28번] [정답] ①

📖 자료해석

주조직적합복합체(MHC)는 세포 내부에서 항원 펩티드조각과 결합 후 세포막으로 이동하여 항원을 세포 표면에 노출시킨다. 골수에서 흉선으로 이동하는 림프구는 T세포로 발달하며, 골수에 남아서 성숙하는 림프구는 B세포가 된다. 항원을 섭취한 수지상세포는 림프절로 이동하여 처녀세포와 T세포에게 항원을 제시하여 활성화시킨다. 세포독성 T세포는 바이러스, 암세포, 이식된 세포 등을 제거한다.

정답해설 ① 1차 면역반응 때 주로 분비되는 항체는 IgM이다.

09 [2006 변리사 자연과학개론 12번] [정답] ③

정답해설 ㄱ. 류마티스성 관절염은 자가면역질환의 하나이다. 자기의 면역세포가 자기세포를 공격하는 질병을 말한다.
ㄷ. 무감마글로불린혈증은 면역에 관여하는 감마글로불린이 혈액 중에 없는 질환이다. 선천면역이 결핍된 상태이다.
ㄹ. AIDS는 원인 바이러스가 보조T림프구를 사멸시켜 후천면역을 결핍시키는 질환이다.

오답해설 ㄴ. 겸상적혈구빈혈증은 헤모글로빈을 구성하는 유전자에 점돌연변이가 일어나서 원반형의 정상적인 형태가 아니라 낫 모양의 적혈구가 만들어지는 질병이다.

10 [2006 변리사 자연과학개론 13번] [정답] ①

정답해설 ① 사람의 항체는 IgM, IgD, IgA, IgG, IgE로 5가지 종류로 나눠진다.

오답해설 ② 항체 중에 IgM, IgG는 보체를 활성화시켜 침입한 세포막에 MAC(막공격복합체)를 형성하여 구멍을 내서 사멸시킨다.
③ 항체 분자를 구성하는 모든 폴리펩타이드 사슬은 항원에 맞게 변화하는 V부위(variable region)와 항체 종류에 따라 일정한 C부위(constant region)이 있다.
④ 항원은 V부위와 결합한다.
⑤ 항체를 생산하는 B세포를 형질세포(plasma cell)이라 한다.

11 [2005 변리사 자연과학개론 36번]

📖 자료해석

T세포, B세포, 기억 B세포, 항체 등은 특이적 면역(후천면역)에 속한다.

정답해설 ① 인터페론은 인간의 면역체계에 있어서 비특이적 방어에 관여한다. 인터페론 이외에 대식세포의 식세포작용/염증반응, 보체, NK세포 등이 있다.

12 [2004 변리사 자연과학개론 27번]

📖 자료해석

백혈구가 박테리아를 잡아먹는 과정을 식세포작용이라 한다.

13 [2003 변리사 자연과학개론 28번]

📖 자료해석

산성 백혈구, 단핵구, 중성백혈구, 대식세포는 선천면역에 관여한다.

정답해설 ④ T세포는 특이적 면역에 관여한다.

14 [2000 변리사 자연과학개론 23번]

📖 자료해석

암의 치료법으로 수술, 화학요법, 방사선요법, 면역요법 등이 있다.

정답해설 ⑤ 5가지의 보기 중 암의 치료법으로서 가장 거리가 먼 것은 호르몬요법이다.

18 배설계

01 [2017 변리사 자연과학개론 22번]

정답해설 ① 아쿠아포린은 물 분자를 특이적으로 수동수송으로 통과시키는 통로이다. (가)에서도 아쿠아포린을 통해 물이 흡수되고, 바소프레신의 영향을 받으면 집합관에 아쿠아포린의 농도가 올라가서 물 흡수가 증가한다.

오답해설 ② 오줌 여과액의 농도는 (다)보다 (나)에서 더 높다.
③ NaCl은 (라)에서 능동수송으로 재흡수된다. 확산으로 재흡수되는 곳은 (나)이다.
④ 항이뇨호르몬은 시상하부에서 만들어져 뇌하수체 후엽에서 분비된다.
⑤ (가)~(마) 중에서 NaCl의 재흡수가 일어나지 않는 곳은 (가)이고, 재흡수가 일어나는 곳은 (나)~(마)이다.

19 내분비계

01 [2023 변리사 자연과학개론 23번]   정답 ③

정답해설 ③ 수용성 호르몬은 세포 표면의 신호 수용체와 결합하여 세포반응을 유도하므로 맞는 보기이다.

오답해설 ① 국소분비 신호전달(paracrine signaling)은 분비된 분자가 국소적으로 확산되어 주변의 세포를 자극한다. 세포 자신의 반응을 유도하는 것은 자가분비(autocrine)이라 한다.
② 신경전달물질(neurotransmitter)은 시냅스전 뉴런의 말단에서 시냅스로 분비되어 시냅스후 뉴런을 자극한다.
④ 에피네프린은 수용성 호르몬이다. 세포질 내의 수용체 단백질과 결합하여 호르몬-수용체 복합체를 형성하는 것은 지용성 호르몬이다.
⑤ 내분비 신호전달(endocrine signaling)은 호르몬과 같은 신호전달이다. 호르몬은 혈류를 타고 확산되어 먼 거리에 있는 표적세포에게도 신호를 전달할 수 있다.

난이도 및 총평 사람의 신경, 호르몬 등을 통한 전반적인 신호전달과정과 어떻게 분류되며 무슨 차이가 있는지 물어보는 문제입니다. (난이도 중)

02 [2021 변리사 자연과학개론 24번]   [정답] ⑤

자료해석
그레이브스병은 항-TSH수용체 항체를 생성하는 자가면역질환으로, TSH수용체가 계속 자극을 받아 갑상샘호르몬을 계속 생성하는 갑상샘 항진증을 유발한다.

정답해설 ㄱ. 항-TSH수용체 항체에 의해 갑상샘은 갑상샘호르몬을 계속 생성한다.
ㄷ. IgG는 태반을 통과할 수 있어서 모체가 태아에게 주는 수동면역을 담당하기도 한다. 따라서 B가 가지고 있던 항-TSH수용체 항체는 IgG가 맞다.

오답해설 ㄴ. 갑상샘호르몬은 음성피드백으로 뇌하수체 전엽에 작용하여 TSH의 분비를 감소시킨다.

03 [2018 변리사 자연과학개론 22번]

[정답] ②

📖 자료해석

정상인과 비교하여 치료받지 않은 제1형 당뇨병을 가진 환자에서는 간에서 케톤체 생성이 증가한다. 따라서 혈액의 pH가 감소한다.

오줌으로 포도당이 배출되기 때문에 삼투에 의해서 물의 배설이 증가한다. 음전하를 띠는 산성물질인 케톤체도 오줌으로 배출되면서 전기적으로 Na^+의 배설도 증가한다.

혈액 중에 포도당이 높지만 이를 체내 세포가 이용하지 못하기 때문에 단백질이나 지방 분해가 증가한다.

정답해설 ② 정상인과 비교하여 제1형 당뇨병 환자는 케톤체에 의해 혈액의 pH가 감소한다.

04 [2015 변리사 자연과학개론 23번]

[정답] ⑤

📖 자료해석

호르몬 수용체는 단백질 분자이고, 호르몬의 크기와 형태를 인식하여 특이적으로 결합하면 세포 내에서 특정 화학반응을 유도한다. 지용성 호르몬 수용체는 세포질에 존재한다.

정답해설 ⑤ 친수성 호르몬 수용체는 세포막에 위치하여 호르몬과 결합하면 신호만 세포 내부로 전달하고, 지용성 호르몬 수용체는 세포질에 위치하여 세포막을 통과한 호르몬과 결합한다. 호르몬 수용체가 호르몬을 세포 안으로 수송하지는 않는다.

05 [2015 변리사 자연과학개론 24번]

[정답] ①

정답해설 ㄱ. 티록신은 신진대사를 증가시키는 호르몬이라 열을 생성시킬 수 있다. 따라서 체온이 떨어지면 티록신을 분비시키기 위해 TRH 분비가 증가한다.

ㄷ. TSH 분비가 증가되면 티록신의 분비도 늘어나고 물질대사가 활발해진다.

오답해설 ㄴ. 티록신의 과다분비는 음성피드백으로 TSH의 분비를 억제한다.

ㄹ. 티록신의 농도가 부족해서 음성피드백을 못해서 TSH의 과잉자극을 받아서 갑상선이 비대해지기도 한다.

06 [2014 변리사 자연과학개론 27번]

[정답] ⑤

📖 자료해석

갑자기 독사를 보고 위험을 느끼게 되면 교감신경이 활성화되어 부신수질에서 에피네프린(아드레날린)의 분비가 증가한다.

07 [2013 변리사 자연과학개론 21번] [정답] ⑤

정답해설 ▶ ㄴ. 인슐린과 글루카곤은 길항작용을 통해 혈당을 조절한다.
ㄷ. 인슐린 수용체에 기능 결손 돌연변이가 생기면 인슐린의 작용이 줄어들어 혈중 포도당의 농도가 증가한다. 따라서 돌연변이 발생 이전보다 삼투압에 의해 오줌의 양이 증가한다.

오답해설 ▶ ㄱ. 인슐린은 포도당을 글루카곤으로 전환시켜 저장하는 역할을 한다. 따라서 주요 표적세포는 간, 근육, 지방조직 등이다.

08 [2012 변리사 자연과학개론 21번] [정답] ③

정답해설 ▶ ㄴ. 생체 내 활성형 비타민인 디히드록시 비타민D는 소화관에서 칼슘 흡수를 촉진한다.
ㄷ. 신장의 네프론에서 Na^+의 재흡수는 알도스테론에 의해, 물의 재흡수는 항이뇨호르몬(ADH, 바소프레신)에 의해 조절된다.

오답해설 ▶ ㄱ. 물의 비열이 높은 이유는 물 분자 사이의 수소결합을 끊는데 에너지가 많이 소비되기 때문이다.
ㄹ. 티록신은 지용성이라 원형질막이 아니라 세포질에 있는 수용체와 결합한다.

09 [2008 변리사 자연과학개론 24번] [정답] ④

정답해설 ▶ ㄱ. 세포가 포도당을 흡수하여 혈중 포도당 농도가 감소하면 다시 증가시키기 위해 이자에서 글루카곤의 분비가 촉진된다.
ㄴ. 혈당량이 증가하면 시상하부의 부교감신경이 이자의 베타세포를 자극해서 인슐린을 분비시킨다.

오답해설 ▶ ㄷ. 혈당량 조절에 대해 인슐린과 글루카곤은 서로 반대작용을 하는 길항작용을 한다. 티록신은 대사를 증가시키는 호르몬이라 수분조절과는 큰 관계가 없다. 바소프레신은 신장에서 수분 재흡수를 촉진한다.

10 [2003 변리사 자연과학개론 25번] [정답] ②

📖 자료해석

갑상선 호르몬도 지용성이라 갑상선 호르몬 수용체와 스테로이드 수용체는 유사한 구조를 갖는다. 스테로이드 종류에 따라 친화력이 다른 수용체들이 존재한다. 스테로이드 수용체는 스테로이드와 결합하면 보통 핵으로 들어가서 유전자 전사에 관여한다.

정답해설 ▶ ② 스테로이드 수용체는 일반적으로 세포질에 존재한다. 세포막을 통과해서 들어온 호르몬과 반응한다.

20 신경계

01 [2020 변리사 자연과학개론 24번]

[정답] ①

📖 자료해석

교감신경계가 작용하는 것을 보통 '싸움-도피 반응'이라 한다. 신경절후에서 노르에피네프린이 분비되고, 심장 박동이 촉진되고, 동공이 확대되는 등의 반응이 일어난다.

정답해설 ① 교감신경계가 작용하면 기관지가 이완해서 호흡량이 증가한다.

02 [2019 변리사 자연과학개론 25번]

[정답] ④

정답해설 ㄴ. 활동전위의 상승기에는 전압의존성 Na^+ 이온채널이 열린다. 따라서 활동전위의 상승기에는 나트륨이온의 투과도가 칼륨이온의 투과도보다 크다.
ㄷ. 활동전위는 전압의존성 채널에 의해 생성되기 때문에 전압개폐성 이온통로의 작용을 막으면 활동전위는 생성되지 않을 것이다.

오답해설 ㄱ. 칼륨이온채널은 활동전위 하강기에 열린다. 따라서 칼륨이온의 투과도는 휴지상태에 비해 활동전위의 하강기에 더 크다.

03 [2007 변리사 자연과학개론 30번]

[정답] ③

정답해설 ㄱ. 활동전위가 시냅스 전 세포의 축삭말단에 도달하면 전압의존성 Ca^{2+} 채널이 열려 세포질에 Ca^{2+} 농도가 증가한다. 이는 시냅스 소포와 시냅스 전 신경세포의 세포막의 융합을 촉진시켜 시냅스 소포 안의 신경전달물질이 시냅스로 분비된다.
ㄷ. 시냅스 소포의 신경전달물질이 시냅스 간극으로 방출된다.
ㄹ. 수용체에 결합한 신경전달물질은 효소에 의해서 분해된다. 아니면 시냅스 전 세포가 다시 재흡수에서 시냅스에서 제거하기도 한다.

오답해설 ㄴ. 신경전달물질은 시냅스 후 신경세포막에 존재하는 수용체와 결합하여 EPSP(흥분성 신호)나 IPSP(억제성 신호)를 유발한다. 세포막의 Na^+-K^+ 펌프는 이런 반응과 상관없이 항상 작용하며 휴지전위를 유지하는데 기여한다.

21 감각계

22 근육계

01 [2009 변리사 자연과학개론 23번]

[정답] ②

자료해석

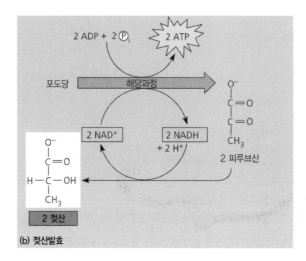

(b) 젖산발효

정답해설 ㄱ. 격렬한 운동 중인 근육세포는 산소의 공급이 충분하지 않은 상태에서 대사가 일어나기 때문에 젖산이 증가한다.

ㄷ. 해당과정으로 포도당은 ATP, 피루브산, NADH를 생성한다. 산소가 충분하지 않은 상태에서 피루브산은 NADH와 반응하여 젖산과 NAD^+를 생성한다.

오답해설 ㄴ. 액틴은 젖산발효와 상관없다.

ㄹ. 크레아틴인산은 ADP와 결합하여 크레아틴＋ATP가 되어 ATP를 빠르게 복구하는데 도움을 주는 물질이다. 따라서 격렬한 운동 직후 근육에서 크레아틴인산은 감소한다.

23 생태계

01 [2024 변리사 자연과학개론 30번]

[정답] ③

정답해설 ㄱ. 열대우림의 토양은 산성의 특징을 보인다.

ㄷ. 열대우림 기후는 가장 식생이 풍부한 지역이다.

오답해설 ㄴ. 일교차는 사막 지역이 일반적으로 큰 경향이 있다. 1년 내내 강수량이 매우 적은 사막 지대의 경우 일교차가 60도까지도 나타난다. 열대우림은 습한 지역으로 일교차가 작은 편이다.

📖 자료해석

질소순환은 크게 암모니아화, 질산화, 탈질화, 질소고정으로 분류할 수 있다.
탈질화(denitrification)는 질산이온이 질소기체가 되는 반응이다. 질산은 질소화합물중에 가장 산화된 형태이기 때문에 생명체가 이용할 수 있는 에너지가 더 이상 없어서 질소기체로 환원시키는 것이다.

정답해설 ▶ ④ 질소순환에서 식물의 뿌리는 질소를 질산이온이나 암모늄이온의 형태로 흡수한다.

오답해설 ▶ ① 식물은 질소를 직접 흡수하지 못한다. 공생하는 뿌리혹박테리아의 도움으로 질산이온, 암모늄이온의 형태로 흡수한다.
② 질산화(nitrification)은 암모니아/암모늄이온을 아질산이온을 통해 질산이온으로 전환시키는 과정이다. 암모니아/암모늄이온을 아질산이온으로 만드는 과정과 아질산이온을 질산이온으로 만드는 과정은 별개의 세균이 관여한다.
③ 질소고정(nitrogen fixation)은 대기 중의 질소기체를 암모늄이온 등으로 만드는 과정이다. 아조토박터, 뿌리혹박테리아(리조비움)의 세균이 관여한다.
⑤ 암모니아화(ammonification)은 생물이 죽으면 그 사체가 미생물에 의해 분해되어 암모니아/암모늄이온이 방출되는 것을 말한다.

📖 자료해석

육상생물군계는 열대우림, 사막, 사바나, 관목지대, 온대초원, 북쪽침엽수림(타이가), 온대활엽수림, 툰드라으로 분류한다.
• 열대우림 – 적도지역, 강수량 높고 일정, 항상 따뜻, 활엽상록수림이 우점
• 사막 – 남북으로 위도 30도 부근, 강수량 매우 적음, 일교차 큼, 초본이 우점
• **사바나** – 적도 부근, 우기/건기 있음, 항상 따뜻, 초본이 우점
• 관목지대 – 중위도 해안가, 여름에 건조/겨울에 습함, 계절별로 온도 차이 있지만 10~30도 정도, 초본/관목이 우점
• 온대초원 – 여름에 습함/겨울에 건조, 계절별로 온도 차이 있고 –10~30도 정도, 활엽초본이 우점, 초식동물이 많아서 관목은 거의 없음
• 북쪽침엽수림 – 강수량 낮고 일정, 연교차 - 50~20도 정도, 침엽상록수림이 우점
• 온대활엽수림 – 강수량 높고 일정(여름에 비, 겨울에 눈), 낙엽성 목본이 우점
• 툰드라 – 북극지방, 높은 산의 꼭대기의 식물군계, 강수량 낮고 일정, 지의류/이끼류가 우점

정답해설 ▶ ㄴ. 열대우림에서는 활엽상록수가 우점한다.
ㄷ. 온대활엽수림에서는 낙엽성 목본이 우점한다.

ㄱ. 사바나에서는 초본류가 우점한다. 지의류/이끼류는 툰드라에서 우점한다.

04 [2019 변리사 자연과학개론 30번]   [정답] ①

ㄱ. 질소고정 박테리아는 대기 중의 질소기체를 암모니아 등으로 고정한다.

ㄴ. 탈질산화 박테리아는 질산이온을 질소기체로 환원시킨다.
ㄷ. 질산화 박테리아는 암모니아를 질산이온으로 전환시킨다.

05 [2017 변리사 자연과학개론 26번]   [정답] ⑤

⑤ 한 집단에서 무작위 교배가 일어나면 유전적 평형상태가 유지되어 대립유전자의 빈도가 변하지 않는다.

① 지구 생태계 내에서 물질은 순환한다.
② 감자와 고구마는 발생 기원은 다르지만 외형은 비슷한 상사기관이다. 감자는 줄기가 변형된 형태이고, 고구마는 뿌리가 변형된 형태이다.
③ 지리적 격리에 의해 일어나는 종의 변화를 이소적 종분화라고 한다.
④ 고래와 따개비의 관계에서 고래는 따개비로 인해 이득도 손해도 없다. 하지만 따개비는 고래에 붙어 사는 이득이 있다. 이런 경우를 편리공생이라고 한다.

06 [2016 변리사 자연과학개론 29번]   [정답] ①

ㄱ. 생태계는 한 지역에 서식하는 모든 생물과 이들의 주변 환경을 말한다.

ㄴ. 개체군은 주어진 한 지역에 서식하는 같은 종으로 이루어진 집단을 말한다.
ㄷ. 군집은 지리적으로 동일한 지역 내에 서식하고 있는 여러 종으로 이루어진 집단을 말한다.

07 [2016 변리사 자연과학개론 30번]   [정답] ④

📖 자료해석
생물권 내 상호작용은 서로 이익을 주고받는 상리공생, 한쪽만 이득을 얻고 다른 쪽은 이득도 손해도 없는 편리공생, 한쪽만 손해를 얻고 다른 쪽은 이득도 손해도 없는 편해공생, 한쪽은 이득을 얻고, 다른 쪽은 손해를 얻는 기생, 포식과 피식 등이 있다.

정답해설 ④ 진드기와 개미 사이의 상호작용의 예시이다. 진드기는 진딧물을 분비하여 개미의 먹이가 될 수 있도록 하고, 개미는 진드기를 천적으로부터 보호해준다.

08 [2015 변리사 자연과학개론 29번]   [정답] ④

📖 자료해석

온대 지방의 낙엽수가 가을이 되면 낙엽을 만드는 것은 온도에 대한 적응이다.

정답해설 ④ 붓꽃과 국화의 꽃이 피는 시기가 다른 것은 밤의 상대적 길이(암기)가 꽃의 개화조절에 영향을 미치고, 꽃마다 필요한 암기의 길이가 다르기 때문이다.

오답해설 ① 곰이 추운 겨울에 적응한 것이다.
② 상록수가 겨울에 적응한 것이다.
③ 보리는 가을에 씨를 뿌려 겨울의 저온에 적응하여 성장해야 봄에 꽃의 발달이 촉진된다. 봄에 씨를 뿌려도 잘 자라기는 하지만 꽃(이삭)을 얻을 수 없다.
⑤ 추운 지방에 사는 포유류는 추운 온도에 적응하여 몸집에 비해 상대적으로 말단부위가 작다.

09 [2014 변리사 자연과학개론 29번]   [정답] ④

정답해설 ④ 질소고정세균 공기 중의 질소기체를 암모늄이온으로 전환시킬 수 있다. 따라서 질산염이 부족한 토양에서 콩과식물과 공생하면서 자랄 수 있어서 개척군집에서 많이 관찰된다.

오답해설 ① 생산자에 의해 생태계로 유입된 에너지의 일부는 세포호흡에 의해 열에너지가 되어 생태계 밖으로 방출된다.
② 생태계의 먹이사슬에서 한 영양단계에 유입된 에너지는 다음 영양단계로 전달될 때마다 그 양이 감소한다.
③ 물 1L 속에 녹아 있는 산소의 양을 ppm 단위로 나타낸 것은 용존산소량(DO)이다.
⑤ 물 생태계에 질산염과 인산염이 과다 유입되면 부영양화가 일어나며 이때 식물플랑크톤 등이 과다증식하는 녹조나 적조가 발생한다. 과다증식한 조류에 의해 용존산소량이 줄어들고 전형적인 부영양화된 호수나 저수지는 여름에 호수 바닥층에 무산소층이 형성된다.

10 [2013 변리사 자연과학개론 29번]   [정답] ③

정답해설 ㄱ. 각 종의 생태적 지위를 결정하는 요인에는 생물학적 요인과 비생물학적 요인이 있다.
ㄷ. 경쟁배타는 두 종이 한정된 자원을 같이 필요로 할 때 일어난다.

오답해설 ㄴ. 두 종의 생태적 지위가 비슷할수록 두 종 사이에 경쟁이 일어난다.

11 [2012 변리사 자연과학개론 30번]   [정답] ③

정답해설 ㄱ. 군집 내 두 종은 동일한 시기에 같은 생태적 지위를 공유할 수 없다. 같은 생태적 지위를 갖고 있더라도 같은 군집 내에 있으면 경쟁배타로 인해 한 종만 살아남고 다른 종은 절멸하게 될 것이다.
ㄷ. 기생파리는 숙주인 무당벌레에서 기생하면서 결국 숙주를 죽이는 포식을 하게 된다.
ㄹ. 토끼풀은 뿌리혹박테리아에게 영양분을 제공하고, 뿌리혹박테리아는 토끼풀에게 암모늄이온 등을 제공하는 상리공생이다.

오답해설 ㄴ. 밤나무와 겨우살이는 기생관계이다. 밤나무는 겨우살이에 의해 광합성도 저해받고 영양분도 뺏기기 때문이다.

12 [2011 변리사 자연과학개론 28번]   [정답] ②

정답해설 ㄱ. 군집이란 같은 지역을 점유하고 있는 모든 종의 개체군을 말한다.
ㄹ. 군집 안에서 개체수에 비례하지 않고 주요 역할을 하는 종을 중심종이라 한다.

오답해설 ㄴ. 토양이나 식물이 없었던 새롭게 노출된 지역에서 일어나는 천이를 1차 천이라 한다. 생태계가 태풍이나 산불 같은 자연재해 등으로 파괴되었다가 다시 일어나는 천이를 2차 천이라고 한다.
ㄷ. 생체총량이 높거나 개체수가 많아 군집의 주요 효과를 갖는 종을 우점종이라 한다. 지표종은 그 생물종이 자라는 지역이나 서식지의 기후, 토양 또는 환경 특성을 잘 나타내주는 생물종을 말한다. 환경오염을 판단하는 지표가 되기도 한다.

13 [2010 변리사 자연과학개론 27번]   [정답] ④

정답해설 ④ 먹이사슬 내에서 한 생물종은 여러 개의 영양단계를 차지할 수 있다.

오답해설 ① 크릴새우는 식물성플랑크톤을 먹는 1차 소비자이다.
② 시아노박테리아는 광합성으로 유기물을 생산하는 생산자이다.
③ 동물성플랑크톤을 먹는 물고기는 2차 소비자가 될 수 있다.
⑤ 각 영양단계의 유기물에 저장된 에너지의 일부만이 다음 영양단계로 이동한다. 나머지는 열에너지나 배설물 등으로 생태계에 방출된다.

14 [2010 변리사 자연과학개론 29번]   [정답] ④

정답해설 ㄱ. 출생률과 사망률은 개체군의 밀도에 영향을 준다. 출생률이 올라가면 개체군의 밀도가 증가하고, 사망률이 증가하면 개체군의 밀도가 감소한다.

ㄴ. 연령구조로 개체군의 생장의 영향을 예측할 수 있다.

오답해설 ㄷ. 포식자와 피식자 간의 상호작용은 보통 서로 다른 종에서 일어나고 한 개체군 안에서는 일어나지 않는다. 한 개체군 안에서는 먹이, 서식지 등에 대한 종 내 경쟁이 일어난다.

15 [2009 변리사 자연과학개론 29번]   [정답] ③

정답해설 ㄱ. 종 I는 군집 A에서 제일 높은 비율을 차지하는 종이다. 따라서 군집 A에서 종 I가 우점종이다.
ㄷ. 종다양도는 군집 A보다 군집 B에서 더 높다. 군집 A는 종 I만 매우 많지만, 군집 B에서는 종 I~V가 비슷하게 분포하기 때문이다.

오답해설 ㄴ. 군집 A와 군집 B에는 종 I~V로 5가지의 종이 똑같이 분포하고 있기 때문에 종풍부도는 동일하다.

16 [2009 변리사 자연과학개론 30번]   [정답] ⑤

정답해설 ⑤ 생물체에 축적이 될 수 있는 화합물은 먹이사슬의 상위 소비자로 갈수록 체내에 고농도로 농축되며, 이를 생물농축이라고 한다. 따라서 이 문제의 화합물 X의 농도가 가장 높을 것으로 예상되는 개체는 보기의 먹이사슬의 가장 높은 단계인 어류를 잡아먹는 조류일 것이다.

17 [2007 변리사 자연과학개론 29번]   [정답] ①

정답해설 ① 산림이 2개 이상으로 분할되어 각 서식지의 면적이 감소되는 것은 환경 조건의 변화 중 한 예이다. 따라서 산림에 있는 종들의 멸종 가능성이 높아진다.

오답해설 ② 산림의 가장자리는 햇빛에 더 많이 노출되어 건조해지면 산불이 일어날 가능성이 증가한다.
③ 병원균이 침입하여 정착할 가능성이 높아진다.
④ 빛, 온도, 습도, 바람 등의 변동 폭이 커진다.
⑤ 분할 전후 군집의 종 구성에 큰 변화가 생길 것이다.

18 [2005 변리사 자연과학개론 40번]   [정답] ⑤

정답해설 ⑤ 대기 중의 아황산가스의 농도가 증가하면 환경오염이 심해짐을 나타낸다. 이런 환경에서는 지의류나 선태류의 생장이 억제된다.

① 프레온가스 등의 사용 증가로 오존층이 파괴된다.

② 대기 중에 이산화탄소와 같은 온실효과를 일으키는 기체의 증가로 지구의 평균 기온이 올라가는 것을 온난화라고 한다.

③ 화석 연료의 연소 등에 의해 발생한 1차 오염물질은 광화학 반응을 통하여 2차 오염물질이 되고, 스모그 등의 원인이 된다.

④ 도심 상공에 분진이 집중되어 먼지 지붕이 형성되면 자외선이 차단되어 비타민 D 감소로 인한 구루병 등의 질병이 발생할 수 있다.

19 [2004 변리사 자연과학개론 30번]   [정답] ①

① K-선택은 밀도 의존적 요인이 개체군을 수용능력 부근까지 조절한다.

② J자형 생장곡선을 그리는 것은 r-선택이다. K-선택은 S자형 생장곡선을 그린다.

③, ④, ⑤ 개체의 빠른 성숙, 1년 이하의 수명, 어릴 때 높은 사망률이 나타나는 것은 r-선택이다.

20 [2001 변리사 자연과학개론 10번]   [정답] ②

② 어떤 지역에 함께 살며 서로 상호작용하는 모든 유기체의 집합을 군집이라 한다.

① 개체군 – 특정 시기에 주어진 지역에 서로 상호작용하는 한 종의 개체들로 구성

③ 생태계 – 생물 군집과 그 군집이 접한 비생물적 환경이 유기적인 집합을 이룬 것

④ 생물군계 – 주로 기후 조건에 의해 구분된 생물대

⑤ 환경 – 생물에게 직간접적으로 영향을 끼치는 자연적/사회적 조건이나 상황

◈ 예상문제 답안

1. 생물의 진화체계 답안

01	④	02	③	03	②	04	②

2. 생물의 원자적 구성 답안

01	④	02	④	03	④	04	①
05	②						

3. 생명의 구성분자 답안

01	⑤	02	③	03	①	04	⑤
05	④	06	②	07	⑤	08	⑤

4. 세포구조 답안

01	④	02	③	03	①	04	⑤
05	②	06	①, ③	07	③	08	④
09	⑤	10	③	11	①	12	③

5-1. 세포의 물질수송 답안

01	①	02	④	03	⑤

5-2. 세포에너지와 효소 답안

01	②	02	⑤	03	⑤	04	②
05	②	06	③				

6. 세포호흡 답안

01	⑤	02	③	03	②	04	④

7. 광합성 답안

01	②	02	⑤	03	④	04	④
05	④	06	④				

8. 생식과 발생 답안

01	①	02	③	03	③	04	②
05	⑤	06	②	07	⑤		

9. 세포분열 답안

01	④	02	②	03	③

10. 유전학 답안

01	④	02	②	03	⑤	04	④
05	③	06	⑤	07	③	08	①
09	②						

11-1. DNA 복제 답안

01	①, ⑤	02	①	03	②	04	⑤
05	④	06	⑤	07	③	08	④

11-2. 유전자의 전사 답안

01	④, ⑤	02	④	03	⑤	04	③

11-3. 유전자의 번역 답안

01	④	02	⑤	03	③	04	④

11-4. 돌연변이 답안

01	②	02	②

12. 유전자 발현의 조절 답안

01	④	02	②	03	①

13. 진화와 분류 답안

01	⑤	02	②	03	④	04	⑤
05	④	06	①	07	①	08	⑤

14. 영양과 소화 답안

01	②	02	③	03	①	04	①
05	①	06	⑤	07	①	08	④
09	④						

15. 호흡계 답안

01	⑤	02	⑤

16. 순환계 답안

01	①	02	①	03	④	04	④
05	⑤	06	②				

17. 면역계 답안

01	⑤	02	④	03	②	04	④
05	④	06	④	07	③	08	⑤
09	④						

18. 배설계 답안

01	①	02	⑤	03	④	04	⑤
05	②						

19. 내분비계 답안

01	①	02	②	03	③	04	①, ⑤
05	①	06	②, ⑤	07	④	08	④
09	②	10	④				

20. 신경계 답안

01	③	02	②	03	②

21. 감각계 답안

01	①	02	③	03	④	04	①

22. 근육계 답안

01	⑤	02	④

23. 생태계 답안

01	①	02	③	03	②	04	③, ⑤
05	②	06	④	07	①	08	③
09	⑤						

◆ 예상문제 해설

1 생물의 진화체계

01
[정답] ④

해설 생명의 특성은 물질대사, 스스로 복제하고 증식(생식)하면서 변이가 존재하고(진화) 외부 자극에 대한 반응(항상성)을 한다. 4번은 바이러스의 무생물적인 특성이므로 생물의 특성으로 볼 수 없다.

02
[정답] ③

해설 생물은 크게 5계로 나누는데, 원핵생물인 모네라계(박테리아, 남조류), 진핵생물로서 단세포 생물인 원생생물(조류, 원생동물), 균류(fungi), 식물계, 동물계로 나뉜다.

03
[정답] ②

해설 지구의 초기상태에서는 산소가 없는 환원성 대기였지만,
→ 무기호흡을 하는 종속영양생물에 의해 CO_2가 발생
→ 이를 이용해서 생명체는 광합성을 수행
→ 대기 중 산소가 발생
→ 산소 농도가 증가
→ 오존 형성
→ 육상생물 출현

04
[정답] ②

해설 무기물(암모니아가스, 질소 등)들이 반응을 하여 아미노산 등을 형성(유기물)하고, 이러한 것들이 코아세르베이트를 이룬다. 최초의 생명체인 종속영양생물이 출현하게 되고, 이들에 의해 형성되는 이산화탄소를 이용하여 독립영양생물이 출현한다.

2 생물의 원자적 구성

01 [정답] ④

해설 생물체내에서 일어나는 화학반응은 유사한 효소가 참여하므로 종에 관계없이 유사한 화학반응이 일어난다. 그리고 유전정보는 모든 동물에 있어 유전정보는 동일한 암호로 번역된다.(예 AUG-메티오닌 지정)

02 [정답] ④

해설 생물체를 구성하는 4대 원소는 C, H, O, N이며, 여기에 단백질에 함유되어 있는 S와 DNA에 함유되어 있는 P를 포함하여 6대 원소가 된다.

03 [정답] ④

해설 세포내 존재하는 무기염류는 세포의 삼투압과 pH를 조절하며, 효소반응을 활성화시키는 보조인자로서의 역할을 한다. 칼슘은 뼈와 이의 구조적 성분 및 신호자극 전달과 근수축에 관여하며, 혈액응고에도 관여한다. 그리고 식물의 경우 뿌리가 중력을 향해 뻗도록 하는 굴중성을 갖게 해준다.

04 [정답] ①

해설 물은 극성분자로서 한 물분자의 O부분과 다른 물분자의 H부분 사이에 수소결합을 이룬다.

05 [정답] ②

자료해석

이 문제는 단백질의 3차원적 구조를 형성하는 결합에 대해 이해하고 있는지 확인하기 위한 이해형문제이다. 단백질의 특이 활성은 단백질의 3차원적 구조에 의해 결정되는데, 대부분의 단백질은 1차, 2차, 3차 구조라고 알려진 3단계 구조를 모두 가지고있다. 단백질의 1차 구조는 일련의 아미노산이 순차적으로 연결된 고유한 서열이다. 2차 구조는 폴리펩타이드 골격에서 반복되는 구성요소 간의 수소 결합(㉢)에 의해 형성된 꼬임과 접힘인데, 여기에는 α 나선구조(α helix)와 β 병풍구조(β pleatedsheet)가 있다. 3차 구조는 다양한 아미노산 곁사슬, 즉 R기 간의 상호작용에 의한 폴리펩타이드의 총체적인 형태이다. 3차 구조에 기여하는 상호작용에는 소수성 상호작용(결합 ㉣)과 수소결합(결합 ㉠, 결합 ㉡), 이온결합(결합 ㉥), 그리고 이황화결합(결합 ㉤)이 있다.

정답해설▶ ② 결합 ㉢은 2차 구조(secondary structure)인 β 병풍구조(β pleated sheet)를 형성하게 해주는 수소결합이다. 2차 구조 형성에 기여하는 수소결합은 아미노산 곁사슬 간의 결합이 아니라 폴리펩타이드 골격에서 반복되는 구성요소 간의 결합이다.

오답해설▶ ① 결합 ㉠과 ㉡은 모두 아미노산 곁사슬 간에 형성된 수소결합이다.
③ 결합 ㉣은 소수성 곁사슬 간에 형성되어 있는 소수성 상호작용(hydrophobic interaction)이다. 수용성 단백질에서 소수성 상호작용은 주로 단백질 내부에서 관찰된다.
④ 결합 ㉤은 시스테인 곁사슬인 황화수소기(-SH) 사이에서 형성된 공유결합(이황화결합)이다.
⑤ 결합 ㉥은 이온결합이다. 강산성 환경에서 산성 곁사슬은 전하를 띠지 못하게 되므로 이온결합을 형성하기 힘들어진다.

3 생명의 구성분자

01 [정답] ⑤

해설▶ 단백질의 세포내 기능은 시험에 자주 출제되는 문제이므로 꼭 알아두기 바랍니다.
a. 구조단백질 : 케라틴(머리카락), fibroin, 엘라스틴, 콜라겐 등이 속하며, 세포의 구조적 역할을 담당한다.
b. 수축단백질 : 근수축에 관여하는 액틴, 미오신
c. 저장단백질 : 계란흰자에 있는 ovalbumin은 발생 시 아미노산의 원천이 된다.
d. 수용체단백질 : 세포막단백질로 호르몬의 수용체나 신경세포에서 신호전달물질의 수용체로 작용한다.
e. 운반단백질 : 헤모글로빈으로 산소를 운반하며, 세포막에서 물질수송을 담당하는 막관통 단백질 등이 있다.
f. 호르몬단백질 : 펩타이드 호르몬의 성분
g. 방어단백질 : 항체(외부항원에 대한 방어)
h. 효소 : 생체 내 물질대사에 관여하는 효소의 성분
인체구성물질 중 에너지원으로 사용되는 순서는 탄수화물, 지방, 단백질이다. 단백질이 에너지원으로 사용될 때는 오랜 단식 등으로 인해 어쩔 수 없이 쓰는 것이기 때문에 단백질의 세포 내 기능으로 가장 옳지 않은 것으로 ⑤번을 고르는 것이 맞다.

02 [정답] ③

해설▶ 다당류는 glucose분자가 여러 개 결합하여 이루어진 것으로 저장성 다당류와 구조성 다당류로 나뉜다. 저장성다당류에는 식물성저장물질인 전분(starch)과 동물성저장물질인 glycogen이 있다. 그리고 구조성 다당류로 셀룰로오스와 키틴이 있다. fructose는 단당류로 glucose와는 구조가 유사한 ketone형 단당류이다.

03

해설 이당류는 단당류인 glucose, fructose, galactose가 두 개 결합한 것으로 설탕(glucose+fructose), 젖당(glucose+galactose), 엿당(glucose+glucose)으로 이루어져 있다.

04

[정답] ⑤

해설 중성지방은 지방산과 glycerol이 3:1의 비율로 이루어져 있다.

05

[정답] ④

해설 주 에너지원은 탄수화물이며, 인체의 면역을 담당하는 Ig(immunoglobulin), 산소를 운반하는 헤모글로빈과 효소도 단백질이다. 흥분을 전도는 신경세포에서 pump에 의해 일어난다.

06

[정답] ②

해설 불포화지방산은 포화지방산과 달리 탄소결합 중에 불포화결합(이중결합, 삼중결합)이 있는 지방산을 말한다. 주로 식물성지방이며, 상온에서 액체상태이고, 똑같은 탄소수를 가진 포화지방보다 수소가 더 적다.

07

[정답] ⑤

📖 자료해석

A는 인체를 구성하는 물질 중 약 70%정도로 가장 많은 양을 차지하는 물이다. 물은 높은 비열을 가지고 있어 환경의 온도변화를 완충할 수 있으므로 체온을 비교적 일정하게 유지할 수 있게 해준다. 생명체 내에서 대부분의 화학반응은 물에 녹아있는 상태로 진행되기 때문에 물은 좋은 용매이기도 하다. B는 아미노산을 기본 단위물질로 하는 단백질이며, C는 인산과 당, 염기로 이루어진 뉴클레오티드를 기본 단위물질로 하는 핵산이다.

정답해설 ㄱ. A는 물이며, 높은 기화열을 가지고 있다. 즉 많은 열이 공급되어야 액체 상태의 물이 기체 상태로 된다. 이 열은 물(땀)과 접촉하는 환경(피부 등)으로부터 빼앗아 오는데, 그 과정에서 체온을 낮추게 된다.
ㄴ. B는 단백질이다. 세포막은 인지질로 이루어진 이중층이며, 이 사이에 콜레스테롤이나 막단백질들이 포함되어 있어 세포막의 유동성과 신호전달에 관여한다.
ㄷ. B는 단백질이며 C는 핵산이다. 단백질인 DNA 중합효소는 핵산인 DNA 합성에 관여하고, 마찬가지로 단백질인 RNA 중합효소는 핵산인 RNA의 합성에 관여한다.

📖 자료해석

이 문제는 DNA 변성(denaturation)에 대해 이해하고 있는지 확인하기 위한 적용형문제이다. DNA 용액에 열을 가하면 염기쌍 간의 수소결합이 파괴되어 DNA 이중나선이 단일 가닥으로 풀리는 변성이 일어난다. 핵산 내에 쌓인 염기 간의 밀접한 상호작용에 의하여 염기들이 사슬로 쌓여져 있는 경우는 동일 농도의 유리 뉴클레오타이드가 있는 용액에 비해 상대적으로 자외선 흡광도가 감소하는 효과를 나타낸다. 또한, 이러한 흡광도는 상보적인 핵산끼리 짝을 지어 이중나선으로 존재할 때 더욱 더 감소한다. 이러한 효과를 흡광 감소 효과(hypochromic effect)라고 한다. 이중나선 핵산의 변성은 이와 반대되는 효과를 초래하는데, 이를 흡광 증가 효과(hyperchromic effect)라 한다. 따라서 이중가닥 DNA가 단일가닥으로 변성되는 정도는 자외선(260 nm) 흡광도(A_{260}) 변화를 조사하여 측정할 수 있다. 용해로 전이되는 것을 특징지을 수 있는 가장 편한 척도는 변성온도(melting temperature, T_m)인데, 이것은 DNA가 반쯤 변성되었을 때의 온도이다.

염기쌍을 형성할 때 G와 C는 3개의 수소결합으로 연결되고 A와 T는 2개의 수소결합으로 연결되므로, 크기(염기쌍의 개수)가 동일하다면 DNA는 G+C 함량 비율이 더 높을수록 변성시키기 더 어려워진다(즉, G+C 함량 비율이 더 높을수록 T_m 값이 더 높다). 문제에서 주어진 그래프를 살펴보면, 가장 왼쪽에 있는 그래프가 가장 먼저 변성되었고 가장 오른쪽에 있는 그래프가 가장 늦게 변성되었으므로, C의 G+C 함량이 가장 높고 A의 G+C 함량이 가장 낮다는 것을 알 수 있다.

정답해설 ㄱ. 자료해석에서 살펴본 바와 같이, 문제에서 주어진 자료를 통해 A+T의 함량 비율이 가장 높은 DNA의 변성곡선은 더 낮은 온도에서 가장 먼저 변성되기 시작하는 가장 왼쪽에 있는 그래프(A의 변성곡선)라는 것을 알 수 있다. 염기쌍을 형성할 때 G와 C는 3개의 수소결합으로 연결되고 A와 T는 2개의 수소결합으로 연결된다는 점을 고려해보면, 변성되지 않은 상태일 때 A(A+T 함량 비율이 가장 높은 DNA)에 존재하는 염기 간 수소결합의 총 수는 C(G+C 함량 비율이 가장 높은 DNA)에 존재하는 수소결합 총 수보다 작다는 설명은 옳다.

ㄴ. 문제에서 제시한 그래프를 살펴보면, ㉠ 상태일 때 B는 거의 변성되지 않았고 ㉡ 상태일 때는 대부분 변성된 것을 확인할 수 있다. 이중나선 핵산의 변성은 260 nm 파장에서의 흡광도(A_{260})를 증가시키므로, B의 260 nm에서의 흡광도는 ㉠ 상태일 때가 ㉡ 상태일 때보다 더 낮다는 설명은 옳다.

ㄷ. DNA 용액에 NaOH를 첨가하여 pH를 증가시키면, 수소결합에 참여하는 염기의 작용기에서 수소이온이 제거되어 수소결합이 일어나지 못하게 된다. 따라서 DNA 용액에 NaOH를 첨가하여 pH를 증가시키면, B의 T_m 값은 낮아질 것이라는 설명은 옳다.

4 세포구조

01 　[정답] ④

해설 골지체에서 변형되고 가공되는 물질은 mRNA가 아니라 단백질이다.

02 　[정답] ③

해설 리보솜은 대단위와 소단위로 구성되어있으며, 세포내에서 단백질합성을 하는 곳이다.

03 　[정답] ①

해설 엽록체와 미토콘드리아는 DNA와 리보솜을 가지고 있어서 자체단백질을 합성할 수 있다.

04 　[정답] ⑤

해설 리보솜, 인, 중심립의 공통점은 이들은 모두 비막성 구조로 되어 있다.

05 　[정답] ②

해설 세포에서 필요로 하는 물질을 생산하는 기관들이므로 식물세포에 존재하는 액포는 물질을 생산하는 기관이 아니므로 액포가 들어가 있는 ①, ③, ④, ⑤번은 정답이 될 수 없다. 참고로 액포는 식물세포에서 세포내 노폐물 등을 저장하고, 특히 어떤 식물들은 이 액포에 독성이 있는 물질들을 저장하여 포식자로부터 자신을 보호하기도 한다.

06 　[정답] ①, ③

해설 진핵세포 내 세포소기관을 설명하는 이론 중 하나가 공생설이다. 공생설이란 유전자를 갖는 다른 생명체가 진핵생물체로 들어가 공생관계를 유지하며 세포내소기관을 형성하게 되었다는 이론이다. 공생하게 된 생명체는 독자적인 유전자를 가지고 있고, 복제능력이 있다. 호기성 생명체는 미토콘드리아를, 독립영양생물은 엽록체를 설명해주고 있다. 이들 소기관은 모두 독자적인 유전자와 복제능력이 있다.

📖 자료해석

이 문제는 동물세포의 구조와 기능 및 분비단백질의 분비경로에 대하여 이해하고 있는지 확인하기 위한 이해형문제이다. 진핵세포는 그들의 외부 표피의 원형질막뿐만이 아니라 세포 내부를 구획 짓는 역할을 하는 넓고 정교하게 배열된 내막을 가진다. 핵 내부에서 분비단백질 X를 암호화하는 mRNA가 생성된 후 세포질로 수송된다. 세포질에서 X의 mRNA에 리보솜(㉠)이 결합하여 번역되기 시작하는데, N-말단에 소포체 신호서열이 나타나면 신호인지입자(SRP)가 여기에 결합하여 조면소포체로 운반해서 조면소포체에서 번역이 일어나게 해준다. 조면소포체(㉡)에서 X는 접힘이 일어나고, 소포체 신호서열의 제거, 이황화결합 형성, 당사슬 첨가 등의 변형도 일어난다. 이후 X는 수송소낭을 통해 골지체로 보내진 후, 추가적인 변형이 가해진다. 추가적인 변형이 가해진 X는 분비소낭(㉢)에 담겨 골지체를 떠난 후, 세포외방출작용을 통해 세포 밖으로 분비된다.

정답해설 ③ ㉢(분비소낭)이 분비단백질 X를 세포 밖으로 방출하기 위해서 세포막 쪽으로 이동할 때, 운동단백질의 도움으로 미세소관을 따라 이동한다. 따라서 ㉢의 이동에 미세소관이 필요하다는 설명은 옳다.

오답해설 ① 리보솜은 단백질과 rRNA로 구성되어 있는데, 원핵세포는 3종류의 rRNA를 가지고 있고 진핵세포는 4종류의 rRNA를 가지고 있다. ㉠은 진핵세포 리보솜이므로 ㉠을 구성하는 rRNA는 3종류라는 설명은 옳지 않다.
② 약물이 해독되는 장소는 간세포의 활면소포체이다. 따라서 약물 섭취 시 ㉡(조면소포체)에서 해독된다는 설명은 옳지 않다.
④ 소포체에서 N-말단이 제거되었기 때문에 ㉣(세포 밖으로 분비된 분비단백질)에는 소포체 신호서열이 존재하지 않는다. 따라서 ㉣의 N-말단에는 개시 tRNA가 운반해온 메티오닌이 존재하지 않는다.
⑤ 피루브산 탈수소효소 복합체는 미토콘드리아 기질에서 작용하는 효소인데, 이 효소는 자유리보솜에서 합성된 후 미토콘드리아로 보내진다. 따라서 ㉡(조면소포체)에서 피루브산 탈수소효소 복합체가 합성된다는 설명은 옳지 않다.

📖 자료해석

이 문제는 동물세포와 세균 세포의 구조와 기능에 대해 이해하고 있는지 확인하기 위한 이해형문제이다. 문제에서 주어진 그림 (가)를 살펴보면 ㉠은 핵막인데, 이곳에는 핵공이 존재하여 핵질과 세포기질 사이에서 RNA나 단백질의 교환이 이루어질 수 있게 해준다. ㉡은 산화적인산화를 통해서 ATP를 생성하는 세포소기관인 미토콘드리아이다. 미토콘드리아는 환상의 DNA와 리보솜, tRNA를 가지고 있어 자신만의 단백질을 합성할 수 있지만, 자신이 사용하는 많은 단백질은 핵에 존재하는 DNA에 의해 암호화되어 있다. ㉢은 조면소포체로, 내막계에서 사용되는 단백질이나 분비단백질을 합성하는 역할을 한다. 결합리보솜에서 합성된 분비단백질은 조면소포체 내강으로 유입되면 신호서열이 잘려나가고 당이 첨가되는 것과 같은 번역 후변형 과정을 거친 후, 수송소낭을 통해서 골지체로 보내지게 된다. 원핵생물인 대장균을 나타낸 그림 (나)를 살펴보면, ㉣은 핵양체이다. 핵양체에는 한 분자의 DNA가 뭉쳐서 존재하는데, 이 DNA는 환상의 구조를 하고 있다. 그람음성세균인 대장균의 세포벽은 펩티도글리칸 층(ⓜ)과 외막으로 구성되어 있다.

정답해설 ▶ ④ ⓔ(핵양체)에는 한 분자의 DNA가 존재한다. 즉, 대장균은 반수체이다. 따라서 ⓔ에 존재하는 각 유전자는 2개의 대립유전자를 가지지 못하고 오직 1개의 대립유전자만을 가진다.

오답해설 ▶ ① ⓐ(핵막)에는 핵공복합체가 존재하여 핵질과 세포기질 사이에서의 물질수송을 돕는데, 핵에서 사용되는 단백질들은 세포질에서 번역된 후 접혀진 상태로 핵공을 통과하여 핵질로 들어간다.
② ⓑ(미토콘드리아)은 자신 단백질의 일부를 스스로 합성할 수 있다. 하지만, 자신이 가지고 있는 대부분의 단백질은 핵에 있는 유전자에서 전사되고 세포질에서 80S 리보솜에 의해 번역된 후 자신에게 보내진 것이다.
③ ⓒ(조면소포체)에서는 당사슬 첨가 등의 번역후변형(post–translational modification)이 일어난다.
⑤ ⓜ은 그람음성세균 세포벽의 펩티도글리칸 층이다. 펩티도 글리칸은 N–아세틸글루코사민 (N–acetylglucosamin)과 N–아세틸무람산(N–acetylmuramic acid)이 교대로 연결된 기다란 선형의 탄수화물이다.

09

[정답] ⑤

📖 자료해석

이 문제는 생물의 3영역(domain)에 대해 이해하고 있는지 확인하기 위한 이해형문제이다. 지구상의 생물체는 rRNA 유전자 서열 비교를 토대로 세균영역(Bacteria), 고세균영역(Archaea), 진핵생물영역(Eukarya)의 3영역 (domain)으로 분류한다. 고 세균영역과 세균영역의 생물들은 모두 단세포 원핵생물이다. 모든 진핵생물들은 진핵생물영역으로 묶인다. 진핵생물영역에는 원생생물계, 식물계, 균계, 동물계가 포함된다. 다음은 생물체 3영역의 특징을 나타낸 표이다.

특징	영역		
	세균	고세균	진핵생물
핵막	×	×	○
막성 세포소기관	×	×	○
펩티도글리칸	○	×	×
막지질	에스테르결합	에테르결합	에스테르결합
리보솜	70S	70S	80S
개시 아미노산	N–포밀–메티오닌	메티오닌	메티오닌
오페론	○	○	×
플라스미드	○	○	×
RNA 중합효소	1가지	1가지 (책마다 다름)	3가지
리보솜의 스트렙토마이신 감수성	○	×	×

문제에 주어진 표와 위의 표를 비교했을 때, X는 고세균영역, Y는 진핵생물영역, C는 세균영역임을 알 수 있다.

정답해설 ⑤ rRNA 유전자 서열 비교와 같은 유전학적 연구 결과 고세균영역은 세균영역보다는 진핵생물영역과 더 최근의 공통 조상을 가진다. 따라서 rRNA 유전자 서열 비교를 토대로 보았을 때 X(고세균영역)와 Y(진핵생물영역)의 유연관계가 X(고세균영역)와 Z(세균영역)의 유연관계보다 더 가깝다는 설명은 옳다.

오답해설 ① 고세균은 진핵생물(Y)과 같이 스트렙토마이신에 대한 감수성이 없으므로 ㉠은 "X"이다. 따라서 주어진 설명은 옳지 않다.
② 진핵생물(Y)은 세균(Z)와 같이 막지질에 에스테르결합을 가지므로 ㉡(진핵생물의 막지질에서 관찰되는 결합)은 '에테르결합'이라는 설명은 옳지 않다.
③ 진핵생물(Y)은 여러 종류의 RNA 중합효소를 갖는다. 따라서 Y(진핵생물)는 한 종류의 RNA 중합효소를 갖는다는 설명은 옳지 않다.
④ Z(세균영역)는 히스톤이 결합된 DNA를 유전물질로 가지지 않는다. 따라서 주어진 설명은 옳지 않다. 유전물질로 히스톤이 결합된 DNA를 갖는 영역은 진핵생물영역(Y) 이다.

10
[정답] ③

해설 ㄱ. 히스톤은 고세균과 진핵생물에서만 관찰된다. 원핵생물에는 없다.
ㄴ. 페니실린은 리보솜의 기능을 억제하는 것이 아니라 세포벽 합성을 저해한다.
ㄷ. 그람음성균은 외막에 LPS가 존재한다.

11
[정답] ①

해설 ㉠ = 활면소포체, ㉡ = 핵, ㉢ = 골지체, ㉣ = 퍼옥시좀, ㉤ = 미토콘드리아
① 활면소포체의 칼슘농도는 세포기질의 칼슘농도보다 더 높다.
② 핵에서 rRNA가 합성된다.
③ 골지체와 같은 구조를 시스터나 구조라고 한다.
④ 지방산의 산화가 미토콘드리아나 퍼옥시좀에서 일어난다.
⑤ 미토콘드리아는 자체 유전자와 리보솜을 가져서 자체 단백질도 생산하기 때문에 tRNA가 존재한다.

12
[정답] ③

해설 ㄱ. 핵과 미토콘드리아 모두에서 전사가 일어난다.
ㄴ. 미토콘드리아에서는 70s 리보솜, 세포질에서는 80s 리보솜이 있다.
ㄷ. 식물세포의 글리옥시솜은 동물세포의 퍼옥시좀과 비슷한 역할을 한다.

5-1 세포의 물질수송

01

[정답] ①

해설 ▶ 세포의 인지질 이중층은 전하를 띤 분자는 잘 통과시키지 못한다. 물질의 막투과성은 산소나 질소 이산화탄소, 요소 등 극성이 작으며 비전하성인 물질 등이 인지질막을 잘 통과한다.

02

[정답] ④

📖 자료해석

이 문제는 동물세포의 세포연접에 대해 이해하고 있는지 확인하기 위한 이해형문제이다. 동물세포 사이에서는 주로 밀착연접(tight junction), 데스모좀(desmosome), 간극연접(gap junction)이라는 3가지 형태의 세포 간 연접이 관찰되는데, 상피조직에는 3가지 형태의 연접이 모두 존재한다.

문제에서 주어진 그림 (가)를 살펴보면, 이웃하는 세포들의 세포막이 띠 형태로 배열되어 있는 연접단백질에 의해 서로 단단하게 붙어 있는 구조인 것으로 보아 (가)는 밀착연접이라는 것을 알 수 있다. 밀착연접은 2가지 기능을 하는데, 하나는 세포들 사이의 공간을 통해 물질이 이동하는 것을 차단하는 것이고 다른 하나는 세포의 한 부위에서 다른 부위로 막단백질과 인지질의 이동을 제한하는 것이다. (나)는 데스모좀이다. 데스모좀에서 이웃한 세포의 세포막 세포질면에는 판(plaque)이라 부르는 원반형의 빽빽한 구조가 각각 존재하는데, 특정 부착단백질이 마주보며 배열되어 있는 2개의 판을 서로 연결시켜준다. 또한 각 판에는 케라틴 단백질이 주성분인 세포골격의 중간섬유(㉠)가 부착되어 있어 상피조직에 기계적 안정성을 제공해준다. 이러한 안정성은 상피조직이나 근육조직에 필요하므로, 데스모좀은 이들 조직에서 발견된다. (다)는 간극연접이다. 간극연접은 2개의 코넥손(각 코넥손은 6개의 코넥신 단백질로 이루어짐)이 연결되어 인접한 세포 간에 형성된 친수성통로이다. 이 통로를 통해 이온, 당, 아미노산 및 다른 작은 분자들이 통과한다. 간극연접은 심장근육과 평활근에서도 세포사이에서 형성되어 있는데(전기적 시냅스), 전류를 빠르게 확산시켜 근육이 조화롭게 수축할 수 있게 해준다.

정답해설 ▶ ④ ㉠(세포골격 섬유)은 데스모좀의 판(plaque)에 부착되어 있는 중간섬유로, 케라틴 단백질로 이루어져 있다. 따라서 ㉠은 액틴으로 이루어져 있다는 설명은 옳지 않다.

오답해설 ▶ ① (가)는 밀착연접으로, 세포사이 공간을 통해 물질이 이동하는 것을 차단하는 기능을 한다.
② (가)는 강한 장력을 발생시키는 심장근에서 근육세포들 사이를 단단히 붙잡아 주어 조직에 물리적인 안정성을 제공해준다.
③ (다)는 간극연접으로, 전기적 시냅스로 작용한다.
⑤ ㉡(친수성 통로)은 2개의 코넥손이 연결되어 형성된다. 하나의 코넥손은 6개의 코넥신 단백질로 구성되므로, ㉡은 12개의 코넥신 단백질로 구성되어 있다는 설명은 옳다.

03

해설 A = 밀착연접, B = 부착연접, C = 간극연접
ㄱ. 밀착연접은 세포와 세포가 빈틈없이 연결되어 있고, 한쪽 면(apical)과 다른 면(basal)을 완전히 구분하는 역할도 한다. 따라서 장 상피층을 경계로 서로 다른 화학적 환경을 유지하는데 도움을 준다.
ㄴ. 부착연접(데스모좀)은 지속적으로 외부의 힘이 가해지는 조직인 표피나 심장근육에 많이 분포되어 있다.
ㄷ. 간극연접은 세포사이에 연결되는 틈을 만들어주어 근육세포 간에 전기신호가 빠르게 전파될 수 있도록 도와준다.

5-2 세포에너지와 효소

01

해설 생체 내 화학반응은 효소(촉매)반응이라고 정의내릴 수 있으며 효소란 생체촉매를 말한다. 생체 내 화학반응은 저온, 상압에서도 생체외의 화학반응보다 훨씬 신속하게 진행되며 반응이 단계적으로 진행되기 때문에 중간생성물이 여러 종류 생기며, 에너지가 조금씩 방출되고 흡수된다.

02

해설 효소와 기질(substrate)이 반응하여 효소 기질복합체를 형성하며, 반응 즉시 기질과 분리되어 또 다른 기질과 결합하여 반응속도를 증가시키게 된다. 이 과정은 매우 신속히 일어나며 기질의 농도에 상관없이 반응 전후의 효소의 양은 일정하게 유지된다. 대부분의 효소는 중성인 pH 7부근에서 최적으로 작용하며, 펩신은 pH 2에서 최적으로 작용한다.

03

해설 효소는 활성부위에 딱 맞는 기질에만 반응한다. 아밀라제는 starch에는 결합할 수 있지만, 셀룰로오스의 당결합은 starch의 당결합과 달라 아밀라제와 결합할 수 없어서 아밀라제에 의해 분해되지 않는다.

04

[정답] ②

해설 효소는 화학반응에 필요한 활성화에너지를 낮춰서 반응이 빠르게 일어날 수 있도록 해준다.

05

[정답] ②

해설 경쟁적 저해제는 효소의 활성부위에 결합하지만 가역적으로 떨어질 수도 있는 물질이다. 따라서 기질의 농도가 높아지면 경쟁적 저해제의 효과가 감소할 수 있다.

06

[정답] ③

해설 비가역적 저해제는 효소의 활성부위에 결합하는데 한번 결합하면 절대 떨어지지 않아서 효소를 무력화 시키는 저해제를 말한다.

6 세포호흡

01

[정답] ⑤

해설 근육에 산소 공급의 부족으로 무기호흡이 이루어져 젖산이 축적되면 근육통이 발생한다.

02

[정답] ③

📖 자료해석

이 문제는 흡수 후기(postabsorption period)에 신체에서 일어나는 지질대사에 대해 이해하고 있는지 확인하기 위한 이해형 문제이다. 식사를 한 후에도 음식물은 한동안 창자에 남아 있어 영양소가 흡수될 수 있도록 하는데, 이를 흡수기(absorption period)라 한다. 위와 창자가 일단 비워지면 영양소는 더 이상 흡수되지 않는데, 이를 흡수 후기(postabsorption period)라고 한다. 영양소는 흡수기 동안 비축한 것을 흡수 후기에 적절하게 사용될 수 있도록 조절되어야 하는데, 이자에서 분비되는 2가지 호르몬인 인슐린과 글루카곤이 이를 조절한다.

흡수 후기 동안은 위와 창자가 비워져 있어 더 이상 포도당을 공급하지 못하므로 혈당량이 낮아진다. 혈당량이 낮아지면 이자의 알파세포에서 글루카곤이 분비되는데, 글루카곤의 자극을 받은 간(조직 Y)은 글리코겐분해(glycogenolysis) 및 포도당신생합성(gluconeogenesis)을 통하여 혈액에 포도당을 제공한다. 글루카곤의 자극을 받은 지방조직(조직 X)은 저장되어 있는 지방(트리아실글리세롤)을 분해하여 혈액에 글리세롤과 지방산을 제공한다. 간은 이렇게 제공된 글리세롤을 이용하여 포도당을 합성하고, 일부 지방산은 케톤체로 전환시킨다. 골격근(조직 Z)은 지방조직에서 제공한 지방산이나 간에서 제공한 케톤체를 연료분자로 이용하여 ATP를 생산한다.

03

[정답] ②

해설 ㄱ. 산소호흡의 전자전달계의 최종전자수용체는 산소이다.

ㄴ. 짝풀림단백질로 인해 양성자 농도가 충분히 형성되지 않고, 생성되는 ATP의 양도 감소한다. 따라서 $\dfrac{\text{생산된 ATP수}}{\text{소비된 산소분자수}}$ 는 정상적인 미토콘드리아보다 작다.

ㄷ. 문제에서 전자전달계 단백질의 기능은 정상이라고 제시되어 있기 때문에 틀린 보기이다.

04

[정답] ④

해설 ㉠ = 미토콘드리아 기질, ㉡ = 미토콘드리아 내막과 외막 사이 공간

① ATP가 합성될 때 pH는 ㉠보다 ㉡이 더 낮다.

② 시트르산 회로 반응(TCA)는 미토콘드리아 기질인 ㉠에서 일어난다.

③ ATP 합성은 기저부가 아니라 머리부에서 전환된다.

④ 구조변화에 의해 ATP 합성이 유도된다.

⑤ 미토콘드리아에 짝풀림물질을 처리하면 충분한 양성자 농도 기울기가 형성되지 못해서 정상상태보다 ATP 합성이 감소한다. 따라서 평소보다 더 H^+ 농도 기울기를 형성하기 위해 대사가 촉진되기 때문에 NADH의 소비는 증가한다.

7 광합성

해설 CO_2 + RuBP + H_2O → PGA은 캘빈회로의 대표적인 반응이다.

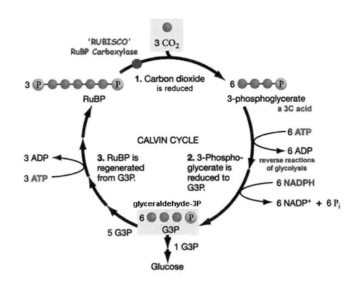

자료해석

이 문제는 CAM 식물의 세포에서 일어나는 광합성 과정에 대해 이해하고 있는지 알아보기 위한 이해형문제이다. 사막 지역에 서식하는 CAM 식물은 수분손실을 막기 위해 낮((나))에는 기공을 닫고, 밤((가))에만 기공을 연다. CAM 식물은 밤에 열린 기공을 통해 잎 내부로 받아들인 CO_2를 말산 형태로 고정하여 액포에 저장한다. 그러므로 낮에 기공을 닫아 외부의 CO_2를 잎 내부로 받아들이지 못하더라도 밤에 저장하였던 말산으로부터 CO_2를 방출하여 광합성을 진행하게 된다.

정답해설 ㄱ. CAM 식물은 밤에 말산 형태로 액포에 저장해 놓았던 CO_2를 이용하여 낮에 엽록체에서 광합성을 진행한다. 따라서 많은 말산을 저장하고 있는 (가)일 때(밤)의 액포의 pH가 저장했던 말산을 소비하는 (나)일 때(낮)의 액포의 pH보다 더 낮다. 따라서 주어진 설명은 옳다.
ㄷ. CAM 식물에서는 CO_2를 유기화합물에 고정시키는 과정이 PEP 카르복실화효소(PEP carboxylase)에 의해 촉매된다. 따라서 주어진 설명은 옳다.

ㄴ. C4 식물이 서로 다른 세포(엽육세포와 유관속초세포)에서 CO_2 고정과 캘빈회로를 통한 당 합성을 수행하는 것과는 다르게, CAM 식물은 CO_2 고정과 캘빈회로를 통한 당 합성을 한 종류의 세포(엽육세포)에서 시간적으로 분리하여 수행한다. 즉, CAM 식물에서 (가)의 대사와 (나)의 대사는 모두 엽육세포에서 일어난다. 따라서 주어진 설명은 옳지 않다.

03 [정답] ④

해설 (가) = C4(공간분리)

(나) = CAM(시간분리)

(다) = C3

ㄱ. C4와 CAM은 탄소가 PEP carboxylase에 의해 고정된다.

ㄴ. C4, CAM식물은 C3식물보다 고온건조 시에 발생하는 광호흡량이 적어 생존에 유리하다.

ㄷ. C3에서 최초로 탄소를 고정하는 효소는 루비스코이다. 루비스코가 탄소를 고정하면 2PGA를 생성하는데(3탄당 2개), 광호흡으로 산소를 고정하면 3탄당과 2탄당물질을 생성한다.

04 [정답] ④

해설 ㄱ. 광계가 빛을 받아 활성화되면 물을 산소로 변환시킨다. 이때 틸라코이드 내강에 H^+가 증가하면서 pH는 감소하고, 스트로마쪽은 pH가 증가한다. 따라서 A는 스트로마의 그래프이다.

ㄴ. 광계는 빛이 없으면 작동하지 않아서 틀린 보기이다.

ㄷ. 플라스토시아닌은 광계2와 광계1 사이에서 전자전달매개체 중의 하나이다. 따라서 플라스토시아닌의 전자전달을 차단하면 전자전달계가 제대로 이루어지지 않기 때문에 A와 B의 pH 차이는 감소할 것이다.

05 [정답] ④

해설 ㄱ. A는 플라스토시아닌이므로 맞다.

ㄴ. 광계 I은 700nm를 주로 흡수하기에 P700이라고 부르므로 맞다. 광계 II는 P680이라고 부른다.

ㄷ. 시토크롬 복합체는 양성자를 스트로마에서 틸라코이드 공간으로 이동시킨다.

06 [정답] ④

해설 ㄱ. 엽록체의 루비스코는 이산화탄소 뿐만 아니라 산소와도 반응할 수 있다.

ㄴ. 미토콘드리아의 최종전자수용체는 산소이고, 엽록체의 최종전자수용체는 $NADP^+$이다.

ㄷ. 산소공급이 중단되면 미토콘드리아의 반응은 결국 중단된다.

8 생식과 발생

01

[정답] ①

해설 감수분열의 특징은 2회의 분열을 통해 염색체의 수를 반감시키는 것이다.

02

[정답] ③

해설 중기의 특징은 염색체가 적도면에 배열하여 관찰하기가 쉽다.

03

[정답] ③

📖 자료해석

이 문제는 사람 배아의 수정에서 착상까지 과정에 대해 이해하고 있는지 확인하기 위한 이해형문제이다. 난자는 난소로부터 배란된 후 나팔관 안으로 들어가는데, 수정은 나팔관의 원위부에서 일어난다. 일단 난자가 수정되어 하나의 접합체가 되면 자궁으로 향하여 나팔관을 따라 천천히 이동하면서 유사분열을 시작한다. 세포분열을 하는 배아는 4일 또는 5일에 걸쳐 나팔관을 통해 자궁 강으로 이동한다. 발달하는 배아가 자궁에 도달할 때에는 배반포라 불리는 약 100개의 세포로 된 하나의 속이 빈 공으로 이루어져 있다. 배반포의 자궁벽 착상은 수정 후 약 7일째 일어난다.

정답해설 ③ 배반포의 영양막인 ⓒ의 일부는 착상이 진행되면서 태반의 일부분인 융모막으로 발달한다.

오답해설 ① (가) 과정은 수정 후 약 일주일이 경과되었을 때 일어난다. 따라서 주어진 설명은 옳지 않다.
② 포유류 배아 세포에서 전능성(totipotency)은 8세포기 배아 세포까지만 가진다. 따라서 ㉠은 전능성(totipotency)을 가진다는 설명은 옳지 않다.
④ ⓒ(상실배)은 포배보다 먼저 형성된다.
⑤ ⓔ은 감수분열을 완료한 세포가 아니라 감수Ⅱ분열 중기에 멈춰져 있는 세포이다.

📖 **자료해석**

이 문제는 여성 생식의 호르몬 조절에 대해 이해하고 있는지 확인하기 위한 이해형문제이다. 여성의 경우 호르몬의 분비는 주기에 따라 증가하고 감소하는데, 이러한 주기를 난소주기라고 한다. 난소주기는 배란을 기준으로 여포가 자라고 제2난모세포가 발달하는 배란 전 단계(배란전기)와 여포가 황체가 된 후의 배란 후 단계(배란후기)로 나뉜다.

배란전기 초반부에 시상하부에서 GnRH가 분비되고 뇌하수체로부터 소량의 FSH와 LH가 분비된다. 이들의 자극에 의해 여포가 발달하는데, 생장하는 여포로부터 스테로이드 호르몬인 에스트로겐이 분비된다. 여포가 성숙하면서 더 많은 양의 에스트로겐이 분비되면 배란전기 후반부에 높은 혈중 농도의 에스트로겐(호르몬 Y)은 시상하부와 뇌하수체를 양성되먹임하여 LH(호르몬 X)의 혈중 농도가 급상승하게 된다. LH의 농도가 급격히 증가하게 되면 배란이 유도되는데, 성숙한 여포에서 제2난모세포가 방출되고 남은 여포조직은 황체로 전환된다. 황체에서는 스테로이드 호르몬인 에스트로겐(호르몬 Y)과 프로게스테론(호르몬 Z)을 분비하는데, 이들은 뇌하수체에 음성되먹임으로 작용하여 FSH와 LH의 분비를 억제한다. 배란 후기 후반부에는 LH의 분비 감소로 황체가 퇴화되면서 난소호르몬들의 혈중 농도도 감소하는데, 이로 인해 자궁내벽이 파괴되는 월경이 시작되면서 새로운 생식주기가 다시 시작된다.

정답해설 ㄴ. 배란을 유도하는 호르몬인 호르몬 X는 LH이다. 성인 남성에서 LH는 레이디히세포를 자극하여 테스토스테론을 분비하게 하므로, 주어진 설명은 옳다.

오답해설 ㄱ. ㉠(배란된 생식세포)는 감수Ⅱ분열 중기에서 세포분열이 멈춰있는 세포이다. 감수Ⅱ분열에서는 비자매염색분체 간의 교차가 일어나지 않으므로, ㉠(배란된 생식세포)의 염색체에서 키아즈마가 발견된다는 설명은 옳지 않다.

ㄷ. 임신 후반부에 자궁에서 옥시토신 수용체를 유도하여 분만이 잘 일어날 수 있도록 돕는 호르몬은 호르몬 Z(프로게스테론)가 아니라 호르몬 Y(에스트로겐)이다. 따라서 주어진 설명은 옳지 않다.

📖 **자료해석**

이 문제는 정자형성과정에 대해 이해하고 있는지 확인하기 위한 이해형문제다. 정소에서 정자형성은 뇌하수체에서 분비되는 생식샘자극호르몬인 FSH와 LH 모두에 의해 촉진된다. FSH에 의해 자극된 세르톨리세포는 정원세포의 분열을 촉진함으로써 정자의 형성을 촉진한다. LH의 자극으로 레이디히 세포에서 분비된 테스토스테론은 세르톨리세포에 작용하여 정자 형성을 촉진한다. 이렇게 형성된 정자는 세정관 내강으로 방출된 후 부정소로 이동하여 운동성을 얻게 된다.

정답해설 ⑤ 안드로겐 결합단백질(ABP)은 지용성인 테스토스테론과 결합하여 안정화시키므로, 테스토스테론이 정소에 높은 농도로 존재할 수 있게 해준다. 따라서 안드로겐 결합단백질 (ABP)에 의해 테스토스테론은 혈장보다 정소에서 높은 수준을 유지한다는 설명은 옳다.

오답해설 ① 정원세포는 FSH의 직접적인 표적세포가 아니다. FSH는 세르톨리세포에 작용하여 세르톨리세포가 정원세포의 정자 형성을 촉진하게 함으로써 정자 형성을 촉진한다. 따라서 정원세포의 세포막에는 ㉠(FSH)의 수용체가 존재한다는 설명은 옳지 않다.

② LH는 레이디히세포로 하여금 정자 형성을 자극하는 테스토스테론의 분비를 촉진하게 하는 방식으로 정자 형성에 관여한다. 따라서 LH는 정자 형성에 관여하지 않는다는 설명은 옳지 않다.

③ 정자는 세정관 ⓐ 부위(세정관 내강)에서 운동성을 획득하지 않고 부정소에서 운동성을 획득한다. 따라서 주어진 설명은 옳지 않다.

④ 유전자는 폴리펩타이드를 암호화하므로, 지질인 테스토스테론을 암호화하는 유전자는 존재하지 않는다. 따라서 LH 는 레히디히 세포에서 테스토스테론을 암호화하는 유전자의 발현을 촉진한다는 설명은 옳지 않다.

06 [정답] ②

해설 ㄱ. 정자의 운동능력은 부정소에서 발생하므로 틀린 보기이다.

ㄴ. 테스토스테론을 합성하는 세포는 레이디히 세포이다.

ㄷ. A에서 B로 되는 과정에 여포자극호르몬(FSH)의 자극이 필요하다.

07 [정답] ⑤

해설 ㄱ. 레이디히세포를 자극하는 호르몬은 LH이다. LH의 수용체는 표적 세포의 세포막에 존재한다.

ㄴ. 인히빈은 ㉡(FSH)의 분비를 억제한다.

ㄷ. ㉢(테스토스테론)은 여성에서도 소량 분비된다.

9 세포분열

01 [정답] ④

해설 어떤 체세포의 G_1기 때의 DNA량을 2라고 하면, 보기 ①번의 경우 체세포의 G_2기의 DNA양은 4이고, 마찬가지로 감수 제1분열 중기 때의 DNA양도 4이다. ②번의 G_1기의 DNA양은 2이고, 감수 제2분열은 DNA가 복제되어 1번 분열을 거쳤으므로 DNA양이 반감되어 2가 되고, ③번의 체세포분열 전기와 감수 제1분열 전기는 DNA양이 동일하다.

02　　　　　　　　　　　　　　　　　　　　　　　　　　　　　　　　[정답] ②

해설 유사분열 중기 때의 염색체는 2개의 염색분체로 이루어져 있다. 따라서 이 때의 염색분체는 92개이다.

03　　　　　　　　　　　　　　　　　　　　　　　　　　　　　　　　[정답] ③

해설 ① 세포사멸이 일어나면 세포당 DNA의 양이 1미만인 A의 세포 수가 증가한다.
② G1기는 DNA가 2배가 되는 S기 이전단계이기 때문에 B에 있는 것이 맞다.
③ 세포 크기 검문지점은 M기 직전인 G2-M기에 있으므로 D에 있다.
④ 사이클린 B는 S기에 합성이 시작된다.
⑤ 염색체는 M기의 중기에 광학현미경으로 관찰할 수 있다. 따라서 D가 맞다.

10　유전학

01　　　　　　　　　　　　　　　　　　　　　　　　　　　　　　　　[정답] ④

해설 교차율은 유전자간의 거리에 비례하고, 연관의 강도는 반비례한다. 즉, 유전자 간의 거리가 멀수록 교차율은 크고, 대신에 연관의 강도는 약하다. 교차율이 0%이면 완전연관이고, 교차율이 50%이상이면 완전독립이다.

02　　　　　　　　　　　　　　　　　　　　　　　　　　　　　　　　[정답] ②

해설 다운증후군은 감수분열시 21번째 염색체의 비분리로 발생되며, 21번째 염색체가 3개이다. 그래서 47개의 염색체를 가지며, 선천적으로 정신박약이나 육체적 이상을 나타낸다.

03　　　　　　　　　　　　　　　　　　　　　　　　　　　　　　　　[정답] ⑤

해설 대립형질이 같은 염색체에 있으면 연관이므로 멘델의 법칙에 해당되지 않는다.

해설 붉은 눈의 수컷(XY), 흰눈의 암컷(X′X′)의 교배이므로, 태어나는 자손의 유전자형은 X′X, X′Y이다. 즉, 암컷은 모두 붉은색의 눈색깔을 나타내고, 수컷은 모두 흰색의 눈색깔을 가진다.

해설 응집원이 없는 혈액형인 O형과 응집소가 없는 혈액형인 AB형의 자식으로는 A형, B형만 가능하다. 따라서 O형, AB형은 불가능하다.

📖 자료해석

이 문제는 열성치사에 대하여 이해하고 있는지를 확인하기 위한 분석·종합·평가형문제이다. 문제에서 한 유전자에 의해서 결정되는 쥐의 털색은 2가지의 유형(회색과 노란색)이 존재한다고 하였고 이들 간에 가능한 3가지 유형의 교배 중 교배 A(회색×회색)에서는 항상 회색만 나왔고, 교배 B(노란색×노란색)에서는 항상 '노란색 : 회색 = 2 : 1'만 나왔으며, 교배 C(회색×노란색)에서는 항상 노란색 : 회색 = 1 : 1'만 나왔다고 하였다. 이러한 결과는 노란색을 나타나게 하는 대립유전자는 우성 대립유전자이고, 회색을 나타나게 하는 대립유전자는 열성 대립유전자이며, 우성 대립유전자가 동형접합성이면 치사를 일으킬 때 가능한 결과이다.

정답해설 ㄱ. 자료해석에서 살펴본 바와 같이, 문제에서 주어진 자료를 통해 회색을 나타나게 하는 대립유전자가 열성대립유전자라는 것을 알 수 있다.
ㄴ. 문제에서 주어진 자료를 통해 쥐의 털색은 우성대립유전자인 노란색을 나타나게 하는 대립유전자를 동형접합성으로 가지면 치사하는 것을 알 수 있다. 따라서 노란색을 나타나게 하는 대립유전자를 동형접합성으로 가지는 개체는 치사한다는 설명은 옳다.
ㄷ. 교배 B의 부모는 모두 이형접합성(Yy)이다.

📖 자료해석

이 문제는 하디-바인베르크 평형이 유지되고 있는 집단에서 유전질환 X가 나타나는 어떤 가정의 가계도 분석을 통해 다음 세대에서 유전질환 X인 아이가 태어날 확률을 구하는 분석·종합·평가형문제이다. 문제에서 주어진 가계도를 살펴보면, 유전질환 X를 앓고 있는 여성인 Ⅱ-2의 부모는 정상이라는 것을 통해 유전질환 X는 상염색체 열성유전인 것을 알 수 있다. 따라서 이 집단에서 열성 유전질환인 유전질환 X가 나타나는 사람의 빈도(q^2)는 0.01($= \dfrac{100}{10,000}$)이다. 만일 유전질환 X의 대립유전자를 a로, 정상 대립유전자를 A로 가정하면, a의 빈도(q)는 0.1이고 A의 빈도(p)는 0.9($=1-0.1$)이다.

08 [정답] ①

해설 ㄱ. 정상인 부모 사이에 유전병을 가진 아이가 태어났으므로 이 유전병은 열성유전이다.
ㄴ. 유전병 X의 증상은 페닐알라닌이 적은 음식을 섭취해야 증상이 완화될 수 있다.
ㄷ. 이 집단이 하디-바인베르크 평형에 있다고 하니 $q^2 = 1/40000$, $q = 1/200$이다. $p+q=1$이고, X에 대한 이형접합자의 빈도는 $2pq$이므로 $2pq = 2 \times 199/200 \times 1/200 = 199/20000$이다.

09 [정답] ②

해설 유전병 B는 1/8000의 확률인데 이 중에서 B1은 $1/8000 \times 8/10 = 1/10000$의 확률로 발병하고 B2는 $1/8000 \times 2/10 = 1/40000$의 확률로 발병한다.
멘델집단은 하디-바인베르크법칙을 만족하는 이상적인 집단이고, 하디-바인베르크법칙에서 특정 열성형질의 발생률은 q^2로 계산하기 때문에 B1의 $q^2 = 1/10000$이므로 B1의 $q = 1/100$이다. 마찬가지로 B2의 $q^2 = 1/40000$이므로 B2의 $q = 1/200$이다.

11-1 DNA 복제

01 [정답] ①, ⑤

해설 DNA와 RNA의 공통점은 둘 다 유전자의 본체로 작용할 수 있고, 인산 : 당 : 염기의 비가 1 : 1 : 1로 구성되며, 단백질 합성 시 DNA가 주형이 되어 mRNA가 만들어져서 단백질을 합성한다. 하지만 DNA는 이중나선 구조이기 때문에 퓨린과 피리미딘의 함량이 1 : 1 이 되지만 RNA는 Single Strand이기 때문에 퓨린과 피리미딘의 비가 1 : 1이 될 수 없다.

02
[정답] ①

해설 P는 DNA의 구성성분인 인의 구성물질이기 때문에 대장균 안에서 나타나고, S는 단백질의 구성물질이기 때문에 대장균 밖에서 나타난다. 따라서 유전물질이 DNA임을 증명하는 것이다.

03
[정답] ②

해설 유전공학에 사용되는 운반체로서 필요한 기능은 먼저 스스로 복제할 수 있는 능력이 있어야 하며, 제한효소에 의해 가수분해 되어야 하고, 재조합이 잘 되었는지 선별을 할 수가 있어야 하며, 크기가 작고, 조작이 간편하여야 한다. 이중에서 가장 중요한 것은 재조합된 유전자가 스스로 복제되어 원하는 물질을 많이 만들어 낼 수 있어야 하므로 복제능력이 가장 중요하다고 볼 수 있다.

04
[정답] ⑤

해설 이 문제는 유전물질이 어떤 것인지를 묻는 문제로서 파아지의 숙주세포 감염 기작을 알면 쉽게 푸는 문제이다. 파아지의 경우 숙주세포로 DNA를 삽입시켜 숙주세포의 효소들을 이용하여 자신의 외막 단백질을 합성하고, 또한 자신의 DNA를 복제한다. 따라서 자손 바이러스는 DNA를 T4 파아지의 DNA를 사용하여 조립하였기 때문에 T4 파아지의 외피단백질과 DNA를 가진다.

05
[정답] ④

해설 DNA는 RNA와 달리 −OH기가 하나 없다. 따라서 DNA 생합성시에 필요한 핵산은 dATP, dCTP, dGTP, dTTP이다. GTP는 RNA의 합성에 쓰인다. 마그네슘은 DNA 대사에 필수적인 조효소이다.

06
[정답] ⑤

해설 역전사효소는 RNA를 기반으로 DNA를 합성하는 효소이다.

📖 자료해석

이 문제는 다수복제분기점(multiple fork)에 대해 이해하고 있는지 확인하기 위한 적용형문제이다. 문제에서 제시한 DNA의 전자현미경 사진을 살펴보면, 3개의 복제기포를 확인할 수 있다. 생명체 X는 양방향 복제를 한다고 하였으므로, 사진 상에 복제원점은 3곳이 존재하고 복제분기점은 6곳이 존재 한다.

정답해설 ▶ ㄷ. 가장 늦게 활성화된(가장 최근에 형성된) 복제원점은 복제 기포의 크기가 가장 작은 가운데 기포에 위치한다.

오답해설 ▶ ㄱ. 전자현미경 사진 상에서 생명체 X의 DNA는 복제원점이 적어도 3곳에 존재하므로, 원핵생물이 아니라 진핵생물이다. 원핵생물은 복제원점이 한 곳에만 존재한다.
ㄴ. 전자현미경 사진 상에서 복제기포가 3개 관찰되므로 복제 분기점은 3곳이 아니라 6곳이 존재한다.

📖 자료해석

이 문제는 세포주기에 대하여 이해하고 있는지 확인하기 위한 이해형문제이다. 문제에서 주어진 그림을 살펴보면, A 시기는 2개의 복제기포가 보이는 것으로 보아 간기 중 DNA 복제가 일어나는 S기임을 알 수 있고, B 시기는 방추사가 응축된 염색체 Y에 결합한 것으로 보아 분열기(중기)임을 알 수 있으며, C 시기는 분열기의 말기임을 알 수 있다. 염색체 Y는 선형이라는 점과 S기에서 염색체 Y에 2개의 복제원점이 존재한다는 점을 통해 세포 X는 진핵세포임을 알 수 있다. 진핵세포는 방추사를 이용하는 세포분열(체세포분열)을 통해 세포가 증식한다.

정답해설 ▶ ④ MPF의 활성은 G_2기 후반부(A 시기의 바로 다음 시기) 부터 높아져 분열기의 중기까지 높게 유지하다가 중기가 지나고 후기가 진행되면서 급격히 낮아진다. C 시기는 분열기의 말기 로 볼 수 있다. 따라서 MPF의 활성은 B 시기(중기) 보다 C 시기일 때 더 높다는 설명은 옳지 않다.

오답해설 ▶ ① A 시기를 살펴보면, 염색체 Y에서 2개의 복제기포가 관찰되므로 복제원점이 2곳에 있다는 것을 알 수 있다.
② DNA 연결효소(ligase)의 활성은 DNA 복제가 일어나는 S기(A 시기)에 높다. 따라서 DNA 연결효소의 활성은 A 시기가 B 시기보다 높다는 설명은 옳다.
③ ㉠(텔로미어)은 수많은 반복적인 짧은 뉴클레오타이드 서열로 이루어져 있어 거듭되는 DNA 복제로 인한 손상으로부터 생명체 유전자를 보호하는 역할을 한다. 따라서 ㉠ 부위에는 단백질에 대한 유전정보가 존재하지 않는다는 설명은 옳다.
⑤ 세포 X는 진핵세포이다. 따라서 세포 X의 단백질은 대부분 진핵생물의 리보솜인 80S 리보솜에 의해 합성된다.

11-2 유전자의 전사

01

[정답] ④, ⑤

> **해설** 전사 후 일어나는 post-transcriptional modification은 인트론이 제거되는 splicing(RNA processing), mRNA의 5 ' 말단에 메틸화된 GTP를 첨가하는 capping, 그리고 3 ' 말단에 poly A를 첨가하는 poly A tailing이 있다. signal-peptide의 제거는 단백질 합성 후에 일어나며, DNA methylation은 DNA 복제 후 DNA 불활성화나 DNA 보호 차원에서 일어난다.

02

[정답] ④

📖 자료해석

이 문제는 RNA 스플라이싱(splicing)에 대해 이해하고 있는지 확인하기 위한 이해형문제이다. 진핵생물 유전자의 1차 전사체(ⓒ)는 핵을 떠나기 전에 몇 가지 방식으로 가공된다. 1차 전사체의 양쪽 끝이 모두 가공되고, 인트론은 제거된다. 인트론을 제거하는 것을 RNA 스플라이싱이라고 하는데, 1차 전사체에 몇몇 snRNP(small nuclear ribonucleoprotein particle)들이 인트론을 인식하여 결합한다. 인트론과 엑손의 경계에 존재하는 공통서열(consensus sequence)을 snRNP 구성성분인 snRNA가 특이적으로 인식하여 결합한다. 다음으로 ATP 에너지를 사용하여 여러 단백질들이 모여 스플라이싱복합체(spliceosome)라 부르는 커다란 RNA-단백질 복합체를 형성한다.

> **정답해설** ④ 문제에서 주어진 그림을 살펴보면 유전자 Y 전사체(ⓒ)의 왼쪽 말단은 5′ 말단이고 오른쪽 말단은 3′ 말단인 것을 알 수 있다. 또한 인트론이 잘려져 나갈 때 먼저 인트론1의 5′ 말단 쪽이 잘려진 후 인트론1 내부와 연결되는 것을 확인할 수 있다. 그런 다음 인트론1의 3′ 말단 쪽이 잘려지면서 인트론은 올가미 형태로 방출되고 엑손끼리 연결되는 것을 확인할 수 있다. 이것을 통해 ⓐ는 3′ 말단임을 알 수 있다.

> **오답해설** ① ㉠에서 개시코돈은 발견되지만 종결코돈은 발견되지 않는다.
> ② ㉡은 단백질 Z를 암호화하는 유전자 Y에서 합성된 것이므로, RNA 중합효소 Ⅰ이 아니라 RNA 중합효소 Ⅱ에 의해서 합성된다.
> ③ snRNA가 인트론1의 특정염기 서열을 인식해서 절단한다.
> ⑤ 위의 과정은 세포 X의 세포질이 아니라 핵 내에서 일어난다.

03

해설 ㄱ. Ⅱ단계는 주형가닥에 primer가 붙는 과정이다. primer와 상보적인 부분에 수소결합이 자연스럽게 일어나는 과정으로 효소의 작용은 필요 없다.

ㄴ. primer는 5'→3' 방향으로 붙기 때문에 ⓐ는 3' 말단이 맞다.

ㄷ. 두 번째 사이클에서 ㉠, ㉡, ㉢, ㉣ 가닥이 생성될 수 있다.

04

[정답] ③

📖 자료해석

본 문항은 진핵세포의 DNA 복제와 전사에 대해 알고 있는지 묻는 이해형문제이다.

그림 (가)를 살펴보면, 기포(bubble)의 중앙 지점을 기점으로 양쪽 방향 모두에서 연속적인 핵산의 합성과 불연속적인 핵산의 합성이 서로 대칭적으로 일어나고 있는 것으로 보아, (가)는 DNA가 합성되고 있는 복제기포를 나타낸 그림이라는 것을 알 수 있다. 그림 (나)를 살펴보면, 기포에 존재하는 두 가닥의 핵산 중 아래쪽에 있는 한 가닥만 주형으로 핵산이 합성되고 있고 합성된 핵산의 일부분이 기포 밖으로 돌출되어 있는 것으로 보아, (나)는 전사기포를 나타낸 그림이라는 것을 알 수 있다.

(가) DNA 복제과정

(나) 전사 과정

정답해설 ③ 복제 과정인 (가)에서는 복제분기점에서 불연속적복제로 새로운 사슬 개시가 일어날 때마다 프리마제(primase)는 RNA 프라이머(primer)를 새롭게 합성한다. 전사과정인 (나)에서는 RNA 중합효소에 의해 RNA가 합성된다. 그러므로 (가)와 (나)에서 모두 RNA 합성이 일어난다는 설명은 옳다.

오답해설 ① DNA의 불연속적복제가 일어날 때, 복제기포의 정중앙에 존재하는 복제원점(origin of replication)에 더 가까이 있는 오카자키절편인 ㉠이 더 멀리 있는 오카자키절편인 ㉡보다 더 먼저 합성된다.

② DNA 복제는 세포주기의 S기에 일어난다.

④ RNA 중합효소는 처음부터 스스로 사슬을 만들 수 있기 때문에 프라이머를 필요로 하지 않는다.

⑤ ㉢(전사체)의 합성은 DNA 복제와 마찬가지로 5' → 3' 방향으로 일어난다.

11-3 유전자의 번역

01
[정답] ④

📖 자료해석

이 문제는 세균에서의 전사와 번역의 연결에 대해 이해하고 있는지 확인하기 위한 적용형문제이다. 원핵세포는 핵이 없어 전사와 번역이 세포질에서 동시에 일어나는데, 세균에서 mRNA의 번역은 DNA 주형에서 mRNA의 5′ 말단이 떨어져 나오는 순간부터 시작된다. 문제에서 주어진 그림을 살펴보면, 한 분자의 DNA(유전자 X)에 3개의 RNA 중합효소가 결합되어 있는데, ⓑ에 달려 있는 mRNA의 길이가 가장 길고 ⓐ에 달려 있는 mRNA의 길이가 가장 짧은 것으로 보아 3개의 RNA 중합효소 분자 중에 ⓑ가 유전자 X에 가장 먼저 결합했다는 것과 전사는 왼쪽에서 오른쪽으로 진행된다는 것을 알 수 있다.

정답해설 ④ 문제에서 제시한 그림은 원핵세포(진정세균)에서 일어나는 현상이다. 원핵세포(진정세균)의 유전자는 인트론을 가지지 않는다. 따라서 ⓑ는 유전자 X의 인트론을 전사한다는 설명은 옳지 않다.

오답해설 ① 자료해석에서 살펴본 바와 같이, 문제에서 주어진 자료를 통해 ⓑ가 ⓐ보다 유전자 X에 더 먼저 결합했다는 것을 알 수 있다.
② 원핵세포의 전사는 세포질에서 일어나므로, ⓐ(RNA 중합효소)의 활성은 주로 세포질에서 나타난다는 설명은 옳다.
③ 클로람페니콜은 원핵세포의 리보솜(70S)의 기능을 방해하는 항생제이다. 따라서 ⓒ의 기능은 클로람페니콜에 의해 억제된다는 설명은 옳다.
⑤ 문제에서 주어진 그림을 살펴보면, 리보솜 ⓒ에 결합되어 있는 폴리펩타이드 길이가 리보솜 ㉠에 결합되어 있는 폴리펩타이드 길이보다 더 긴 것을 확인할 수 있다. 이를 통해, ⓒ이 ㉠보다 더 먼저 mRNA에 결합하여 번역을 진행했다는 것을 알 수 있다. 따라서 ㉠이 ⓒ보다 더 나중에 mRNA에 결합하였다는 설명은 옳다.

02
[정답] ⑤

📖 자료해석

이 문제는 세균의 번역과정에 대해 이해하고 있는지 확인하기 위한 이해형문제이다. 번역은 리보솜의 30S 소단위체와 mRNA의 리보솜 결합장소(Shine-Dalgarno 서열; 샤인-달가노 서열)가 결합한 후, 개시 tRNA와 대단위체가 결합함으로써 시작된다. 리보솜에 존재하는 tRNA 결합자리는 A 자리(아미노 아실 tRNA 결합자리), P 자리(펩티딜 tRNA 결합자리), E 자리(출구자리)가 있다. 번역 개시 단계에서 fMet을 운반하는 개시 tRNA는 개시인자의 도움을 받아 예외적으로 P 자리에 결합한다. 번역 개시 단계 이후, 폴리펩타이드 사슬의 신장은 세 단계의 주기로 이루어지는데, 첫 번째 단계는 코돈인식 단계이다. 아미노아실 tRNA 의 안티코돈이 A 자리의 mRNA 코돈과 상보적인 염기쌍을 형성한다. 이때 한 분자의 GTP가 가수분해 되면서 정확성과 효율성을 증가시킨다(가). 두 번째 단계는 펩타이드결합의 형성이다. A 자리에 있는 아미노산의 아미노기와 P 자리에 있는 성장하는 폴

Chapter 02. 예상문제 답안과 해설 **291**

리펩타이드 C-말단 아미노산의 카르복실기와 펩타이드결합이 이루어지는데, 이는 리보솜 50S 큰소단위체의 23S rRNA 분자가 촉매한다(나). 세 번째 단계는 리보솜의 이동이다. A 자리에 있는 tRNA가 P 자리로 옮겨지도록 리보솜이 mRNA를 따라 5′ → 3′ 방향으로 한 코돈만큼 이동한다. P 자리에 있던, 폴리펩타이드 사슬이 떨어진 tRNA는 E 자리로 이동 후 방출된다. 번역의 종결은 mRNA상의 종결코돈(UAG, UAA, UGA)이 리보솜의 A 자리에 도달할 때 일어난다. 아미노아실 tRNA의 구조와 비슷하게 생긴 방출인자(release factor) 단백질이 A 자리의 종결코돈에 직접 결합하면, 폴리펩타이드 사슬에 아미노산 대신 물분자가 첨가됨으로써 완성된 폴리펩타이드는 tRNA 로부터 분리된다. 종결단계에서는 두 분자의 GTP가 분해된다.

정답해설 ⑤ 세균 번역의 개시단계에서 1 분자의 GTP, 신장 단계에서 2 분자의 GTP, 종결단계에서 2분자의 GTP가 사용된다. 따라서 번역의 개시, 신장, 종결과정에서 모두 GTP가 사용된다.

오답해설 ① ㉠은 아미노아실 tRNA이다. 아미노아실 tRNA는 아미노아실 tRNA 합성효소가 tRNA의 3′-OH 말단과 아미노산의 카르복실기 사이의 공유결합(에스테르 결합)을 촉매함으로써 만들어진다. 이때 ATP의 가수분해 에너지가 사용된다. 따라서 주어진 설명은 옳지 않다.
② 자료해석에서 설명하였듯이, 개시코돈과 개시 tRNA는 리보솜의 P자리에서 결합한다. 따라서 번역의 개시단계에서 개시코돈은 리보솜의 A자리에 위치한다는 설명은 옳지 않다.
③ 자료해석에서 살펴보았듯이, (나) 과정에서 일어나는 펩타이드결합의 형성은 리보솜 50S 큰 소단위체에 있는 23S rRNA에 의해 촉매된다. 따라서 50S 큰 소단위체의 단백질 부위가 (나) 과정을 촉매한다는 설명은 옳지 않다.
④ 리보솜이 mRNA 상의 종결코돈에 도달하면 리보솜의 A 자리에 방출인자가 결합한다. 따라서 주어진 설명은 옳지 않다.

03 [정답] ③

📖 자료해석

이 문제는 원핵세포의 번역에 대해 이해하고 있는지 확인하기 위한 이해형문제이다. 번역은 3단계 과정(개시, 신장, 종결반응)으로 이루어져 있다. 번역의 개시단계는 mRNA, 폴리펩타이드의 첫 번째 아미노산이 달린 tRNA, 리보솜의 두 소단위체를 한데 모으는 과정이다. 번역의 신장단계에서는 자라고 있는 폴리펩타이드 사슬의 C-말단에 있는 아미노산에 새로운 아미노산을 하나씩 하나씩 순차적으로 연결시키는 과정이다. 종결은 합성이 끝난 폴리펩타이드를 리보솜으로부터 방출하고 mRNA와 리보솜의 두 소단위체가 분리되는 단계이다.
문제에서 주어진 그림을 살펴보면, 50S에 결합하고 있는 tRNA에 2개의 아미노산(fMet, Gly)이 연결되어 있는데 그 중 N-말단에 존재하는 아미노산이 fMet(N-포밀메싸이오닌, N-formylmethionine)인 것으로 보아 세포 X는 원핵세포라는 것과 그림은 신장단계를 나타낸 것 등을 알 수 있다.

정답해설 ㄷ. [자료해석]에서 살펴본 바와 같이 문제에서 주어진 그림을 통해 세포 X는 원핵세포라는 것을 알 수 있다. 그리고 ⓐ 부위는 개시코돈의 상류 부위이므로 5′UTR(비번역부위)이라는 것을 알 수 있다. 원핵세포의 5′UTR(비번역부위)에는 리보솜 결합자리인 샤인-달가노 서열 (Shine-Dalgarno Sequence)이 존재한다. 따라서 주어진 설명은 옳다.

ㄴ. 신장되고 있는 폴리펩타이드 사슬과 새로 첨가되는 아미노산 사이의 펩타이드 결합 형성을 촉매하는 효소는 ㉡에 존재하는 rRNA(리보자임)이다. 따라서 주어진 설명은 옳지 않다.

04 [정답] ④

해설 ① (가) 지점은 mRNA의 5'말단이다.
② 번역 개시 단계에서 개시 tRNA는 P 부위에 결합하고 다음의 tRNA는 A 자리에 결합한다.
③ 원핵생물은 30s과 50s 소단위체가 결합하여 70s 리보솜을 갖고 있다. 이 중 30s는 16s rRNA를 포함한다.
④ 번역 신장 단계에서 ㉢ 아미노산은 ㉠ 아미노산과 결합한다.
⑤ 번역 신장 단계에서 리보솜이 이동하는 데 GTP를 사용한다.

11-4 돌연변이

01 [정답] ②

해설 돌연변이를 유발하는 물질을 돌연변이원이라고 한다.

02 [정답] ②

해설 1) 침묵돌연변이는 아미노산의 변화가 없으므로 효소 활성은 같다.
2) 대장균에서의 전사는 Pribnow box가 있으면 전사된다. X 단백질의 번역틀이 이동된 것과 관계없다.
3) 정지돌연변이는 돌연변이로 정지코돈이 생겨서 단백질 번역이 중단된 것으로 침묵돌연변이에 비해 발현된 단백질의 분자량이 작아진다.
4) 미스센스돌연변이는 아미노산 1개만 달라지는 점돌연변이와 같아서 mRNA의 길이는 변함없다.

12 유전자 발현의 조절

01
[정답] ④

해설 사람의 몸에 있는 모든 세포에 있는 DNA는 동일하다. 하지만 서로 다른 조직에 있는 각각의 세포는 다른 기능을 한다. 그 이유는 서로 다른 조직의 세포는 자기에게 필요한 단백질만을 합성하기 때문에 DNA에 있는 모든 유전자가 발현되는 게 아니라 자기에게 필요한 유전자만 발현된다.

02
[정답] ②

해설 유전자 재조합 시 운반체의 역할을 하는 벡터는 크기가 작을수록 세포에 삽입시키기가 용이하기 때문에 유리하며, 스스로 복제가 가능해서 많은 양의 산물을 만들어야 정제 분리하는데 유리하다.

03
[정답] ①

📖 자료해석
제한효소를 사용하여 플라스미드를 절단하고, 절편 연결 반응을 이용하여 플라스미드를 다시 연결하였다. 암피실린이 있는 배지에서 자랄 수 있으려면 암피실린 저항성 유전자인 a단편을 가지고 있어야 하고, 복제 원점이 있는 단편 b나 d를 가지고 있어야 한다.

정답해설 ㄱ, ㄴ. a단편과 복제 원점이 있는 b나 d와 연결반응이 일어난 pAB와 pAD만이 암피실린 고체 배지에서 자랄 수 있다.

오답해설 ㄷ, ㄹ. pBC나 pCD는 암피실린 저항 유전자가 없어서 암피실린 고체 배지에서 살 수 없다.

13 진화와 분류

01

[정답] ⑤

해설 GC함량이 변화한다는 것은 유전자의 변화를 시사하는 것으로 이는 돌연변이가 많이 형성되었다는 것을 의미한다. 시간이 경과할수록 돌연변이가 일어날 수 있는 확률은 증가하며, 하등동물일수록 지구상에 생존한 역사가 기므로 돌연변이가 많이 생기는 것은 고등동물보다는 하등동물이다.

02

[정답] ②

해설 화석상의 증거가 가장 확실하다.

03

[정답] ④

해설 개체변이 – 같은 종의 생물에서 각 개체 사이에 나타나는 형질의 차이, 예를 들어 한 그루의 나무에 달린 잎의 크기가 서로 다른 것과 같이 체세포에서 일어나는 것으로 자손으로 형질이 전달되지 않음

04

[정답] ⑤

자료해석

이 문제는 계통수에 대해 이해하고 있는지 확인하기 위한 이해형문제이다. 진화론에서는 종이 공통조상에서 분기하였으며 모든 생명의 진화 과정이 하나의 거대한 계통수로 그려질 수 있다고 설명하는데, 계통수에서 각 가지의 마디는 공통조상을 나타내며 끝부분까지 도달하지 못한 가지들은 멸종된 것을 의미한다. 각 가지에 표시되어 있는 눈금은 진화적 변형을 나타낸다. 계통분류학적으로 생물을 분류하기 위해 생물학자들은 분기군(clades)을 결정하는데, 각 분기군은 한 조상종과 모든 후손을 포함한다. 분류의 등위처럼 분기군은 더 포괄적인 분기 군에 내포된다. 특정 분류군(taxon)에 존재하는 종 모두가 가지는 형질을 공유 조상 형질(shared ancestral character)이라고 한다. 특정 공유 조상 형질을 공유하고 있는 종들 중에서, 일부 종들에만 공통적으로 나타나는 새로운 형질을 공유 파생 형질(shared derived character)이라고 한다. 공유 파생 형질은 특정 분기군에 특이한 진화적 신형으로 간주된다. 하나의 분류군은 단계통군(monophyletic group)이어야 하는데, 단계통군은 하나의 조상과 그 후손들 모두를 포함하며, 그 밖의 종을 포함하지 않는다.

정답해설 ㄱ. 자매 분류군은 직전의 공통조상을 공유하는 생물군들을 의미하므로 A와 B는 자매분류군이라는 설명은 옳다.

ㄴ. 두 종 간의 상이한 형질의 수가 더 적을수록 두 종은 좀 더 최근의 공통조상으로부터 분기한 것이다. 따라서 두 종 간의 상이한 형질의 수가 더 적을수록 두 종의 유연관계는 더 가까운 것이다.

ㄷ. A와 C의 가장 최근의 공통조상과 그 공통조상으로부터 유래된 모든 종(A~C)은 공유 조상 형질로 형질 상태 1을 갖는다.

05

📖 자료해석

이 문제는 양적 변이의 양상을 나타내는 형질에 자연선택이 가해졌을 때 나타날 수 있는 3가지 유형의 진화에 대해 이해하고 있는지 확인하기 위한 이해형문제이다. 자연선택은 집단에서 어떤 표현형이 유리한가에 따라 세 가지 방식((가)~(다))으로 유전형질의 빈도 분포를 바꿀 수 있다. 이 세 가지 방식의 선택은 안정화 선택(가), 방향성 선택(나), 그리고 분단성 선택(다)이다. 안정화 선택(가)은 양 극단의 표현형을 제거하는 쪽으로 작용하고, 중간형을 선호한다. 이 방식의 선택은 변이를 줄이고 특정 표현형이 현재 상태를 그대로 유지한다. 방향성 선택(나)은 표현형의 분포 범위 안에서 한 쪽 극단에 있는 표현형의 개체들이 선호될 때 발생한다. 방향성 선택은 한 집단의 환경이 변할 때나 집단의 구성원들이 다른 환경 조건을 가진 새로운 서식지로 이주하는 경우에 흔히 나타난다. 분단성 선택(다)은 형질의 평균값을 가지는 개체들보다 양 극단에 있는 개체들을 더 선호할 때 일어난다.

정답해설 ④ (가)~(다) 중 종분화가 일어날 가능성이 가장 높은 것은 분단성 선택이 일어나는 (다)이다. 분단성 선택은 뚜렷한 2개의 개체군을 만들어 낼 수 있기 때문에, 종분화가 일어나게 할 수 있다.

오답해설 ① (가)(안정화 선택)에서 선택은 양 극단의 표현형을 제거하는 쪽으로 작용하고 중간형을 선호하므로, 시간이 지나도 형질의 평균값은 변하지 않고 유지된다.

② 한 집단의 환경이 변하면, 변한 환경에 적합한 형질의 값을 가진 개체들이 더 유리해지므로 방향성 선택이 나타날 수 있다.

③ (다)가 나타나게 하는 선택(분단성 선택)은 형질의 평균값보다는 양 극단을 더 선호한다.

⑤ 인간의 갓난아이 체중은 3~4 kg 범위 안에 있는데, 이보다 작거나 큰 아이들은 사망률이 높다. 즉, 사람 개체군에서 출생 시 체중은 (가)에서 보이는 선택(안정화 선택)을 받는다.

06

[정답] ①

📖 자료해석

이 문제는 양적 변이의 양상을 나타내는 형질(표현형)에 자연선택이 가해졌을 때 나타날 수 있는 3가지 유형의 진화에 대해 이해하고 있는지 확인하기 위한 이해형문제이다. 집단 내에서 어떤 표현형 변이가 적응에 더 유리한가에 따라 세 가지 유형((가)~(다))의 적응도 그래프를 그릴 수 있다. (가) 유형은 양 극단의 표현형을 제거하는 쪽으로 작용하고 중간형을 선호하는데, 그 결과 진화 경향은 안정화 선택으로 나타난다. (나) 유형은 표현형의 분포 범위 안에서 한 쪽 극단에 있는 표현형의 개체들이 선호될 때 관찰되는데, 그 결과 진화 경향은 방향성 선택으로 나타난다. (다) 유형은 표현형의 평균값을 가지는 개체들보다 양 극단에 있는 개체들을 더 선호하는데, 그 결과 진화 경향은 분단성 선택으로 나타난다.

정답해설 ㄱ. [자료해석]에서 살펴본 바와 같이 (가) 유형은 양 극단의 표현형을 제거하는 쪽으로 작용하고 중간형을 선호하는데, 그 결과 진화 경향은 안정화 선택으로 나타난다.

오답해설 ㄴ. (나) 유형에서는 표현형 변이가 좌측에 있는 개체가 우측에 있는 개체보다 적응도가 더 높기 때문에, 진화함에 따라 집단의 정규분포 그래프가 좌측으로 이동되어 평균값이 감소한다.
ㄷ. 씨앗 크기가 증가함에 따라 핀치새 부리의 크기가 커졌다면 방향성 선택이 일어난 것이다. 즉, 핀치새 집단의 적응도 그래프는 (나)이다.

07 [정답] ①

해설 코로나바이러스는 (+) ssRNA 바이러스의 한 종류이다.
① (+) ssRNA 바이러스는 번식을 위해 (+) ssRNA→(−) ssRNA→(+) ssRNA(=mRNA)의 과정을 거친다. RNA를 기반으로 상보적인 RNA를 만드는 과정을 위해 이 그룹의 바이러스는 RNA 의존적 RNA 중합효소를 갖고 있다.
② 캡시드 단백질은 바이러스 유전체가 암호화한다.
③ 외피단백질의 합성에는 숙주의 세포소기관도 관여한다.
④ 역전사는 RNA로 DNA를 만드는 과정으로 이 바이러스에는 해당되지 않는다.
⑤ A는 비리온이라고 한다. 비로이드는 RNA만 있는 것을 말한다.

08 [정답] ⑤

해설 ① 헤르페스 바이러스는 dsDNA 바이러스이다.
② 헤르페스 바이러스는 직접 접촉을 하거나 성접촉을 할 경우 전염된다.
③ 아시클로버는 헤르페스 바이러스의 DNA 합성을 저해하면서 항바이러스 효과를 갖는다.
④ 인플루엔자 바이러스는 RNA 바이러스이며, 유전체가 mRNA로 작용하지는 않는다. (−) ssRNA 바이러스로 분류된다.
⑤ 인플루엔자 바이러스는 RNA 의존성 RNA 중합효소를 가진다.

14 영양과 소화

01
[정답] ②

해설 지방은 에너지를 저장하여 필요할 때 에너지원으로 사용되며, 탄수화물의 기본단위는 포도당이다. 그리고 3대 영양소인 단백질, 탄수화물, 지방을 구성하는 공통된 원소는 C, H, O이며 우리가 섭취하는 음식물 중에서 가장 많은 양을 차지하는 영양소는 탄수화물이다.

02
[정답] ③

해설 염산에 의해 활성화되어 단백질분해에 작용하는 효소는 펩신이며, 쓸개즙에 의해 활성화되어 지방분해에 관여하는 효소는 리파아제이다.

03
[정답] ①

해설 쓸개즙은 위로 배출되는 것이 아니라 소장으로 배출된다.

04
[정답] ①

해설 위에서 분비하는 위액은 음식물이 위벽을 자극함으로서 가스트린이라는 호르몬이 분비되어, 위액분비를 촉진하고, 점액(뮤신), 효소인 펩신, 그리고 강산인 염산으로 이루어져 있으며, 내용물이 너무 산성이 되면 음성되먹임 작용에 의해 분비를 억제한다. 위액은 내벽의 위선(gastric gland)에서 분비되는데, 위샘은 3가지 형태의 세포로 구성되어 있다. 첫 번째로 점액세포는 점액을 분비하여 내벽을 매끄럽게 하고 위의 내벽세포를 강산성인 염산으로부터 보호하며, 위벽의 벽세포(parietal cell; 부세포)는 염산을 분비하고, 주세포(chief cell)는 불활성화 상태의 효소(zymogen)인 펩시노겐을 분비하고, 이 펩시노겐은 염산에 의해 펩신으로 전환되어 활성화된다.

05
[정답] ①

해설 비타민은 체내에서 전부 합성이 가능하지 않고, 외부로부터 섭취해야만 하며, 비오틴이나 엽산, 비타민 K 등은 장내세균에 의해 합성된다.

06

해설 단백질은 아미노산으로 분해된다.

07

해설 이자에서는 탄수화물을 분해하는 아밀라아제, 단백질을 분해하는 트립신 등, 지방을 분해하는 리파아제가 모두 분비된다.

08

📖 자료해석

지방의 소화와 흡수

- 트리글리세리드로 구성된 지방은 담즙염 유화작용에 의해 더 작은 지질입자로 분산된다. 이는 표면적을 증가시킴으로써 리파아제에 의한 소화 효율을 높인다(A).
- 리파아제는 트리글리세리드를 모노글리세리드와 유리지방산으로 가수분해한다(B).
- 가수분해 산물들은 다시 담즙염에 의해 미셀 속으로 들어가 소장 상피세포의 표면으로 이동한다.
- 미셀이 상피 표면에 도착하면 모노글리세리드와 지방산은 미셀을 빠져나와 상피세포 안으로 확산된다.
- 모노글리세리드와 지방산은 상피세포에서 트리글리세리드로 재합성된다(C).
- 트리글리세리드는 응집한 후 지방단백질층에 의해 코팅되어 수용성 유미입자(chylomicron)를 형성하고 세포외배출작용에 의해 기저막을 통과하여 배출된다.
- 유미입자들은 모세혈관의 기저막은 통과할 수 없고, 중앙유미관이라는 림프관으로 들어간다.

정답해설 ㄱ. 십이지장 점막에서 분비된 콜레시스토키닌(CCK)은 담낭 수축을 자극하여 담즙의 분비를 자극한다. 담즙은 소화효소를 가지고 있지는 않지만 주로 담즙염의 유화작용 효과를 통하여 지방의 소화와 흡수를 돕는다.
ㄷ. 소장 상피세포 내에 들어가면 모노글리세리드와 유리지방산은 트리글리세리드로 재합성된다. 트리글리세리드는 다시 상피세포의 소포체에서 합성된 지방단백질로 둘러싸여 유미입자(chylomicron)를 형성한다.

오답해설 ㄴ. 세크레틴은 탄산수소나트륨($NaHCO_3$)이 이자에서 십이지장 내강으로 분비되는 것을 촉진하는 호르몬이다. 십이지장 내강에서 $NaHCO_3$은 위(stomach)에서 넘어온 HCl과 반응하여 Na^+과 Cl^-, H_2CO_3로 전환된다. 이후 H_2CO_3는 CO_2와 H_2O로 분해된다. 이들 4가지(CO_2, H_2O, Na^+, Cl^-)는 모두는 장 상피세포를 통과하여 혈장으로 흡수된다. 이러한 과정을 거침으로써 위(stomach)에서 십이지장으로 배출된 HCl이 중화되어 십이지장의 pH가 약알칼리성(pH 7.4~8)으로 변하게 되는데, 이로 인해 소장 내강에서 작용하는 리파아제 등의 소화효소 활성이 증가하게 된다. 즉, B 과정에서 작용하는 효소의 활성은 세크레틴에 의해 증가한다. 따라서 주어진 설명은 옳지 않다.

09

[정답] ④

> **해설** ㄱ. 암죽관은 쇄골하정맥에 연결되어 있다.
> ㄴ. (나)의 효소 X는 엔테로키나아제이다. 이는 소장에서 분비되므로 맞다.
> ㄷ. 지방 유화작용에 이용되는 물질은 쓸개즙으로 간(A)에서 생성된다.

15 호흡계

01

[정답] ⑤

> **해설** 호흡운동의 중추는 연수이며, 혈액 속의 경동맥소체의 화학수용기에서 혈액의 CO_2 농도를 감지한다.

02

[정답] ⑤

📖 자료해석

이 문제는 호흡 주기 동안에 폐포내압과 흉막내압의 부피 변화에 대해 이해하고 있는지 확인하기 위한 적용형 문제이다. 사람의 호흡운동은 음압 숨쉬기(negative pressure breathing)를 통해 이루어지는데, 평상시에 흡기는 에너지를 소모하면서 능동적으로 일어나고 호기는 에너지를 소비하지 않으면서 수동적으로 일어난다.

흡기는 흡기근육인 외늑간근과 횡격막이 모두 수축할 때 일어나게 된다. 외늑간근이 수축하여 늑골을 위로 끌어올리고 횡격막이 수축되어 아래로 내려가면 흉강의 부피가 커져 흉막내압(ⓒ)이 낮아지게 된다(대기압과의 압력차가 -3 mmHg에서 -6 mmHg로 됨)((가)의 ⓒ에서 $t_1 \sim t_2$ 구간). 흉막내압이 낮아지면 그 영향으로 폐포의 부피가 증가하여 폐포내압(㉠)이 낮아진다(대기압과의 압력차가 0 mmHg에서 -1 mmHg로 됨). 그 결과 폐포내압이 대기압보다 낮아져 외부 공기가 폐로 유입되는 흡기((가)의 ㉠에서 $t_1 \sim t_2$ 구간)가 일어난다. 외부 공기의 유입으로 폐포내압은 다시 높아져 대기압과 같아진다.

호기는 외늑간근과 횡격막이 모두 이완할 때 일어난다. 외늑간근이 이완되어 늑골이 아래로 내려앉고 횡격막이 이완되어 위로 휘어지게 되면 흉강의 부피가 줄어들어 흉막내압이 높아지게 된다(대기압과의 압력차가 -6 mmHg에서 -3 mmHg로 됨). 그러면 폐는 자체의 탄력으로 인해 원래 상태로 수축하는데, 그로 인해 폐포내압이 높아진다(대기압과의 압력차가 0 mmHg에서 1 mmHg로 됨). 그 결과 폐포내압이 대기압보다 더 높아져 폐의 공기가 몸 밖으로 유출되는 호기가 일어난다.

폐의 공기 유출로 폐포내압은 다시 낮아져 대기압과 같아진다. 횡격막 근원섬유의 미세구조를 나타낸 그림 (나)를 살펴보면, 각 근원섬유에는 굵은 필라멘트와 가는 필라멘트가 일정하게 배열되어 있어 가로무늬가 나타난다. 이 근원섬유에서 어둡게 관찰되는 부분을 A대(암대)라고 하는데, 이 부위는 마이오신으로 구성된 굵은 필라멘트가 있는 지역이다. 암대보다 상대적으로 밝게 관찰되는 부분은 Ⅰ대(명대)라고 하는데, 이 부위는 주로 액틴으로 구성된 가는 필라멘트가 미오신 머리와 겹치지 않게 존재하는 지역이다. Ⅰ대의 가운데에는 수직의 조밀한 Z선(Z line)이 뚜렷이 나타난다. 서로 이웃한 2개의 Z선 사이를 근절이라 한다. 활주필라멘트기작에 의하면 근육이 수축하는 동안 근절 양쪽 가장자리의 가는 필라멘트들은 굵은 필라멘트를 따라 A대의 정중앙을 향해 미끄러져 들어간다. 그러므로 근육 수축 시 A대의 길이는 변하지 않지만, I 대의 길이는 짧아진다.

정답해설 ㄱ. 자료해석에서 살펴본 바와 같이, 문제에서 주어진 자료를 통해 @((가)에서 $t_1 \sim t_2$ 구간)는 흡기라는 것을 알 수 있다. 따라서 주어진 설명은 옳다.

ㄴ. 자료해석에서 살펴본 바와 같이, 문제에서 주어진 자료를 통해 ⓒ은 흉막내압이라는 것을 알 수 있다.

ㄷ. t_1일 때는 호기에서 흡기로 전환되는 시점인 호기 말기이므로 횡격막은 최대로 이완되어 있다. 반면, t_2일 때는 흡기에서 호기로 전환되는 시점인 흡기 말기이므로 횡격막은 최대로 수축되어 있다. 근육 수축 시 A대의 길이는 수축과 이완 상태에서 모두 일정하고 I 대의 길이는 수축했을 때가 이완했을 때보다 짧으므로, $\dfrac{\text{I대의 길이}}{\text{A대의 길이}}$ 는 횡격막이 최대로 수축한 시점인 t_2일 때가 횡격막이 최대로 이완한 시점인 t_1일 때보다 작다. 따라서 주어진 설명은 옳다.

16 순환계

01 [정답] ①

해설 간에서 생성되는 헤파린은 혈액응고를 방지하는 물질이며, 혈액응고 방지법에는 저온처리를 하여 효소의 활성을 억제하거나, 시트르산나트륨이나 옥살산나트륨을 처리하거나, 히루딘이나 헤파린을 첨가시키거나 유리막대로 젓는 방법이 있다. 유리막대로 젓게 되면 유리막대에 피브린이 붙어 혈액응고가 방지된다.

02 [정답] ①

해설 사람의 혈액의 호흡색소는 헤모글로빈이며, 헤모시아닌은 절지동물이나 연체동물의 호흡색소로 Cu가 결합되어 있어 청색을 띤다.

03 [정답] ④

📖 **자료해석**
시점 t는 심실의 수축이 시작되는 지점(QRS파)과 이완이 시작되는 지점(T파) 사이의 지점이다.

정답해설 ④ 시점 t는 심실의 수축이 지속되고 있는 시점이며, 이때 혈액은 심실에서 동맥으로 흐른다.

[정답] ④

해설 대사가 왕성한 근육조직은 세포호흡의 결과로 산소의 분압은 낮고 이산화탄소가 다량 배출되기 때문에 이산화탄소의 분압이 높다. 헤모글로빈으로 이송된 산소가 헤모글로빈에서 잘 해리되기 위해서는 높은 이산화탄소의 분압과 낮은 산소의 분압, 그리고 산성 pH, 고온의 조건이 필요하다.

[정답] ⑤

자료해석

이 문제는 헤모글로빈의 해리곡선에 대해 이해하고 있는지 확인하기 위한 적용형문제이다. 헤모글로빈은 4개의 폴리펩티드 사슬로 되어 있고 각각의 폴리펩티드 사슬은 헴(heme)기를 가지고 있는데, 헴기는 한 분자의 산소와 결합하므로 하나의 헤모글로빈은 최대 4분자의 산소와 결합할 수 있다. 산소분압이 매우 낮아 산소가 하나도 결합하고 있지 못한 헤모글로빈의 입체 구조는 산소에 대한 저친화력 상태로 존재한다. 산소분압이 조금 높아지면 4개의 소단위 중 어느 하나의 소단위만 O_2와 결합하는데, 이러한 결합은 헤모글로빈의 입체 구조를 고친화력 상태로 변화시켜 다른 소단위의 산소에 대한 친화력이 증가된다. 이러한 현상을 협동(positive cooperativity)이라 하는데, 이로 인해 헤모글로빈 해리곡선은 S자형으로 나타난다.

미오글로빈은 근육에 존재하는 호흡색소로 산소를 저장하는 역할을 한다. 미오글로빈은 하나의 헴기를 가지고 있는 하나의 폴리펩티드 사슬로 이루어져 있어 한 분자의 산소와만 결합할 수 있는데, 미오글로빈은 산소에 대한 친화력이 헤모글로빈보다 높아서 낮은 산소분압에서도 산소를 취하여 보유할 수 있다. 즉, 미오글로빈은 활발히 활동하는 근육에서 산소분압이 매우 낮아졌을 때 근육세포에게 산소를 제공하는 기능을 수행한다. 미오글로빈의 경우는 협동(positive cooperativity)이 나타나지 않기 때문에 미오글로빈 해리곡선은 S자형으로 나타나지 못하고 쌍곡선형으로 나타난다.

정답해설 ㄱ. P_{50}은 호흡색소가 산소로 50% 포화될 때의 산소 분압이라고 하였다. 문제에서 주어진 그래프를 살펴보면, 미오글로빈의 P_{50}은 약 5 mmHg이고 헤모글로빈의 P_{50}은 약 30 mmHg인 것을 확인할 수 있다. 따라서 P_{50}은 미오글로빈이 헤모글로빈보다 더 작다는 설명은 옳다.

ㄴ. 문제에서 휴식 시 조직의 산소분압은 40 mmHg라고 하였으므로 주어진 그래프를 통해 근육조직에서 미오글로빈의 산소포화도는 90%가 넘고 헤모글로빈의 산소포화도는 80%가 안 된다는 것을 확인할 수 있다. 따라서 휴식 시 근육조직에서 $\dfrac{산소와\ 결합한\ 특정\ 호흡색소의\ 수}{특정\ 호흡색소의\ 전체수}$ 값은 미오글로빈이 헤모글로빈보다 더 높다는 설명은 옳다.

ㄷ. H^+은 헤모글로빈에 결합하여 헤모글로빈의 형태를 변화시킴으로써 헤모글로빈의 산소에 대한 친화도를 감소시킨다. 따라서 H^+은 헤모글로빈의 P_{50} 값을 높인다는 설명은 옳다.

06

[정답] ②

해설 ㄱ. 물질 X는 Cl⁻이므로 음이온이다.

ㄴ. 반응 ⓒ은 적혈구에 있는 효소(CA(carbon anhydrase))에 의해 일어나므로 이 반응이 더 빠르다.

ㄷ. 조직세포에서 적혈구 세포질까지의 이산화탄소 이동은 확산에 의해 일어난다.

17 면역계

01

[정답] ⑤

해설 면역반응 중 항체가 면역반응에 참여하는 것은 특이적 면역반응이다.

02

[정답] ④

해설 보조 T 세포는 항원을 직접 공격하지는 않고 면역반응에 관여하는 다른 세포들을 활성화하는 역할을 한다.

03

[정답] ②

해설 T 세포의 하나인 세포독성 T 세포는 세포적 반응을 하도록 특수화되어 있는데, 세포 표면에 바이러스가 있어서 MHC단백질과 항원이 모두 들어맞으면 바이러스가 증식하기 전에 perforin이라는 물질을 분비하여 세포에 구멍을 내어 물이 들어가 세포가 터지도록 한 후, 식세포로 하여금 청소하게 한다. 그리고 세포독성 T 세포는 암세포도 공격하여 죽이는데, 일부 암세포들은 이러한 세포독성 T 세포로부터 도망쳐 다른 부위로 퍼져 그곳에 제2의 종양을 만드는데 이러한 것을 전이라고 한다.

04

[정답] ④

해설 사람의 항체 중 가장 많이 존재하는 항체는 IgG로 사람의 전체 항체의 약 70~75 %를 차지한다.

해설) 클론이란 동일한 항원에 대항할 수 있는 항체를 가지고 있는 세포를 활성화하여 많은 수의 항체를 분비하도록 하는 것을 말한다.

자료해석

이 문제는 항체에 대하여 이해하고 있는지 확인하기 위한 이해형문제이다. B세포는 다섯 종류의 면역글로불린(Ig)을 생산한다. 특정 B세포에서 생산되는 각 개별형(class)의 항체는 중쇄의 불변 영역(C)은 각기 다르지만 같은 항원결합특이성을 보인다. 문제에서 제시한 자료를 살펴보면, 항체 A는 IgM이고, 항체 B는 IgD이며, 항체 C는 IgA이다. 다섯 가지 개별형(class)의 항체의 특징은 다음과 같다.

면역글로불린 (항체)형	분포	기능
IgM (오량체)	초기 항원 접촉 시 첫 번째로 만들어지는 Ig형 : 그 후 혈액 내 농도는 떨어짐.	항원의 중화 및 응집 반응을 촉진, 보체 활성화에 가장 효과적임.
IgG (단량체)	혈액 중에 가장 많은 Ig형 : 조직액에도 존재	항원의 옵소닌작용, 중화 및 응집반응을 촉진 : 보체를 활성화하는 능력에 있어서 IgM보다는 덜 효과적임. 태반을 통과하는 유일한 항체로서 태아에게 수동 면역을 부여함.
IgA (이량체)	눈물, 침, 점액 및 모유 같은 분비물에 존재	항원의 응집 및 중화를 통하여 점막의 국소 방어에 기여 모유에 존재하기 때문에 유아에게 수동 면역을 부여함.
IgE (단량체)	혈액에 낮은 농도로 존재	비만세포와 호염구로부터 알레르기 반응을 유발하는 히스타민을 포함한 다양한 화학물질을 분비하게 함.
IgD (단량체)	항원에 노출된 적이 없는 미경험 B 세포 표면에 존재	항원자극에 의한 B세포의 증식 및 분화 과정(클론선택)에서 항원수용체로 작동

정답해설 ④ 옵소닌으로 작용하여 항원이 식세포에게 쉽게 인식되도록 도와주는 단량체 구조의 항체는 항체 B(IgD)가 아니라 IgG이다.

오답해설 ① 항체 A(IgM)는 1차 면역반응이 일어날 때, B세포에서 제일 먼저 만들어져 분비되는 항체이다.

② 항체의 결합력(avidity)은 항체 A가 항체 B보다 더 크다. 결합력은 항원에 대한 항체의 결합 강도를 의미하는 것으로 항원과 항체의 결합부위 수가 증가할수록 지수적으로 증가한다. 따라서 항체의 결합력(avidity)은 항원 결합부위가 10곳인 항체 A가 항원결합부위가 4곳인 항체 C보다 더 크다는 설명은 옳다.

③ 문제에서 주어진 그림을 살펴보면, 항체 B는 막관통 부위를 가지고 있는 것으로 보아 항원수용체로 작용하는 막결합 항체라는 것을 알 수 있다. 따라서 항체 B는 항원수용체로 작용한다는 설명은 옳다.

⑤ 항체 C(IgA)는 눈물, 침, 점액 같은 분비물에 주로 존재하는 항체이다. 특히 모유에 많이 존재하여 유아에게 수동 면역을 부여해준다.

07

📖 자료해석

항체에 의해 여러 면역 반응들이 매개된다. IgM과 IgD는 일차면역반응에서 만들어지며 항원과의 친화력이 낮다. IgA는 점막으로 분비되어 병원체의 감염을 방어한다. IgE는 비만세포에 결합하여 히스타민 분비를 유도하고 알러지 반응을 일으킨다. IgM과 IgG는 보체를 활성화한다. IgG의 경우 자연살 해세포의 수용체에 결합하여 항체-의존 세포독성 반응(ADCC)을 일으킨다.

정답해설 ③ IgD는 보체를 활성화시키는 작용은 없다.

오답해설 ① IgA는 점막으로 분비된다.

② IgM이 막에 부착되어 있을 때는 단량체이며, 분비될 때는 오량체가 형성된다.

④ IgE는 비만세포의 수용체에 결합하여 과립분비를 유도한다.

⑤ IgG는 자연살해세포의 수용체에 결합하여 항체-의존 세포독성 반응을 일으킨다.

08

[정답] ⑤

📖 자료해석

이 문제는 NK 세포가 매개하는 항체의존매개성세포독성(ADCC)에 대해 이해하고 있는지 확인하기 위한 이해형문제이다. 체액성 면역반응은 형질세포에서 분비된 항체(IgG나 IgA, 또는 IgE)에 의해 수행되는데, 체액성 면역반응의 유형에는 항원의 중화반응, 옵소닌화, 보체 활성화, 항체의존세포매개성세포독성(ADCC) 등이 있다. ADCC는 NK 세포 등의 백혈구가 Fc수용체를 통하여 항체로 덮인 세포와 결합하여 그 세포를 죽이는 반응이다. NK 세포들은 자신들의 Fc 수용체를 통하여 항체 IgG로 덮인 세포와 결합하는데, Fc수용체는 순환하는 단일

IgG와는 결합하지 않는다. 항체로 덮인 표적세포가 Fc수용체에 부착하면 NK세포는 활성화되어 자신들의 과립 내 세포독소를 분비하여 세포용해 작용을 한다.

정답해설 ㄴ. ㉠(표적세포)은 바이러스에 감염된 자신의 세포일 수도 있고 외부에서 침입한 세포(세균 등)일 수도 있다. 핵이 있는 자신의 세포는 세포 표면에 1형 MHC 분자를 가지고 있으므로 ㉠이 자신의 세포라면 ㉠은 세포 표면에 1형 MHC 분자를 가진다는 설명은 옳다.
ㄷ. NK 세포는 1형 MHC 분자가 적게 발현되어 있는 세포(바이러스 감염세포, 암세포 등)의 표면에서 비특이적으로 활성화되어 해당세포를 파열시킨다. 따라서 NK세포는 암세포를 비특이적으로 제거할 수 있다는 설명은 옳다.

오답해설 ㄱ. NK 세포가 매개하는 항체의존세포매개성세포독성(ADCC)에 관여하는 항체는 IgG이다. 따라서 항체 X는 IgM이라는 설명은 옳지 않다.

09 [정답] ④

해설 ㄱ. ㉠은 CD4와 반응하는 MHC2이다. MHC2는 항원제시세포인 대식세포, 수지상세포, B세포에서 발현된다.
ㄴ. 과정 ⓐ와 ⓑ 모두에서 클론 증폭이 일어난다.
ㄷ. 1차 면역 반응에서 최초로 분비되는 항체는 IgM으로 오량체이다.

18 배설계

01 [정답] ①

해설 신동맥에서 사구체를 거치는 혈액이 보우만 주머니에서 압력의 차이에 의해 비선택적으로 여과되며, 세뇨관에서, 확산, 삼투, 능동수송에 의해 포도당, 아미노산, 무기염류 등이 혈액으로 재흡수 된다. 그리고 집합관에서 ADH에 의해 물의 재흡수가 일어나고, 나머지 노폐물은 신우와 수뇨관을 거쳐 방광에 모여 요도를 통해 체외로 배출된다.

02 [정답] ⑤

해설 요소는 물에 잘 녹으며, 암모니아 보다 독성이 덜하기 때문에 체내에 농축된 형태로 있을 수 있으며, 천천히 배설되기 때문에 수분의 손실을 줄일 수 있다.

📖 자료해석

이 문제는 고혈압과 고혈압 치료제로 이용되는 이뇨제에 대해 이해하고 있는지 확인하기 위한 적용형문제이다. 세포외액량이 정상 수준보다 높은 환자는 고혈압 환자이다.

문제에서 주어진 그림을 살펴보면, 약물 X를 처리하기 시작한 직후 Na^+의 배설량은 증가한 것으로 보아 약물 X는 Na^+의 배설을 촉진(Na^+의 재흡수를 억제)하는 약물이라는 것을 확인할 수 있다. Na^+의 재흡수가 억제되면 물의 재흡수도 억제되어 소변량이 많아지는데, 그 결과 세포외액량은 감소하고 평균동맥혈압은 낮아지게 된다. 즉, 약물 X는 고혈압 치료에 이용되는 이뇨제이다.

정답해설 ㄱ. 평균동맥혈압은 세포외액량이 많을 때가 적을 때보다 더 높다. 따라서 평균동맥혈압은 t1일 때 (세포외액량이 더 많을 때)가 t2일 때(세포외액량이 더 적을 때)보다 더 높다는 설명은 옳다.

ㄴ. 안지오텐신 변환효소(angiotensin converting enzyme, ACE)는 허파에 존재하는 효소로 안지오텐신 Ⅰ을 안지오텐신 Ⅱ로 전환시키는 작용을 한다. 안지오텐신 Ⅱ는 여러 경로를 통해 평균동맥혈압을 높이는 호르몬인데, 그 중 하나가 Na^+의 재흡수를 촉진하는 작용을 하는 알도스테론의 분비 촉진이다. 따라서 안지오텐신 변환효소(angiotensin converting enzyme, ACE)의 특이적 억제제는 Na^+의 배설을 촉진하는 작용을 하는 약물 X가 될 수 있다.

오답해설 ㄷ. 문제에서 주어진 그래프를 살펴보면, 약물 X의 효과는 처리기간 내내 유지되지 못하고 수일이 경과하면 사라지는 것을 확인할 수 있다. 따라서 주어진 설명은 옳지 않다.

📖 자료해석

이 문제는 신장 청소율에 대하여 이해하고 있는지를 확인하기 위한 적용형문제이다. 주어진 그래프 자료를 살펴보면, 그래프 ⓒ은 혈장의 물질 X의 농도가 증가함에 따라 그 양이 계속 증가하므로 여과량을 나타내는 것이고, 그래프 ⓑ은 포화되는 양상을 보이므로 분비량을 나타내는 그래프라는 것을 알 수 있다. 따라서 그래프 ⓐ은 배설량을 나타내는 그래프이다.

정답해설 ㄴ. ⓑ은 포화되는 양상을 보이므로 분비량을 나타내는 그래프라는 것을 알 수 있다.

ㄷ. 물질 X는 여과되고 분비되는 물질이므로 신장 청소율은 사구체 여과율(GFR)보다 크다.

오답해설 ㄱ. 아미노산은 여과되지만 모두 재흡수되며 분비되지는 않는다.

05

[정답] ②

자료해석

이 문제는 항이뇨호르몬(ADH)과 요붕증(diabetes Insipidus)에 대해 이해하고 있는지 확인하기 위한 분석·종합·평가형문제이다. ADH는 시상하부에서 만들어진 후 뇌하수체 후엽을 통해 분비되는 펩타이드 호르몬이다. 혈장의 삼투압이 증가하면 시상하부의 삼투수용기(osmoreceptor)가 감지하여 ADH의 분비를 자극한다. ADH가 원위세뇨관과 집합관 내강을 이루는 세뇨관 상피세포의 기저측면 세포막의 수용체와 결합하면 신호전달경로가 활성화되어 정단부 세포막에 물 통로(아쿠아포린-2)의 발현이 증가하며, 그 결과 물의 재흡수가 증가하고 혈장의 삼투압이 정상 수준으로 내려오게 된다.

ADH의 분비가 정상적으로 이루어지지 못하거나(환자 B, 신경성 요붕증) ADH의 분비는 정상적으로 이루어지지만 수용체가 정상적으로 기능하지 못하면(환자 A, 콩팥 요붕증), 많은 양의 매우 희석된 오줌이 배출되기 때문에 심각한 탈수 증세가 생길 수 있다. 이러한 질병을 요붕증(diabetes inspidus)이라 부른다.

정답해설 ㄴ. 자료해석에서 살펴본 바와 같이, 환자 B는 신경성 요붕증 환자이다. 요붕증의 증상으로는 다뇨증(polyurea), 다음증(polydipsia) 등이 있다.

오답해설 ㄱ. ADH의 표적세포는 원위세뇨관과 집합관이므로, 세포 X는 원위세뇨관이나 집합관에서 발견된다.
ㄷ. 환자 A의 경우는 ADH의 분비는 정상적으로 이루어지지만 수용체가 정상적으로 기능하지 못해 요붕증을 앓는 것이므로 Desmopressin(ADH 유사체)을 처리하더라도 환자 A의 증상을 호전시킬 수 없다.

19 내분비계

01

[정답] ①

해설 ACTH(부신피질 자극 호르몬)는 부신피질을 자극하여 코르티코이드를 분비한다.

02

[정답] ②

해설 뇌하수체 전엽호르몬은 생장호르몬, 갑상선자극 호르몬, 부신피질자극 호르몬, 생식선자극 호르몬으로 뇌하수체 전엽을 제거하면 이러한 호르몬이 생성되지 않으므로 생장이 억제되고, 부신피질자극 호르몬에 의해 당질코르티코이드가 분비되어 혈당을 조절하므로 혈당량이 감소되고, 생식기능이 저하된다. 갑상선은 갑상선 자극호르몬에 의해 과다자극을 받았을 때 비대해진다.

03 [정답] ③

해설 혈당량의 조절은 간뇌의 시상하부에서 자율신경을 자극하여 호르몬을 분비하여 조절하며, 뇌하수체 전엽은 부신피질을 자극하여 당질코르티코이드를 분비하여 혈당량을 조절한다.

04 [정답] ①, ⑤

해설 갑상선에서는 칼시토닌을 분비하여 신장에서 칼슘의 흡수를 감소시키고, 뼈로부터 칼슘의 분비를 억제하여 혈액 내 칼슘의 농도를 감소시키며, 부갑상선의 파라토르몬은 신장의 칼슘 흡수를 증가시켜 혈액 내 칼슘의 농도를 높여준다.

05 [정답] ①

해설 무기질 코르티코이드는 Na^+를 재흡수해서 삼투압을 조절한다. 당질 코르티코이드는 혈당을 증가시키고, 부갑상선 호르몬인 파라토르몬은 혈액의 칼슘농도를 높여주며, 티록신은 체온상승, 양서류의 변태에 관여하며, 아드레날린은 신진대사를 촉진시킨다.

06 [정답] ②, ⑤

해설 호르몬은 체내에서 합성되어 혈액을 따라 표적 기관으로 운반되며, 미량으로도 작용을 나타내고, 비교적 열에 강한 편이다. 물질대사 과정에서 화학반응을 촉매하는 것은 호르몬이 아니고 효소이다.

07 [정답] ④

📖 자료해석

본 문항은 혈중 칼슘 농도를 조절하는 호르몬에 대해 이해하고 있는지 확인하기 위한 이해형문제이다.

문제에서 주어진 그림을 살펴보면, 혈중 칼슘이온 농도가 높을 때 분비가 촉진된다는 것을 통해 ㉠은 칼시토닌임을 알 수 있다. 칼시토닌은 뼈가 Ca^{2+}을 방출하는 것을 막고 신장에서 Ca^{2+}의 배출을 증가시킴으로써 혈중 Ca^{2+} 농도를 낮춘다. 반면 혈중 Ca^{2+} 농도가 낮을 때 분비가 촉진되었다는 것을 통해 ㉡은 부갑상샘호르몬(PTH)임을 알 수 있다. 부갑상샘호르몬은 뼈가 Ca^{2+}을 방출하도록 유도하고 신장에서 Ca^{2+}의 재흡수를 촉진하여 혈중 Ca^{2+} 농도를 높인다. 또한 부갑상샘호르몬은 비타민 D(㉢) 활성화를 촉진하여 소장의 음식물로부터 Ca^{2+}의 흡수를 촉진한다.

ⓐ 칼시토닌
ⓑ 부갑상샘호르몬(PTH)
ⓒ 활성 비타민 D

정답해설 ㄱ. 자료해석의 내용처럼 ⓐ은 칼시토닌이다.
ㄴ. 부갑상샘호르몬(PTH)인 ⓑ은 수십 개의 아미노산으로 구성된 펩티드 호르몬이다.

오답해설 ㄷ. 비타민 D는 불활성 형태로 피부에서 합성되는데, 간과 신장으로 이동하여 두 번에 걸친 변형이
일어나면서 활성화된다. 그러므로 ⓒ은 부신수질에서 합성된다는 설명은 틀린 보기이다.

08
[정답] ④

📖 자료해석

이 문제는 외분비샘과 내분비샘의 차이점에 대하여 이해하고 있는지 확인하기 위한 이해형문제이다. 외분비샘
은 분비물을 몸 밖으로 분비하는데, 분비물을 분비할 때 분비관을 이용한다(ⓐ). 외분비샘에는 피부의 눈물샘,
땀샘, 피지선, 소화관의 침샘, 위샘 등, 간과 이자의 소화관에서 유래한 외분비샘(간-쓸개즙, 이자-소화효소, 탄
산수소나트륨), 생식기의 외분비샘 등이 있다. 내분비샘은 분비물을 몸 밖으로 분비하지 않고 혈액으로 분비하
는데, 분비물을 분비할 때 별도의 분비관을 이용하지 않고 조직액을 통해 혈액으로 직접 분비한다. 내분비샘에
서 분비되는 물질은 호르몬이라고 한다.
문제에서 주어진 그림을 살펴보면, (a)에서는 분비세포가 별도의 분비관을 통해 물질을 분비하므로 이는 외분
비샘에서의 물질 분비라는 것을 알 수 있다. 반면, (b)에서는 분비세포가 분비관을 통하지 않고 직접 모세혈관으
로 물질이 분비되므로 이는 내분비샘에서의 물질 분비라는 것을 알 수 있다.

정답해설 ㄱ. 자료해석에서 살펴보았듯이, (a)는 외분비샘에서의 분비작용을, (b)는 내분비샘에서의 분비작용
을 나타낸 것이다. 따라서 주어진 설명은 옳다.
ㄴ. 호르몬을 분비하는 인체의 기관들 중 이자와 같은 기관은 내분비샘과 외분비샘을 모두 갖는다. 따라서 인체
는 (a)와 (b)가 동시에 일어나는 기관을 여럿 가지고 있다는 설명은 옳다.

오답해설 ㄷ. 호르몬 등의 분비는 (b) 방식을 이용해 분비된다. 따라서 주어진 설명은 옳지 않다.

09
[정답] ②

해설 ① ⓐ은 안지오텐신II이다. 이는 혈압을 높이는 작용을 하므로 동맥을 수축시킨다.
② 안지오텐신II는 알도스테론의 분비를 촉진하고, 항이뇨호르몬은 약간 증가시킨다.
③ 안지오텐시노겐은 간에서 합성, 분비된다.
④ 레닌은 신장에서 분비된다.

⑤ ACE의 작용이 억제되면 알도스테론의 분비가 감소된다. 알도스테론은 Na^+을 재흡수하므로 ACE의 작용이 억제되면 오줌으로 나트륨 배출이 증가한다.

10
[정답] ④

해설 ① ㉠은 인슐린으로 친수성호르몬이다.
② 인슐린은 췌장의 β세포에서 분비된다.
③ ㉡(인슐린 수용체)에 이상이 생기면 제2형 당뇨병이 유발된다. 제1형 당뇨병은 인슐린 자체 분비가 낮은 상태이다.
④ ㉢(GLUT4)에 의해 포도당이 세포 내로 이동하는 방식은 수동수송이 맞다.
⑤ 인슐린과 이 수용체의 상호작용으로 GLUT4를 가지는 소낭이 세포막 쪽으로 이동하는 것이 촉진되어 세포 표면에 GLUT4의 발현이 증가한다. 따라서 세포 내로 포도당 흡수가 증가하게 된다.

20　신경계

01
[정답] ③

해설 활동전위의 발생은 랑비에르 결절에서 발생한다.

02
[정답] ②

📖 자료해석

이 문제는 시냅스에서 신경신호의 전달에 대해 이해하고 있는지 확인하기 위한 적용형문제이다. 문제에서 주어진 자료를 살펴보면, 신경세포 X에서 분비된 신경전달물질 ⓐ는 세포 Y의 수용체에 결합하여 cAMP 신호전달경로를 통해 단백질인산화효소 A를 활성화시키는 것을 확인할 수 있다. 또한 활성화된 단백질인산화효소 A에 의해 세포 Y의 세포막에 존재하는 칼륨통로가 인산화됨으로써 활성화 되고, 그 결과 K^+가 유출되는 것을 확인할 수 있다. 따라서 이러한 신호 전달 결과 세포 Y는 과분극 될 것임을 추정할 수 있다(억제성 시냅스후전위 발생).

정답해설 ㄴ. 아데닐산 고리화효소는 ATP를 cAMP로 전환시키는 효소이다. 따라서 물질 ㉡은 ATP라는 설명은 옳다.

03

📖 자료해석

신경세포에 역치 이상의 자극이 가해지면 전압개폐성 Na^+ 채널이 열리면서 Na^+의 투과성이 급증하여 막전위가 상승하는 탈분극이 일어나며, 그로 인해 활동전위가 발생한다. 활동전위가 발생된 직후에는 전압개폐성 K^+ 채널이 열려 K^+이 세포 밖으로 빠져나가 재분극되며, 서서히 닫히는 K^+ 채널로 인해 과분극이 일어나기도 한다. 이후 K^+ 채널이 닫히고 막전위는 휴지전위를 회복한다.

정답해설 ㄴ. 복어의 테트로도톡신은 전압개폐성 Na^+ 채널의 작용을 억제한다. 전압개폐성 Na^+ 채널은 활동전위 시 탈분극을 유발하는 중요한 채널이다. 그러므로 복어의 테트로도톡신이 Na^+의 이동을 방해하면 활동전위의 생성이 억제된다.

오답해설 ㄱ. 휴지 상태에서 K^+의 막투과도는 Na^+보다 40배 높다고 하였으므로 휴지전위는 K^+의 평형전위에 가까울 것이다. K^+과 Na^+의 막투과도를 각각 $P_{K^+} = 40$, $P_{Na^+} = 1$이라 하고, 각각의 평형전위를 E_{K^+}, E_{Na^+} 라 한다면 휴지전위는 다음과 같이 계산할 수 있다.

$$\text{휴지 전위} = \frac{P_{K^+} E_{K^+} + P_{Na^+} E_{Na^+}}{P_{K^+} + P_{Na^+}} = -76\,mV$$

ㄷ. 시점 t는 과분극이 일어나고 있는 지점이다. 이 지점에선 전압개폐성 K^+ 채널은 아직 열려 있는 상태이며 세포 내부의 K^+이 계속 밖으로 유출되어 과분극이 일어난다.

01 [정답] ①

해설 ▶ 유스타키오관은 고막 안팎의 기압을 조절한다.

02 [정답] ③

해설 ▶ 날씨가 추워지면 열의 손실을 억제하기 위하여 피부 가까이에 있는 혈관은 수축한다.

03 [정답] ④

해설 ▶ 날씨가 추울 때는 체내의 열 손실을 막기 위해 땀 분비가 감소되고, 근육과 모세혈관이 수축되며, 심장박동을 촉진시키고 물질대사를 촉진시켜 열을 발생시킨다.

04 [정답] ①

📖 자료해석

본 문항은 성인의 대뇌 좌반구 피질에서 활성화 되는 부위를 나타낸 그림을 이해하고 보기의 내용을 판단하는 이해형문제이다.

먼저 단어를 들을 때인 (가)를 보면 측두엽의 청각피질과 베르니케 영역이 활성화되는 것을 알 수 있다. 단어를 말할 때인 (나)를 보면 전두엽의 브로카 영역과 운동피질이 활성화되는 것을 알 수 있다. 다음으로 의미 있는 단어를 떠올릴 때인 (다)를 보면 전두엽의 일부(전전두엽)가 활성화되는 것을 알 수 있고, 단어를 볼 때인 (라)를 보면 후두엽의 시각피질과 각회가 활성화되는 것을 알 수 있다.

정답해설 ▶ ㄱ. 자료해석의 내용처럼 단어를 들을 때인 (가)에서 활성화된 부위는 측두엽의 청각피질과 베르니케 영역이다.

오답해설 ▶ ㄴ. 단어를 말할 때인 (나)에서 필요한 근육을 조절하는 운동피질은 두정엽이 아닌 전두엽에 위치한다. 두정엽은 피부의 피부의 감각수용기로부터 감각을 받는 부분과 몸의 자세나 위치를 감지하는 부위를 포함하고 있다.

ㄷ. (라)에서 활성화된 부위는 후두엽의 시각피질이다. 브로카영역은 전두엽에 위치한다.

01

📖 자료해석

이 문제는 골격근 근섬유 유형에 대하여 이해하고 있는지 확인하기 위한 이해형문제이다. 골격근 근섬유는 수축을 위한 에너지원으로 사용되는 ATP를 어떤 대사경로를 통해 생산하느냐에 따라서 혹은 근육의 수축 속도가 얼마나 빠르냐에 따라서 분류된다. ATP의 생성을 위해서 유기호흡에 주로 의존하는 근섬유를 산화의존적 섬유(oxidative fiber)라 하며, ATP의 생성을 위해서 주로 해당과정을 이용하는 근섬유를 해당과정 의존적 섬유(glycolytic fiber)라 한다. 또한 수축 속도가 느린 근섬유를 느린 연축섬유(slow-twitch fiber)라 하고, 이보다 2~3배 더 빠르게 수축하는 근섬유를 빠른 연축섬유(fast-twitch fiber)라 한다. 모든 느린 연축섬유는 산화의존적이지만, 빠른 연축섬유는 산화의존적일 수도 있고 해당과정 의존적일 수도 있다. 표는 각 골격근섬유의 특성을 비교해놓은 것이다.

	느린 산화 의존적	빠른 산화 의존적	빠른 해당과정 의존적
수축 속도	느림	빠름	빠름
주요 ATP원	호기성 호흡	호기성 호흡	해당작용
피로 속도	느림	중간	빠름
미토콘드리아	많음	많음	적음
마이오글로빈의 양	많음 (적색근)	많음 (적색근)	적음 (백색근)

문제에서 주어진 그림을 살펴보면, 최대 장력을 발생하는 데 걸리는 시간이 ㉠은 가장 짧고 ㉢은 가장 길다는 것을 알 수 있다. 이를 통해 ㉠은 대부분 빠른 연축섬유로 구성된 바깥눈 근육이고, ㉢은 대부분 느린 연축섬유로 구성된 가자미근육이며, ㉡은 빠른 연축섬유와 느린 연축섬유의 비율이 중간인 비장근이라는 것을 알 수 있다.

정답해설 ⑤ ㉠을 주로 구성하는 근섬유는 빠른 연축섬유이고, ㉢을 주로 구성하는 근섬유는 느린 연축섬유이다. 빠른 연축섬유의 주요 에너지원은 해당작용이고, 느린 연축섬유의 주요 에너지원은 호기성 호흡이다. 따라서 $\dfrac{\text{해당작용을 통해 ATP를 공급하는 비율}}{\text{산화적 인산화를 통해 ATP를 공급하는 비율}}$ 은 ㉢이 ㉠보다 더 크다는 설명은 옳지 않다.

오답해설 ① ATP를 빠른 속도로 가수분해하는 능력은 빠른 연축섬유가 느린 연축섬유보다 더 크다. 따라서 ATP를 빠른 속도로 가수분해하는 능력은 ㉠을 주로 구성하는 근섬유(빠른 연축섬유)가 ㉢을 주로 구성하는 근섬유(느린 연축섬유)보다 더 크다는 설명은 옳다.
② 근육의 피로 속도는 빠른 연축섬유가 느린 연축섬유보다 더 빠르다. 따라서 근육의 피로 속도는 ㉠(빠른 연축섬유로 주로 구성되어 있는 바깥눈근육)이 ㉢(느린 연축섬유로 주로 구성되어 있는 가자미근육)보다 더 빠르

다는 설명은 옳다.

③ 자료해석에서 살펴본 바와 같이, 문제에서 주어진 자료를 통해 ⓒ은 비장근이라는 것을 알 수 있다.

④ 자료해석에서 살펴본 바와 같이, 문제에서 주어진 자료를 통해 ㉠은 대부분 빠른 연축섬유로 구성된 바깥눈 근육이고 ⓒ은 대부분 느린 연축섬유로 구성된 가자미근육이라는 것을 알 수 있다. 느린 연축섬유가 많을수록 적색을 띠는 정도가 더 강하므로, 근육이 적색을 띠는 정도는 ㉠(대부분 빠른 연축섬유로 구성)이 ⓒ(대부분 느린 연축섬유로 구성)보다 더 작다는 설명은 옳다.

02

📖 자료해석

운동단위(motor unit)

하나의 운동신경세포와 그 운동신경세포가 조절하는 근섬유들로 구성

• 근섬유는 수축 속도에 따라 속근섬유와 지근섬유로 나눌 수 있다.

	속근(백근)	지근(적근)
수축 시간	빠르다	느리다
피로	빠르다	느리다
근섬유의 직경	크다	작다
신경전달 속도	빠르다	느리다
미오글로빈 함량	작다	많다
미토콘드리아 밀도	낮다	높다
수축력	크다	작다

(나) 그래프

• 운동단위 Ⅰ은 수축 속도가 빠르고, 근수축 세기도 크므로 속근이다.

• 운동단위 Ⅱ는 수축 속도도 느리고, 근수축 세기도 작으므로 지근이다.

정답해설 ㄱ. 단일 자극을 주었을 때 운동단위 Ⅰ의 근수축 세기가 빠르게 높아지므로 속도가 빠르다고 추론할 수 있다.

ㄴ. 운동단위 Ⅰ은 주로 속근으로 이루어져 있고 운동단위 Ⅱ는 주로 지근으로 이루어져 있다. 근섬유의 피로는 속근에서 빨리 나타나므로 운동단위 Ⅰ에서 빨리 나타난다.

오답해설 ㄷ. 근섬유의 직경은 속근이 더 크므로 운동단위 Ⅰ이 크다고 할 수 있다.

23 생태계

01 　　　　　　　　　　　　　　　　　　　　　　　　　　　　　　　　[정답] ①

해설 배설은 동물이 어떻게 환경으로부터 물을 공급받느냐에 따라 동물마다 배설 형태가 다르며, 수서 무척추
동물은 수서동물이기 때문에 암모니아를 물에 희석시켜 배출하며, 곤충, 달팽이, 조류, 파충류들은 물을 보존하
기 위해 배설물을 요산(핵산으로부터 뉴클레오티드가 분해 될 때 생성)의 형태로 결정반죽으로 배설하여 수분
의 손실을 최대한으로 줄인다. 그리고 양서류나, 포유류는 요소의 형태로 전환하여 배출한다.

02 　　　　　　　　　　　　　　　　　　　　　　　　　　　　　　　　[정답] ③

해설 우점종이란 군집에서 밀도, 빈도, 피도가 높아 군집을 대표할 수 있는 개체군을 우점종이라고 한다. 대체
로 우점종은 식물이 되며, 식물로 특징지어지는 군집을 군락이라 한다.

03 　　　　　　　　　　　　　　　　　　　　　　　　　　　　　　　　[정답] ②

해설 천이의 극상을 이루는 것은 너도밤나무나 떡갈나무와 같은 음수림이다.

04 　　　　　　　　　　　　　　　　　　　　　　　　　　　　　　　[정답] ③, ⑤

해설 생존곡선은 같은 시기에 태어난 일정 수의 개체가 시간이 지남에 따라 얼마나 살아 있었는지를 그래프
로 나타낸 것을 생존곡선이라고 하는데, 보통 1,000개체를 기준으로 한다.
생존곡선은 크게 3가지 유형으로 나타나며 굴형, 히드라형, 사람형이 그것이다.
① 굴형
－ 산란수가 많으나 초기 사망률이 높다. 어패류, 곤충 등이 여기에 속한다.
② 히드라형
－ 연령에 따라 사망률이 대체로 일정하게 나타난다.
－ 조류, 파충류 등이 있다.
③ 사람형
－ 어버이가 새끼를 보호하므로 대부분 생리적 수명을 다하고 죽는다.
－ 사람, 맹수 등이 있다.

📖 자료해석

이 문제는 개체군생장에 대해 이해하고 있는지 확인하기 위한 이해형문제이다. 개체군의 모든 개체들이 풍부한 먹이를 얻고 생리적으로 생식하기에 제약이 없는 이상적인 조건 하에서 개체군은 지수적 생장을 한다. 그러나 자연 개체군에서는 개체군 크기가 증가함에 따라 각 개체들은 자원 부족이라는 환경적 제약에 직면하게 되어 개체당출생률(b)은 점차 감소하고 개체당사망률(d)은 점차 증가하게 된다. 그에 따라 개체당증가율(r)도 점차 감소하게 되는데, 그 결과 개체군생장률(population growth rate)은 점차 느려지게된다.

문제에서 제시한 자료를 살펴보면, 그림 (가)에서 개체군 X는 생장곡전이 S자형을 나타내므로 로지스트형 개체군생장(logistic polution growth)을 하고 있음을 알 수 있다. 그림 (나)에서는 개체군 X의 개체군생장률이 종 모양의 그래프를 보인다는 것을 확인할 수 있다. ⓒ은 환경수용역(carrying capacity, K)이다.

정답해설 ② 개체군 X의 크기가 환경수용역인 ⓒ보다 클 때에는 개체당사망률(d)이 개체당출생률(b)보다 더 커서 개체군 X의 크기가 감소한다. 그 결과 개체군 X의 크기가 환경수용역과 같아지게 되면, 개체당사망률과 개체당출생률은 같아져 개체군 X의 크기는 증가하거나 감소하지 않는다. 따라서 개체군 X의 크기가 ⓒ보다 클 때, 개체당사망률이 개체당출생률보다 더 작다는 설명은 옳지 않다.

오답해설 ① 개체당증가율과 개체군 크기 간에 균형 때문에 총 개체수(N)가 환경수용력의 절반인 $\frac{K}{2}$ 일 때, 개체군 생장률이 최댓값을 나타낸다. ⓒ이 환경수용역(carrying capacity, K)이므로 ㉠은 $\frac{K}{2}$ 이라는 설명은 옳다.

③ 개체군 X의 크기가 ⓛ일 때는 개체군생장률이 다시 감소하고 있을 때이다. 이 시점에서 개체들은 밀도의존적 요인(자원 부족 등)에 직면하게 되어 개체당출생률(b)은 점차 감소하고 개체당사망률(d)은 점차 증가한다. 따라서 개체군 X의 크기가 ⓛ일 때 개체군 X는 밀도의존적 요인에 의해 생장이 제한받는다는 설명은 옳다.

④ 로지스트형 개체군 생장에서 개체당증가율(r)은 개체군 크기가 증가함에 따라 점차 감소한다. 따라서 개체당증가율(r)은 개체군 크기가 더 작은 t1일 때가 개체군 크기가 더 큰 t2일 때보다 더 크다. 따라서 주어진 설명은 옳다.

⑤ [자료해석]에서 살펴본 바와 같이, 문제에서 주어진 자료를 통해 ⓒ은 환경수용역(carrying capacity, K)이라는 것을 알 수 있다.

📖 자료해석

이 문제는 생활사의 선택에 대하여 이해하고 있는지 확인하기 위한 이해형문제이다. 서로 다른 서식지 조건에 적응한 결과로 생물은 특정한 생활사 특성을 갖는다. 일반적으로 예측할 수 없는 환경의 서식지에서는 생물이 번식할 수 있는 기회가 드물기 때문에 높은 번식력을 가지며, 이는 높은 r값과 상응한다. 반대로 생물이 높은 번식 성공률을 가지는 예측가능한 환경의 서식지에서는 낮은 번식력과 작은 r값을 가진다.

생활사 전략이 높은 개체당증가율(r) 값을 갖게 하는 개체군은 r-선택 (r-selected) 개체군이라 부르고, 생활사 전략이 개체군 크기를 환경수용력(K)에 가깝게 유지하는 개체군을 K-선택(K-selected) 개체군이라 한다. r-선택 개체군에는 진딧물, 생쥐, 바퀴벌레, 민들레 등이 해당하고, K-선택 개체군에는 코코넛야자나무, 두루미, 고래, 사람 등이 해당한다. 표는 r-선택 생활사를 갖는 개체군과 K-선택 생활사를 갖는 개체군의 적응을 비교해 놓은 것이다.

적응	r-선택 생활사	K-선택 생활사
서식지	불안정한 환경	안정된 환경
생리	번식 연령까지 빠르게 성숙	번식 연령까지 느리게 성숙
번식 전략	일회성 번식, 한 번에 많은 자손을 생산	다회번식성, 한 번에 적은 자손을 생산
성숙 기간	짧다	길다
생존	수명이 짧다	수명이 길다
개체 크기	작다	크다
어버이 양육	적다	많다
종내 경쟁	적다	많다

정답 및 오답해설 [자료해석]에서 제시한 표를 살펴보면, (가), (나), (다)에 들어갈 단어는 각각 '많다', '적다', '크다'라는 것을 알 수 있다 . 따라서 ④번이 올바르게 연결된 정답이다.

07 ─── [정답] ①

해설 ㄱ. B 단계 초기에 나타나는 벼과식물의 우점도는 후기에 소나무가 정착하면서 점점 낮아진다.
ㄴ. 산불에 의해 교란이 일어나면 2차 천이부터 시작된다.
ㄷ. A 단계에서는 r-선택종의 비율이 많다. K-선택종은 C 단계에 많다.

08 ─── [정답] ③

해설 ① 대기 중 가장 높은 농도로 존재하는 기체 분자는 질소이다.
② 연간 고정되는 질소의 양은 토양으로 더 많이 일어난다.
③ 질산화세균은 암모늄이온을 질산이온으로 전환시키는 세균이다. (나) 과정은 질산이온에서 질소를 빼내는 과정으로 탈질화세균에 의해 일어난다.
④ 리조비움은 콩과식물의 뿌리혹에서 공기 중의 질소를 암모늄이온으로 전환시켜 식물이 N을 흡수할 수 있도록 도와준다.
⑤ (라) 과정은 분해자에 의해 일어나는 과정으로 암모니아화 과정이다.

해설 ㄱ. 캐나다 북부에 넓게 분포하는 숲은 북방침엽수림이고 생물군계 (가)에 해당한다. 툰드라는 생물군계 (가)의 아랫부분이며, 지의류, 선태류 등이 우점한다. 툰드라도 캐나다 북부에 분포하긴 하지만 ㄱ의 '숲'에 해당되지 않는다.

ㄴ. 생물군계 (나)는 온대림으로 낙엽 활엽수가 우점하는 지역이 넓다.

ㄷ. 생물군계 (다)는 열대림으로 종다양성이 가장 높은 군계이다.

PART
03

파이널 모의고사

Chapter 01 파이널 모의고사 1회

01 허시와 체이스는 유전물질이 단백질이 아니라 DNA임을 대장균과 T2 파지를 이용하여 증명하였다. 이 실험에 대한 설명으로 옳지 않은 것은?

① T2 파지는 단백질과 DNA로 구성된다.
② 단백질은 ^{32}P로, DNA는 ^{35}S로 표지한다.
③ T2 파지는 숙주세포 내로 유전물질을 주입한다.
④ 대장균과 T2 파지는 크기에 현저한 차이가 있어 분리가 가능하다.
⑤ T2 파지의 유전물질이 들어간 대장균과 세균 밖에 부착된 파지 외피(coat)를 분리한다.

02 세포에서 밖으로 내보내는 단백질을 만드는 백혈구세포를 단백질의 배출경로를 알아내기 위해 방사성동위원소로 표지하였다. 이러한 단백질의 경로를 순서대로 나열한 것은?

① 엽록체 − 골지체 − 원형질막
② 골지체 − rough ER − 원형질막
③ roughER − golgi apparatus − 원형질막
④ smoothER − lysosome - 원형질막
⑤ 핵 − 골지체 − roughER − 원형질막

03 능동수송과 촉진확산의 차이점은?

① 능동수송은 수송단백질이 필요하고, 촉진확산은 필요없다.
② 촉진확산은 농도구배에 역행하지만 능동수송은 그렇지 않다.
③ 촉진확산은 ATP로부터 에너지를 이용하고 능동수송은 그렇지 않다.
④ 촉진확산은 수송단백질이 필요하고 능동수송은 그렇지 않다.
⑤ 능동수송은 ATP를 이용하지만 촉진확산은 에너지가 필요없다.

04 세포호흡을 저해하는 어떤 물질을 원숭이에게 투여한 결과 다음과 같은 현상이 나타났다.

> ○ 열이 많이 발생하였다.
> ○ 대사 속도가 증가하였다.
> ○ 산소 소비량이 약간 증가하였다.

위 현상을 근거로 추론한 이 물질의 기능으로 옳은 것은?

① 해당과정의 ATP 합성을 저해한다.
② 크렙스 회로에서 NADH 합성을 저해한다.
③ 전자전달 복합체의 전자전달을 저해한다.
④ 산소가 전자를 수용하는 과정을 저해한다.
⑤ 미토콘드리아 내막 안팎의 pH 차이를 줄인다.

---

05 그림은 식물 엽록체의 명반응에서 일어나는 전자의 흐름을 나타낸 것이다.

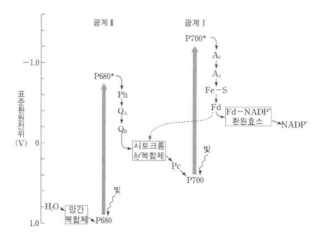

이에 대한 설명으로 옳은 것만을 보기에서 모두 고른 것은?

> 〈보 기〉
> ㄱ. 산소 1분자가 발생될 때 3분자의 NADPH가 생성된다.
> ㄴ. 산소가 발생되지 않으면 광인산화 반응이 일어나지 않는다.
> ㄷ. 매우 강한 빛에서 광계 II가 손상되어 광저해 현상이 일어난다.
> ㄹ. NADPH가 생성되는 동안 망간 복합체는 양성자 농도 기울기 형성에 기여한다.

① ㄱ, ㄴ   ② ㄱ, ㄹ   ③ ㄴ, ㄷ   ④ ㄴ, ㄹ   ⑤ ㄷ, ㄹ

06 그림은 출산 시 자궁 수축에 관여하는 여러 호르몬의 작용을 나타낸 것이다.

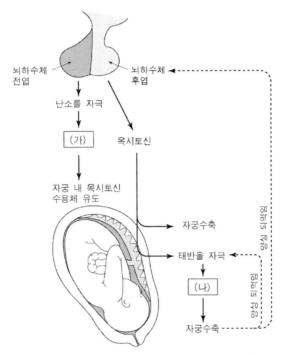

(가) 호르몬과 (나) 호르몬의 일반적인 특징 중 옳은 것을 〈보기〉에서 모두 고른 것은?

─────────── 〈보기〉 ───────────

ㄱ. (가)호르몬이 결핍되면 갱년기 질환이 유발될 수 있다.

ㄴ. (가)호르몬은 배란주기의 조절에도 관여하며 배란 후 최대치에 이른다.

ㄷ. (나)호르몬은 대부분의 세포에서 만들어지며 염증작용과 관련이 있다.

ㄹ. (나)호르몬은 국소조절자(local regulator)로 작용한다.

① ㄱ, ㄴ   ② ㄱ, ㄷ   ③ ㄴ, ㄹ   ④ ㄱ, ㄷ, ㄹ   ⑤ ㄴ, ㄷ, ㄹ

07 그림은 리보솜의 50S와 30S 소단위체(subunit)가 mRNA 아미노아실-tRNA와 결합한 모습을 나타낸 것이다.

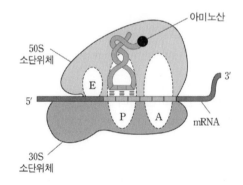

이에 대한 설명으로 옳은 것만을 〈보기〉에서 있는 대로 고른 것은?

〈보 기〉
ㄱ. 50S 소단위체에 있는 rRNA가 펩티드결합을 촉매한다.
ㄴ. 번역 종결 시 방출인자 (release factor)는 E 자리에 결합한다.
ㄷ. fMet-tRNA^{fMet}는 P 자리에서 mRNA의 개시코돈 AUG를 인식한다.
ㄹ. 단백질 합성 시 mRNA에 30S 소단위체보다 50S 소단위체가 먼저 결합한다.

---

① ㄱ, ㄴ   ② ㄱ, ㄷ   ③ ㄴ, ㄹ   ④ ㄱ, ㄷ, ㄹ   ⑤ ㄴ, ㄷ, ㄹ

---

08 그림은 육상 척추동물 7종의 진화적 유연관계를 보여주는 계통수이다.

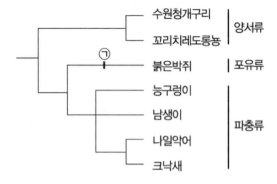

이에 대한 설명으로 옳은 것만을 〈보기〉에서 있는 대로 고른 것은?

<보 기>

ㄱ. 양막란은 7종의 공유파생형질이다.

ㄴ. 털(hair)은 ㉠ 형질에 해당한다.

ㄷ. 능구렁이는 사지류(tetrapods)에 속한다.

① ㄱ   ② ㄴ   ③ ㄱ, ㄷ   ④ ㄴ, ㄷ   ⑤ ㄱ, ㄴ, ㄷ

---

09 사람의 위는 음식이 들어오면 염산을 분비한다. 그림은 위샘에 있는 벽세포가 염산을 분비하는 기작을 나타낸 것이다.

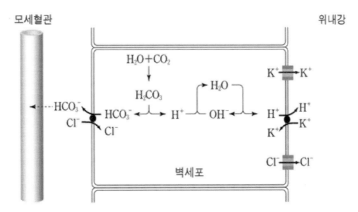

위 그림에 관한 설명이나 추론 중 옳은 것을 〈보기〉에서 고른 것은?

<보 기>

ㄱ. 벽세포의 세포질은 분비할 염산이 농축되어 산성화된다.

ㄴ. 벽세포에서 염산이 분비되는 과정에는 ATP가 소모된다.

ㄷ. H^+/K^+ 펌프가 H^+를 위내강으로 내보낸다.

ㄹ. 염산이 위내강으로 분비될 때 모세혈관의 혈액은 pH가 일정하게 유지된다.

① ㄱ, ㄴ   ② ㄱ, ㄷ   ③ ㄴ, ㄷ   ④ ㄴ, ㄹ   ⑤ ㄷ, ㄹ

---

10 심장의 박동주기 동안 심근에서 일어나는 전기적 사건은 체표면에 설치한 전극으로 기록할 수 있으며, 이를 심전도라 한다. 심전도의 파형은 각각 P, Q, R, S, T로 그림과 같이 심장주기와 함께 표시할 수 있다.

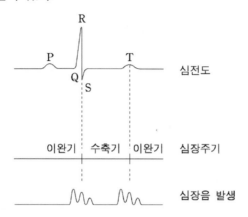

위 그림에 대한 설명으로 옳지 않은 것은?

① P파는 심방 근육의 탈분극과 수축에 해당한다.

② Q, R, S파는 심실 근육의 탈분극에 해당한다.

③ T파는 심실의 이완과 재분극에 해당한다.

④ S파와 T파 사이에서 심방근육이 수축하고 심방 내의 혈압이 최고로 올라간다.

⑤ 심장음은 삼첨판과 이첨판이 닫히는 소리와 반월판이 닫히는 소리이다.

11 표는 T세포의 특성을 설명한 것이다.

T-세포 수용체가 인지하는 항원의 형태	ㄱ. 세포 표면에 발현된 Class I MHC + 항원 펩티드	ㄴ. 세포 표면에 발현된 Class II MHC + 항원 펩티드
항원 펩티드의 유래	ㄷ. 세포의 내부	ㄹ. 세포의 외부
활성 T-세포의 역할	ㅁ. 항원을 가진 세포를 죽임	ㅂ. 항원 특이 면역세포의 활성화

조력 T-세포(helper T-cell)의 특성만을 고른 것은?

① ㄱ, ㄷ, ㅁ ② ㄱ, ㄹ, ㅁ ③ ㄴ, ㄷ, ㅁ ④ ㄴ, ㄷ, ㅂ ⑤ ㄴ, ㄹ, ㅂ

12 네프론의 각 부위에서 일어나는 물질 이동에 관한 설명으로 옳은 것을 보기에서 모두 고른 것은?

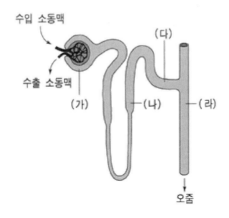

〈보 기〉

ㄱ. (가)에서는 포도당, 아미노산, 요소 등이 여과된다.
ㄴ. (나)에서는 Na^+ 이온이 주변 조직으로 수동수송된다.
ㄷ. 알도스테론은 Na^+ 이온을 (다)관 밖으로 수송시킨다.
ㄹ. (라)에서 요소의 일부가 신장의 수질로 확산되어 수분의 재흡수가 촉진된다.

① ㄱ, ㄴ   ② ㄱ, ㄷ   ③ ㄱ, ㄴ, ㄷ   ④ ㄱ, ㄷ, ㄹ   ⑤ ㄴ, ㄷ, ㄹ

13 다음은 사람의 두 호르몬 분비샘 A와 B에 대한 해부도이다.

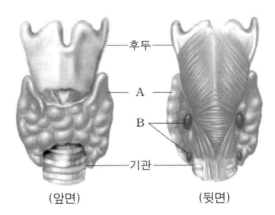

(앞면)   (뒷면)

이에 대한 설명으로 옳은 것만을 보기에서 있는 대로 고른 것은?

─────────────────── 〈보 기〉 ───────────────────

ㄱ. A는 요오드와 티로신이 결합된 지용성 호르몬을 만든다.

ㄴ. A는 성장에 관여하고 세포의 산소소모량을 증가시키는 호르몬을 만든다.

ㄷ. A와 B는 모두 체내 칼슘 농도를 조절하는 호르몬을 만든다.

① ㄱ   ② ㄴ   ③ ㄱ, ㄴ   ④ ㄴ, ㄷ   ⑤ ㄱ, ㄴ, ㄷ

───

14 척추동물의 신경세포막은 휴지상태에 있을 때 약 70mV의 전위차를 나타낸다. 휴지전위를 형성하는 데 관여하는 요인을 보기에서 모두 고른 것은?

─────────────────── 〈보 기〉 ───────────────────

ㄱ. Na^+이온과 K^+이온의 상호 반발력

ㄴ. 막 안팎에 분포하는 Na^+이온과 K^+이온의 농도 차이

ㄷ. Na^+이온과 K^+이온에 대한 세포막의 투과성 차이

ㄹ. 뉴런으로부터 Na^+이온과 K^+이온의 유출을 저지하는 미엘린 수초

① ㄱ, ㄴ   ② ㄱ, ㄷ   ③ ㄴ, ㄷ   ④ ㄴ, ㄹ   ⑤ ㄷ, ㄹ

───

15 다음은 식물의 종간 경쟁에 관한 실험이다.

〈실험 과정〉

두 종의 1년생 식물 A와 B를 토양 수분의 함량 기울기를 가지는 화분에 단독 생육과 혼합 생육을 각각 시킨 후, 단위 면적당 건중량을 측정하였다.

〈실험 결과〉

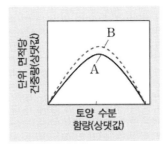

(가) 단독 생육

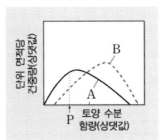

(나) 혼합 생육

이에 대한 설명으로 옳은 것만을 〈보기〉에서 있는 대로 고른 것은?

─────── 〈보 기〉 ───────

ㄱ. (가)는 A와 B의 기본 생태적 지위를 나타낸다.
ㄴ. (나)의 P에서 경쟁적 배제(competitive exclusion)가 일어났다.
ㄷ. (가)와 (나)에서 A의 생태적 지위는 다르다.

① ㄱ   ② ㄴ   ③ ㄷ   ④ ㄱ, ㄷ   ⑤ ㄱ, ㄴ, ㄷ

01 핵산(nucleic acid)을 설명한 것으로 틀린 것은 어느 것인가?

① RNA을 구성하고 있는 5탄당은 리보오스이고 DNA에서는 디옥시리보오스 이다.

② RNA는 염기중 우라실 대신 티민을 갖고 있다.

③ 같은 종 사이에서는 DNA의 시토신(C)양은 구아닌(G)양과 항상 같다.

④ DNA는 핵에 많이 존재하며 RNA는 세포질에 많이 존재한다.

⑤ DNA는 이중나선이고, RNA는 단일가닥이다.

02 그림은 동물세포의 세포소기관을 나타낸 모식도이다.

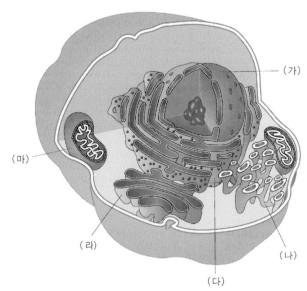

이 모식도에 관련된 설명으로 옳지 <u>않은</u> 것은?

① 리보솜 소단위체의 조립은 (가)에서 일어난다.

② 근육세포의 경우 칼슘 이온의 저장은 (나)에서 일어난다.

③ 분비성 단백질의 번역 후 변형(post-translational modification)은 (다)에서 일어난다.

④ 단백질의 추가적인 변형과 분류는 (라)에서 일어난다.

⑤ (마)에 존재하는 단백질을 암호화하는 유전자는 (가)보다 (마)에 더 많다.

----

03 어떤 생물학자가 세포막에서 물질 X의 기능을 알아보기 위해 다음과 같은 실험을 하였다.

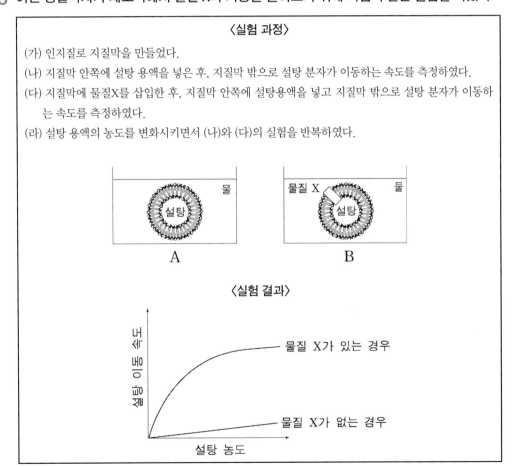

〈실험 과정〉

(가) 인지질로 지질막을 만들었다.

(나) 지질막 안쪽에 설탕 용액을 넣은 후, 지질막 밖으로 설탕 분자가 이동하는 속도를 측정하였다.

(다) 지질막에 물질X를 삽입한 후, 지질막 안쪽에 설탕용액을 넣고 지질막 밖으로 설탕 분자가 이동하는 속도를 측정하였다.

(라) 설탕 용액의 농도를 변화시키면서 (나)와 (다)의 실험을 반복하였다.

〈실험 결과〉

위 실험 결과에 대한 해석이나 추론으로 옳은 것을 보기에서 있는 대로 고른 것은?

<보 기>

ㄱ. A에서 ATP를 첨가하면 설탕분자의 이동 속도가 빨라진다.

ㄴ. B에서 대부분의 설탕 분자는 능동수송에 의해 지질막을 통과한다

ㄷ. B에서 설탕분자의 이동속도는 물질 X의 농도에 의해 영향을 받을 것이다.

① ㄱ   ② ㄴ   ③ ㄷ   ④ ㄱ, ㄴ   ⑤ ㄴ, ㄷ

04 해당 작용, TCA 회로, 전자 전달계가 일어나는 장소가 바르게 짝지어진 것은?

	해당 작용	TCA 회로	전자 전달계
①	세포질	세포질	미토콘드리아
②	세포질	미토콘드리아	미토콘드리아
③	미토콘드리아	세포질	세포질
④	미토콘드리아	미토콘드리아	세포질
⑤	세포질	미토콘드리아	세포질

05 다음은 고등식물에서 일어나는 광합성의 명반응을 나타낸 모식도이다.

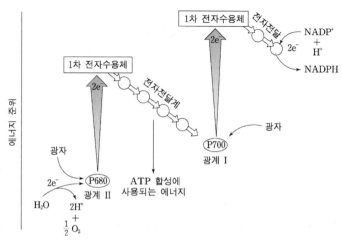

위 그림에 대한 설명으로 옳지 않은 것은?

① 각 광계의 최대 흡수 파장 영역은 다르다.

② 각 광계의 1차 전자수용체는 같은 화합물이다.

③ 광계 Ⅱ는 물을 산화시켜 전자를 받아 환원된다.

④ 광계 Ⅰ과 광계 Ⅱ는 서로 산화·환원 관계를 이룬다.

⑤ ATP는 세포호흡과 같은 원리에 의해 합성된다

---

06 식물의 형질전환을 위해서는 토양 세균인 Agrobacterium에 있는 Ti-플라스미드의 일부분인 T-DNA를 이용한다. 야생형 메밀의 꽃은 흰색이며, 단일유전자 P가 동형접합체로 도입되어 발현된 메밀은 자주색 꽃이 핀다. 이 사실을 이용하여 메밀의 형질전환 실험을 수행하고 다음과 같은 결과를 얻었다.

> 가. 야생형 메밀을 P유전자가 삽입된 T-DNA로 형질전환시킨 후 조직배양을 통하여 재분화시켰더니 진분홍 꽃이 피었다.
> 나. 진분홍 개체의 유전체를 조사하였더니 P유전자 사본(copy) 하나만이 삽입되었음을 알 수 있었다.
> 다. 진분홍 꽃을 가진 개체끼리 교배하였더니 자주색 꽃, 진분홍 꽃, 흰 꽃을 가진 개체가 각각 1:2:1로 나타났다.

위의 메밀 형질전환 실험에 대한 설명 중 옳은 것은?

① P유전자는 메밀의 흰 꽃을 나타내는 유전자에 대해서 완전 열성이다.

② 메밀꽃 색깔 표현형의 분리비와 이에 해당하는 유전자형의 분리비는 서로 다르게 나타난다.

③ 형질전환된 메밀의 꽃 색깔은 삽입된 P유전자 산물의 합성량과는 관련이 없을 것이다.

④ 흰 꽃을 가진 개체와 진분홍 꽃을 가진 개체를 교배하면 흰 꽃과 진분홍 꽃의 개체가 1:1로 나타날 것이다.

⑤ 자주색 꽃을 가진 개체와 흰 꽃을 가진 개체를 교배하여 얻은 자손을 자가수분하면 자주색 꽃과 흰 꽃의 개체가 3:4로 나타날 것이다.

---

07 그림은 세포 내에서 일어나는 어떤 유전자의 발현 양상을 모식도로 나타낸 것이다.

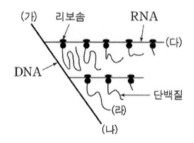

위와 같은 유전자 발현 양상에 대한 설명으로 옳은 것은?

① 위의 리보솜은 80S이다.

② 전사된 RNA의 (다) 지점은 3′말단이다.

③ RNA 중합효소는 (가)에서 (나) 방향으로 전사를 진행한다.

④ 번역된 단백질의 (라) 말단은 카르복실(carboxyl) 말단이다.

⑤ 전사 주형으로 사용된 DNA 가닥의 (가) 지점은 5′말단이다.

- -

08 사람의 소화기관에 관한 설명으로 옳은 것을 〈보기〉에서 모두 고르면?

〈보 기〉

ㄱ. 십이지장으로 유입된 담즙은 소장 및 대장에서 재흡수되어 간으로 이동한다.

ㄴ. 췌장에서 분비되는 중탄산나트륨($NaHCO_3$)은 위에서 유입된 위산을 중화시켜 소장 내 효소들이 작용할 수 있는 환경을 만들어 준다.

ㄷ. 대장에 서식하는 세균은 비타민 K, 바이오틴, 엽산을 합성하여 몸에 공급한다.

① ㄱ   ② ㄴ   ③ ㄷ   ④ ㄱ, ㄴ   ⑤ ㄱ, ㄴ, ㄷ

- -

09 표는 어떤 정상인의 마라톤 출발 전과 마라톤을 하는 중 30 km 지점에서 측정한 심박출량
과 혈장 내 포도당, 글루카곤, 에피네프린의 농도를 나타낸 것이다.

구분	출발 전	30 km 지점
심박출량(L/분)	5	20
글루카곤(ng/L)	80	120
에피네프린(ng/L)	8	20

출발 전과 비교하였을 때 30 km 지점에서 이 사람에게 나타나는 생리적 변화에 대한 설명
으로 옳은 것만을 〈보기〉에서 있는 대로 고른 것은?

────────────────────〈보 기〉────────────────────
ㄱ. 교감신경이 자극된다.
ㄴ. 인슐린 분비가 증가한다.
ㄷ. 혈장 내 유리지방산(free fatty acid)이 감소한다.

① ㄱ   ② ㄴ   ③ ㄱ, ㄴ   ④ ㄱ, ㄷ   ⑤ ㄴ, ㄷ

----

10 그림 (가)는 헤모글로빈 해리곡선을 나타낸 것이고, 그림 (나)는 공기, 폐포 및 신체 내부에
서의 산소와 이산화탄소 분압을 나타낸 것이다.

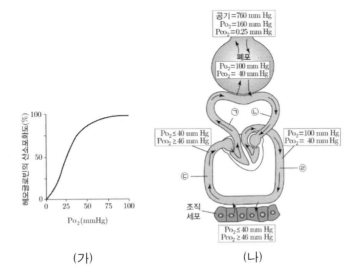

(가)   (나)

이에 대한 설명으로 옳은 것만을 〈보기〉에서 있는 대로 고른 것은? (단, 헤모글로빈의 산소포화도에 대한 CO_2의 영향은 무시한다.)

─────────────────── 〈보 기〉 ───────────────────
ㄱ. 좌심방에는 동맥혈이 흐르고 우심방에는 정맥혈이 흐른다.
ㄴ. ㉠에 들어 있는 혈액의 pH는 ㉡에 들어 있는 혈액의 pH보다 더 낮다.
ㄷ. ㉢에 존재하는 헤모글로빈의 산소포화도는 ㉣에 존재하는 헤모글로빈의 산소포화도의 약 40% 정도이다.

① ㄱ   ② ㄴ   ③ ㄷ   ④ ㄱ, ㄴ   ⑤ ㄱ, ㄷ

---

11 다음은 정상인과 사람 (가)와 (나)에서 주조직적합성복합체(MHC)의 발현을 나타낸 것이다.

	MHC	
	Class I	Class II
정상인	발현	발현
(가)	발현 안 함	발현
(나)	발현	발현 안 함

이에 대한 설명으로 옳은 것만을 〈보기〉에서 있는 대로 고른 것은?

─────────────────── 〈보 기〉 ───────────────────
ㄱ. (가)는 정상인과 비교하여 혈중 IgM의 농도가 높다.
ㄴ. (가)의 수지상세포는 세균에서 유래된 항원을 CD4+T세포에 제시하지 못했다.
ㄷ. (나)는 흉선에서 $\dfrac{CD4^+ \text{ T세포수}}{CD8^+ \text{ T세포수}}$ 값이 정상인에 비해 낮다.
ㄹ. (나)는 조력 T세포가 활성화 되지 않아 면역결핍증상이 나타난다.

① ㄱ, ㄴ   ② ㄴ, ㄹ   ③ ㄷ, ㄹ   ④ ㄱ, ㄴ, ㄷ   ⑤ ㄱ, ㄷ

12 그림은 신장의 헨레고리에서 일어나는 오줌의 형성 과정을 나타낸 것이다.

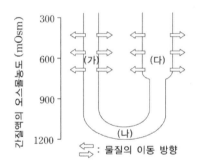

헨레고리 부위 (가)~(다)에 대한 설명으로 옳지 <u>않은</u> 것은?

① (가)에서 물이 재흡수된다.

② (가)에서 세뇨관액의 오스몰 농도는 간질액의 오스몰 농도보다 낮다.

③ 세뇨관액은 (가)에서 (나)를 거쳐 (다)로 흐른다.

④ (다)에서 Na^+가 재흡수된다.

⑤ 세뇨관액의 오스몰 농도가 가장 높은 곳은 (다)이다.

----

13 그림 (가)는 사람의 내분비샘 ㉠과 ㉡을, (나)는 혈장 Ca^{2+} 농도에 따른 호르몬 A와 B의 혈중 농도를 나타낸 것이다. A와 B는 각각 칼시토닌과 부갑상샘호르몬(PTH) 중 하나이다.

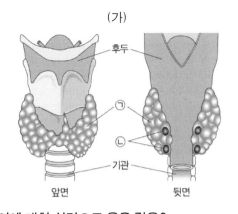

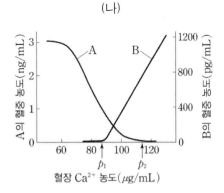

이에 대한 설명으로 옳은 것은?

① 칼시토닌의 농도는 p₁에서가 p₂에서보다 높다.

① 칼시토닌의 농도는 p_1에서가 p_2에서보다 높다.
② A는 활성 비타민 D의 형성을 촉진한다.
③ A는 뼈의 Ca^{2+} 방출을 억제한다.
④ B가 분비되는 곳은 ⓛ이다.
⑤ B의 수용체는 핵 내에 존재한다.

----

14 그림 (가)와 같이 신경 축삭의 한 지점에 자극을 주고 지점 Ⅰ, Ⅱ에서 막전위 변화를 측정하였다. 그림 (나)는 Ⅰ, Ⅱ에서 측정한 막전위 변화를 나타낸 것이다.

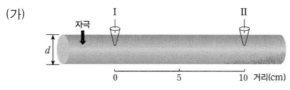

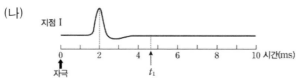

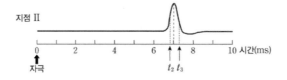

이에 대한 설명으로 옳지 <u>않은</u> 것은?

① 활동전위의 전도 속도는 20 m/s이다.
② t_1에서 전압의존적 Na^+ 채널은 닫혀 있다.
③ t_2에서 전압의존적 Na^+ 채널은 열려 있다.
④ t_3에서 전압의존적 K^+ 채널은 닫혀 있다.
⑤ d가 작아지면 축삭 활동전위의 전도 속도는 느려진다.

----

15 다음은 극상에 도달한 어떤 식물 군락이 교란된 후 다시 천이가 진행되는 과정을 나타낸 것이다.

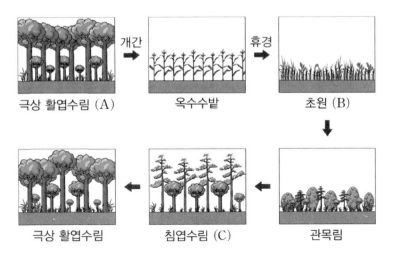

극상 활엽수림 (A) → 개간 → 옥수수밭 → 휴경 → 초원 (B)

극상 활엽수림 ← 침엽수림 (C) ← 관목림

이에 대한 설명으로 옳은 것만을 〈보기〉에서 있는 대로 고른 것은?

─────── 〈보기〉 ───────

ㄱ. A에서 우점하는 식물은 C에서 우점하는 식물보다 그늘에 대한 내성이 강하다.

ㄴ. B는 C에 비해 종 조성의 변화가 빠르다.

ㄷ. C에 산불이 발생하면 2차 천이가 일어난다.

① ㄱ   ② ㄴ   ③ ㄷ   ④ ㄱ, ㄷ   ⑤ ㄱ, ㄴ, ㄷ

파이널 모의고사 3회

01 세포소기관이 파괴되지 않을 정도로 동물세포의 세포막을 파쇄한 후, 그림과 같이 단계별
로 원심분리하여 세포소기관이 들어있는 침전물의 성분을 분석하였다.

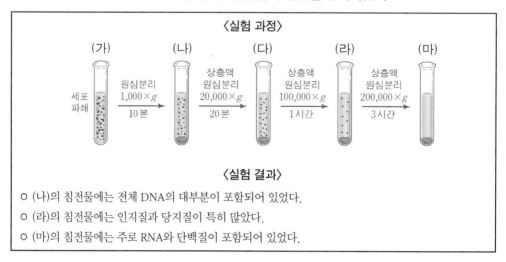

〈실험 과정〉

〈실험 결과〉

○ (나)의 침전물에는 전체 DNA의 대부분이 포함되어 있었다.

○ (라)의 침전물에는 인지질과 당지질이 특히 많았다.

○ (마)의 침전물에는 주로 RNA와 단백질이 포함되어 있었다.

위의 실험에서 (다)의 침전물에 주로 들어 있는 세포소기관들에 대한 설명 중 옳지 않은 것
은?

① 세포 내에서 산소 소비량이 가장 많은 세포소기관이 있다.

② 모계유전(maternal inheritance)을 하는 세포소기관이 있다.

③ 과산화수소(H_2O_2)를 물과 산소로 분해하는 세포소기관이 있다.

④ 단백질을 글리코실화(glycosylation) 시키는 세포소기관이 있다.

⑤ 단백질, 핵산, 지질의 분해를 주로 담당하는 세포소기관이 있다.

02 다음은 동물 세포막을 나타낸 모식도이다.

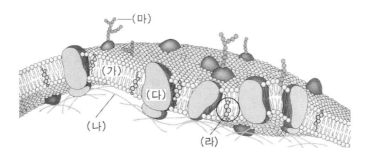

위 그림에 대한 설명으로 옳지 <u>않은</u> 것은?

① (가)는 지질 이중층으로 포화지방산이 많아질수록 막의 유동성이 증가한다

② (나)는 세포의 안쪽에 존재하는 세포골격 미세섬유로서 세포막의 지지 및 보호 작용을 한다.

③ (다)는 단백질로서 지질 이중층에 걸쳐서 존재하며, 주로 세포의 신경전달이라는 물질 이동에 관여한다.

④ (라)는 지질 이중층에 존재하는 콜레스테롤이며, 고리 구조로 되어 있어 세포막의 안정화에 도움이 된다.

⑤ (마)는 단백질이나 지질에 붙어 있는 당으로, 외부 신호 인식을 돕고 세포막을 보호하는 역할도 한다.

---

03 세포성호흡에 대한 다음의 설명 중 옳지 <u>않은</u> 것은?

① 크렙스 회로 (Krebs cycle)는 산소를 이용하는 호기성 반응이다.

② 한 분자의 포도당이 해당작용(glycolysis)을 거쳐 총체적으로 형성하는 에너지는 4 분자의 ATP와 4 분자의 $NADH_2$이다.

③ 세포성호흡의 마지막 단계인 전자전달계는 미토콘드리아의 내막에서 일어난다.

④ 피루브산의 산화는 미토콘드리아에서 일어난다.

⑤ ATP 합성효소는 미토콘드리아 내막에 박혀있다.

---

04 사춘기 전의 여자아이 난소에 있는 난모세포 (가)와 그 난모세포의 세포분열 단계 (나)로 옳은 것은?

	(가)	(나)
①	제1난모세포	유사분열 후기
②	제1난모세포	감수분열 I 전기
③	제1난모세포	감수분열 I 후기
④	제2난모세포	감수분열 II 전기
⑤	제2난모세포	감수분열 II 후기

---

05 표는 완두콩과 초파리를이용한 교배실험 결과이다. 완두콩의 교배는 RrYy × rryy이며, 초파리의 교배는 PpVv × ppvv 이다. Y(노란색 콩)는 y(녹색 콩)에, R(동근 콩)은 r(주름진 콩)에, P(빨간 눈)는 p(자주색눈)에, V(정상날개)는 v(흔적날개)에 대해 각각 우성이다.

표현형	종자 수	표현형	자손 수
노란색, 둥근 콩	493	빨간 눈, 정상날개	889
녹색, 주름진 콩	510	자주색 눈, 흔적날개	897
노란색, 주름진 콩	502	빨간 눈, 흔적날개	111
녹색, 둥근 콩	495	자주색 눈, 정상날개	103
합계	2,000	합계	2,000

이에 대한 설명으로 옳은 것만을 〈보기〉에서 있는 대로 고른 것은?

───────────── 〈보 기〉 ─────────────
ㄱ. R과 Y유전자는 연관되어 있다.
ㄴ. P와 V유전자는 교차율이 0.214이다.
ㄷ. 완두꽃가루의 유전자형 RY : rY 비율은 1:1이다.
ㄹ. 감수분열 시 형성된 Pv유전자형 배우자는 재조합형이다.

① ㄱ, ㄴ ② ㄱ, ㄷ ③ ㄴ, ㄹ ④ ㄷ, ㄹ ⑤ ㄴ, ㄷ, ㄹ

---

06 그림은 microRNA (miRNA)의 합성과 가공 과정 (processing)을 나타낸 것이다.

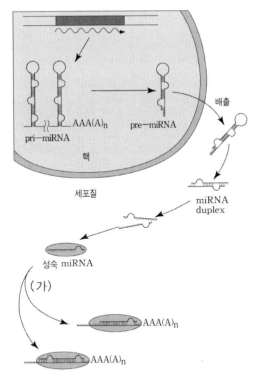

이에 대한 설명으로 옳은 것만을 〈보기〉에서 있는 대로 고른 것은?

〈보기〉

ㄱ. pri-miRNA는 RNA 중합효소 II에 의해 전사된다.

ㄴ. (가)에서 다이서 (dicer)가 표적 mRNA를 선택한다.

ㄷ. 성숙 miRNA는 표적 mRNA를 안정화시켜서 번역이 잘 되도록 도와준다.

① ㄱ   ② ㄴ   ③ ㄷ   ④ ㄱ, ㄴ   ⑤ ㄴ, ㄷ

07 그림은 장 상피세포에서 포도당의 이동을 모식도로 나타낸 것이다.

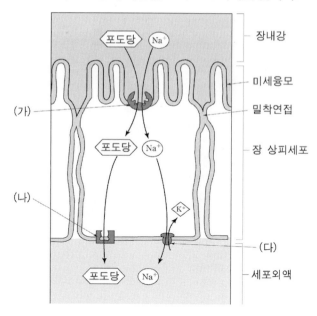

위의 그림에 대한 설명 중 옳은 것을 〈보기〉에서 모두 고른 것은?

─────── 〈보 기〉 ───────

ㄱ. (가)는 포도당과 Na^+을 확산에 의하여 운반한다.

ㄴ. 밀착연접(tight junction)은 (가)와 (나) 두 종류의 포도당 운반단백질이 섞이는 것을 막는다.

ㄷ. 포도당을 장 상피세포에서 세포외액으로 이동시키기 위해 (나)의 포도당 운반단백질에서 ATP가 사용된다.

ㄹ. 장 상피세포의 Na^+과 K^+의 농도를 일정하게 유지하기 위하여 (다)의 이온펌프가 작동한다.

① ㄱ, ㄴ   ② ㄱ, ㄷ   ③ ㄴ, ㄹ   ④ ㄱ, ㄷ, ㄹ   ⑤ ㄴ, ㄷ, ㄹ

08 혈액 응고에 관한 설명으로 옳은 것을 〈보기〉에서 모두 고른 것은?

─── 〈보 기〉 ───

ㄱ. 혈소판이 감소하면 혈액 응고가 지연된다.
ㄴ. 옥살산염, 구연산염, EDTA 등은 Ca^{2+} 이온을 흡착하여 혈액 응고를 억제한다.
ㄷ. 비타민 C의 결핍은 트롬빈의 활성화를 저해하여 혈액 응고를 지연시킨다.

① ㄱ   ② ㄴ   ③ ㄷ   ④ ㄱ, ㄴ   ⑤ ㄱ, ㄷ

09 그림 (가)~(라)는 지구상에 서식하는 여러 동물들을 나타낸 것이다.

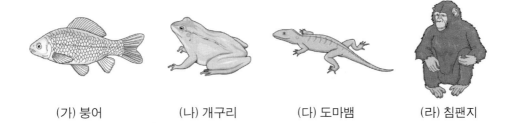

(가) 붕어   (나) 개구리   (다) 도마뱀   (라) 침팬지

이 동물들의 순환계에 대한 설명으로 옳은 것은?

① (가)의 혈압은 정맥이 동맥보다 높다.
② (나)의 심장은 1심방 1심실로 구성되어 있다.
③ (다)의 심장은 심실의 좌우를 부분적으로 나누는 불완전한 격벽(septum)을 가진다.
④ (라)의 심장에서 우심방은 폐에서 산소를 얻은 혈액을 받아들여 우심실로 보낸다.
⑤ (라)에서 모세혈관 내 혈류 속도는 동맥 내 혈류 속도보다 빠르다.

10 그림은 여러 종류의 항체 구조를 나타낸 것이다.

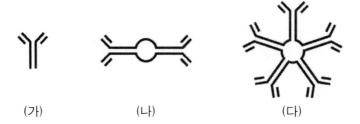

(가)　　　　　　(나)　　　　　　(다)

이에 대한 설명으로 옳지 <u>않은</u> 것은?

① 혈장의 IgA 구조는 (가)이다.

② (나)와 (다)의 항체는 J 사슬을 가지고 있다.

③ 알레르기반응에 관여하는 항체의 구조는 주로 (나)이다.

④ 점막 부위로 분비되는 항체의 구조는 주로 (나)이다.

⑤ 항원에 1차 노출된 B 세포에서 가장 먼저 분비되는 항체는 (다)이다.

- -

11 다음은 원숭이의 집단 생활에 대한 설명이다.

> 원숭이는 계급 사회를 이루어 생활을 하며, 가장 싸움을 잘하는 수컷 대장 원숭이가 집단을 지배하고 있다. 대장 원숭이는 다른 수컷의 지속적인 도전으로 인해 스트레스를 받아서 호르몬들의 혈중 농도가 변하며 수명이 짧다.

위 자료를 근거로 장기적인 스트레스를 받은 대장 원숭이의 상태에 대한 설명으로 옳은 것을 〈보기〉에서 모두 고른 것은?

─────────── 〈보 기〉 ───────────
ㄱ. 혈액의 당 농도가 증가한다.
ㄴ. 혈중 글루코코르티코이드의 농도가 높다.
ㄷ. 면역 반응에 관여하는 세포들의 기능이 억제된다.

① ㄱ　　　　② ㄴ　　　　③ ㄷ　　　　④ ㄱ, ㄴ　　　　⑤ ㄱ, ㄴ, ㄷ

- -

12 그림은 사람의 뇌하수체를 나타낸 것이다.

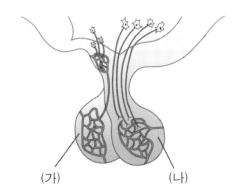

(가)   (나)

이에 대한 설명으로 옳지 <u>않은</u> 것은?

① 항이뇨호르몬(ADH)은 (가)에서 분비된다.
② 성장호르몬은 (가)에서 생성된다.
③ (가)에서 분비되는 호르몬의 양은 시상하부의 조절을 받는다.
④ 옥시토신은 (나)에서 분비된다.
⑤ (나)에서 분비되는 호르몬은 시상하부에서 생성된다.

- -

13 그림은 골격근의 신경근접합부(neuromuscular junction)에서 운동뉴런의 활동전위가 골격근으로 전달되는 과정을 나타낸 것이다.

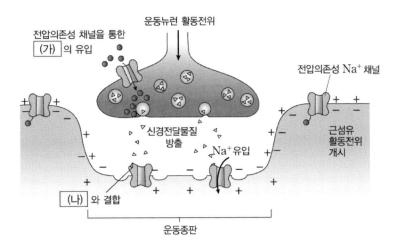

(가)와 (나)에 해당하는 것을 바르게 짝지은 것은?

	(가)	(나)
①	Ca^{2+}	니코틴성 수용체
②	Ca^{2+}	무스카린성 수용체
③	Na^+	글루탐산 수용체
④	Na^+	무스카린성 수용체
⑤	Na^+	니코틴성 수용체

---

14 그림은 육상생태계의 질소순환을 나타낸 것이다. ⊙~ⓒ은 각각 뿌리혹세균, 질화세균, 탈질화세균 중 하나이다.

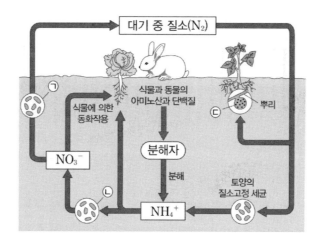

이에 대한 설명으로 옳지 **않은** 것은?

① ⊙에 의한 탈질화 반응은 호기성 환경에서 일어난다.

② ⓛ은 암모늄이온을 산화시킨다.

③ ⓒ은 숙주식물과 상리공생한다.

④ 분해자는 진핵생물을 포함한다.

⑤ 아조토박터(Azotobacter)는 토양에서 질소를 고정한다.

---

15 그림 (가)는 저위도 지역의 대기 순환과 강수 현상을, (나)는 주요 육상 생물군계의 연평균 기온과 강수량을 나타낸 것이다. A~E는 사막, 열대림, 온대낙엽수림, 북방침엽수림, 극지 툰드라를 순서 없이 나타낸 것이다.

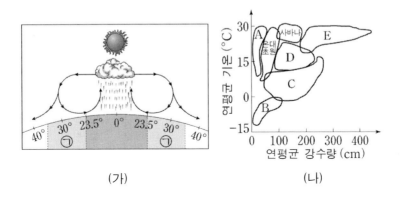

(가)   (나)

이에 대한 설명으로 옳은 것만을 〈보기〉에서 있는 대로 고른 것은?

───────────── 〈보 기〉 ─────────────

ㄱ. (나)의 A는 (가)의 ㉠ 위도 지역에 나타난다.

ㄴ. A는 B보다 습한 토양을 가진다.

ㄷ. 지표에 퇴적되어 있는 낙엽층의 두께는 C에서가 E에서보다 얇다.

① ㄱ   ② ㄴ   ③ ㄷ   ④ ㄱ, ㄴ

⑤ ㄱ, ㄷ   ⑥ ㄴ, ㄷ   ⑦ ㄱ, ㄴ, ㄷ

01 다음 중 샤가프의 법칙에 관한 설명으로 잘못된 것은?

① 서로 다른 생물체에서 얻은 DNA는 서로 다른 염기 비를 갖는다.

② 모든 생물체에서 A와 T의 양이 같다.

③ 모든 생물체에서 G와 C의 양이 같다.

④ 염기의 절반은 퓨린이고 절반은 피리미딘이다.

⑤ A + T = G + C 이다.

02 다음은 내포작용(endocytosis)으로 들어온 물질이나 손상된 세포소기관이 (가)에 의해 분해되는 과정이다.

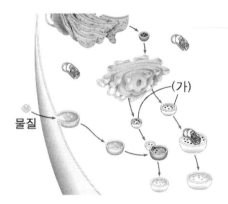

(가)에 대한 설명으로 옳은 것을 보기에서 있는 대로 고른 것은?

―――――――― 〈보 기〉 ――――――――

ㄱ. 소포체와 골지체에서 생성되며 지질 이중층으로 둘러싸여 있다.

ㄴ. 가수분해 효소의 일부가 결핍되면 간 계통의 질환을 유발할 수 있다.

ㄷ. 가수분해 효소는 염기성 상태에서 세포소기관이나 외부물질을 분해한다.

① ㄱ   ② ㄴ   ③ ㄱ, ㄴ   ④ ㄴ, ㄷ   ⑤ ㄱ, ㄷ

----

3 물질 A가 B로 전환되는 가역 반응에서 그림 (가)는 A의 농도 변화를, 그림 (나)는 자유에너지 변화를 나타낸 것이다.

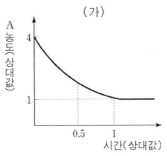
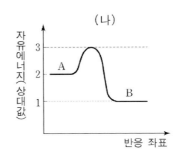

A에서 B로 반응을 촉진시키는 효소를 넣었을 때 예상되는 결과로 옳은 것은?

①
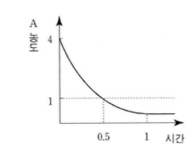

②
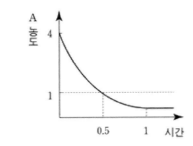

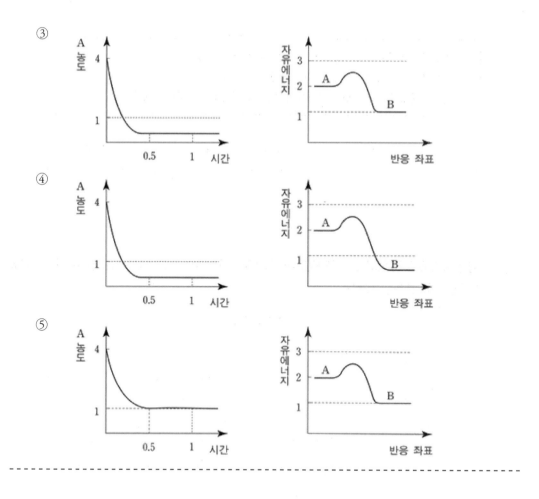

③

A 농도

4

1

0.5   1   시간

자유에너지

3

2 A

1   B

반응 좌표

④

A 농도

4

1

0.5   1   시간

자유에너지

3

2 A

1

B

반응 좌표

⑤

A 농도

4

1

0.5   1   시간

자유에너지

3

2 A

1   B

반응 좌표

04 식물의 탄소고정 과정은 생육 환경에 따라 C₃, C₄, CAM 형으로 나뉜다.

특성 \ 유형	C₃ 형	C₄ 형	CAM 형
광호흡	있음	거의 없음	없음
대기의 CO_2 고정 효소	루비스코 (Rubisco)	PEP 카르복시화효소	PEP 카르복시화효소
기공 열림	낮	낮	밤

(PEP : 포스포에놀피루브산)

이에 대한 설명으로 옳은 것만을 〈보기〉에서 있는 대로 고른 것은?

<보 기>

ㄱ. CAM 형의 광합성을 수행하는 액포의 pH는 낮보다 밤에 높다.

ㄴ. C_3 형의 일부 식물 종은 가뭄 등 극한상황에서는 CAM 형의 광합성을 수행하기도 한다.

ㄷ. 동일한 양의 광합성 산물을 생산해 내기 위해 가장 많은 물을 소모하는 식물은 C_3 형의 식물이다.

① ㄱ   ② ㄴ   ③ ㄷ   ④ ㄱ, ㄴ   ⑤ ㄴ, ㄷ

---

05 그림은 포유동물 세정관 일부의 단면을 나타낸 것이다.

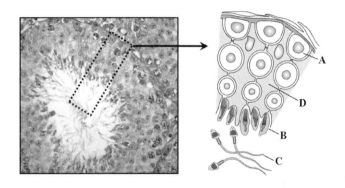

세포 A~D에 대한 설명으로 옳은 것을 〈보기〉에서 모두 고른 것은?

<보 기>

ㄱ. A 중에는 유사분열을 통해 증식하는 줄기세포가 있다.

ㄴ. C는 머리, 중편, 꼬리를 가지며 수정능력과 운동성이 있다.

ㄷ. D는 남성호르몬 수용체와 여포자극호르몬(FSH) 수용체를 발현한다.

① ㄱ   ② ㄴ   ③ ㄱ, ㄷ   ④ ㄱ, ㄴ   ⑤ ㄱ, ㄴ, ㄷ

06 그림은 일반적인 중합효소연쇄반응(PCR)과 이로부터 증폭된 DNA를 아가로스 겔 전기영동으로 확인하는 과정을 그린 모식도이다.

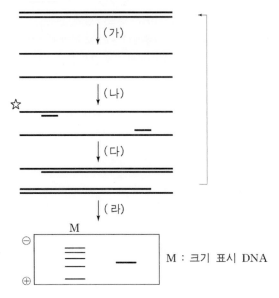

위 실험에 대한 설명으로 옳지 <u>않은</u> 것은?

① ☆표시한 DNA 가닥의 왼쪽은 3' 말단이다.

② (가)~(다) 단계 중 반응 온도가 가장 높은 곳은 (가)이다.

③ (가)~(다) 단계 중 Tm의 고려가 가장 필요한 곳은 (다)이다.

④ (라)단계에서 전기영동한 DNA는 브롬화 에티듐(ethidium bromide)으로 염색하여 확인한다.

⑤ 원하는 DNA 단편을 100배 이상으로 증폭하기 위해서는 (가)에서 (다)까지의 과정을 7번 이상 반복하여야 한다.

- -

07 DNA 가닥과 결합하는 히스톤의 변형(modification)에 따라 유전자 발현이 조절된다. 그림은 뉴클레오솜 구성 성분 중 하나인 히스톤 H₃의 N-말단 리신의 아세틸화 상태를 나타낸 것이다.

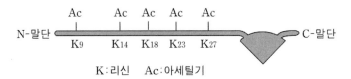

이에 대한 설명으로 옳은 것을 〈보기〉에서 모두 고른 것은?

〈보 기〉

ㄱ. 응축된 염색질에서는 리신이 탈아세틸화되었다.

ㄴ. 아세틸화된 히스톤 H_3는 염색질의 활성화에 기여한다.

ㄷ. 이 부위에 있는 리신과 DNA 가닥의 결합은 공유결합이다.

ㄹ. 리신이 탈아세틸화되면 히스톤 H_3와 DNA 가닥의 결합력이 강화된다.

① ㄱ, ㄴ   ② ㄱ, ㄷ   ③ ㄴ, ㄷ   ④ ㄷ, ㄹ   ⑤ ㄱ, ㄴ, ㄹ

08 그림은 간 조직의 세포에 작용하는 아드레날린 신호전달계의 모식도이다.

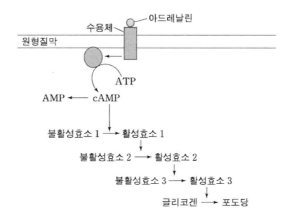

위 신호전달계에 대한 설명으로 옳은 것을 보기에서 있는 대로 고른 것은?

〈보 기〉

ㄱ. ATP는 아드레날린의 신호를 전달하는 세포 내의 신호 분자이다.

ㄴ. 효소의 단계적 연쇄반응을 거치는 것은 신호를 증폭하는 방법이 된다.

ㄷ. 글리코겐의 분해로 만들어진 포도당은 혈당을 높이는 데 이용된다.

① ㄱ   ② ㄴ   ③ ㄷ   ④ ㄱ, ㄴ   ⑤ ㄴ, ㄷ

09 림프는 조직액(interstitial fluid)이 림프관으로 들어감으로써 형성된다. 그림은 어떤 조직 내에서 모세혈관으로부터 조직액이 형성되는 과정과 조직액이 모세림프관으로 흐르는 과정에 영향을 미치는 혈압, 삼투압 및 조직액압의 상관관계를 보여 주고 있다.

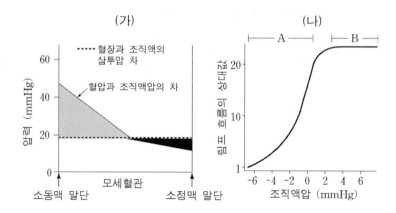

위 그림에 대한 설명 중 옳지 않은 것은?

① (가)에서 혈압과 조직액압의 차가 삼투압 차와 같아지면 모세혈관의 여과력과 흡수력은 같아진다.

② (나)의 A영역에서 모세혈관의 혈압이 증가하면 림프 흐름은 증가할 것이다.

③ (나)의 A영역에서 조직액의 단백질 농도가 증가하면 림프 흐름은 증가할 것이다.

④ (나)의 A영역에서 혈장의 단백질 농도가 감소하면 림프 흐름은 감소할 것이다.

⑤ (나)의 B영역에서는 림프관이 주위의 조직액압에 의해 압박을 받고 있다.

- -

10 다음은 등산을 하다가 말벌에 쏘인 후 나타난 증상이다.

> ○ 벌에 쏘인 부위에서 열이 나고, 붉게 변했다.
> ○ 벌에 쏘인 부위가 심하게 부었다.
> ○ 점차 호흡 곤란을 느끼기 시작했다.
> ○ 에피네프린을 주사하였더니 호흡 곤란 증세가 완화되었다.

위 증상과 관련하여 설명한 내용으로 옳지 않은 것은?

① 말벌의 독이 비만세포(mast cell)를 자극하여 즉시형 과민 반응을 일으켰다.

② 피부가 붉게 변한 것은 확장된 모세혈관 벽 사이로 적혈구가 빠져나왔기 때문이다.

③ 피부가 부은 것은 벌에 쏘인 부위에서 모세혈관의 투과성이 증가하였기 때문이다.

④ 호흡 곤란은 히스타민이 증가하여 기관지 평활근을 수축시켰기 때문이다.

⑤ 에피네프린은 기관지를 확장시켰다.

----

11 그림은 B세포의 클론 선택을 단계별로 나타낸 것이다.

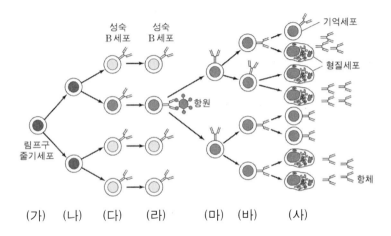

(가)   (나)   (다)   (라)   (마)   (바)   (사)

이에 대한 설명으로 옳은 것만을 보기에서 있는 대로 고른 것은?

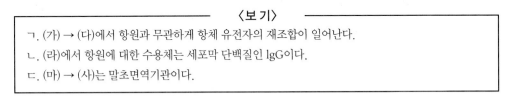

〈보 기〉

ㄱ. (가) → (다)에서 항원과 무관하게 항체 유전자의 재조합이 일어난다.

ㄴ. (라)에서 항원에 대한 수용체는 세포막 단백질인 IgG이다.

ㄷ. (마) → (사)는 말초면역기관이다.

① ㄱ   ② ㄴ   ③ ㄷ   ④ ㄱ, ㄷ   ⑤ ㄴ, ㄷ

----

12 다음 중 혈액 내 칼슘 농도 조절에 길항작용을 하는 두 호르몬은 무엇인가?

① ACTH와 인슐린

② PTH와 티록신

③ 칼시토닌과 PTH

④ LH와 FSH

⑤ 에스트로겐과 프로게스테론

---

13 활동전위의 생성 및 소멸 과정이 바르게 나열된 것은?

① 칼륨의 유입 → 탈분극 → 칼슘의 유출 → 재분극

② 나트륨의 유입 → 재분극 → 칼륨의 유출 → 탈분극

③ 칼륨의 유입 → 탈분극 → 나트륨의 유출 → 재분극

④ 나트륨의 유입 → 탈분극 → 칼륨의 유출 → 재분극

⑤ 칼슘의 유입 → 재분극 → 나트륨의 유출 → 탈분극

---

14 그림 (가)는 하나의 운동신경과 그 신경이 지배하는 근섬유로 구성된 운동단위 Ⅰ과 Ⅱ를, (나)는 (가)의 신경에 각각 단일자극을 줄 때 각 운동단위에서 시간에 따른 근수축 세기의 변화를 나타낸 것이다.

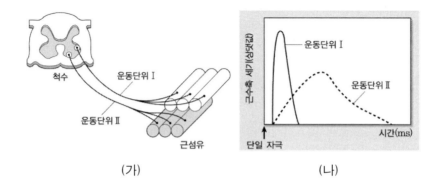

(가)   (나)

이에 대한 설명으로 옳은 것만을 〈보기〉에서 있는 대로 고른 것은? (단, 운동 단위 Ⅰ과 Ⅱ에서 근섬유의 수는 동일하다.)

〈보 기〉

ㄱ. 단일 자극에 의한 근수축 속도는 운동단위Ⅱ보다 운동단위Ⅰ에서 빠르다.

ㄴ. 근섬유의 피로는 운동단위 Ⅱ보다 운동단위 Ⅰ에서 빨리 나타난다.

ㄷ. 근섬유의 직경은 운동단위 Ⅰ보다 운동단위 Ⅱ에서 크다.

① ㄱ   ② ㄴ   ③ ㄷ   ④ ㄱ, ㄴ   ⑤ ㄱ, ㄷ

---

15 그림은 삼림 극상이 형성되어 있던 어떤 온대지역에서 산불과 화산 폭발에 의한 교란이 일어나기 전과 일어난 후의 입지 환경과 식생의 변화를 나타낸 것이다.

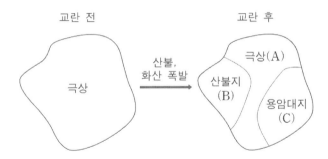

이에 대한 설명으로 옳은 것만을 〈보기〉에서 있는 대로 고른 것은?

〈보 기〉

ㄱ. A의 숲 바닥에는 양수(陽樹)의 어린 개체 수가 음수(陰樹)의 어린 개체 수보다 많다.

ㄴ. B에서 천이 초기 단계에는 r-선택종의 우점도가 K-선택종 보다 높다.

ㄷ. C에서는 1차 천이가 일어난다.

① ㄱ   ② ㄷ   ③ ㄱ, ㄴ   ④ ㄴ, ㄷ   ⑤ ㄱ, ㄴ, ㄷ

파이널 모의고사
답안과 해설

파이널 모의고사 답안과 해설

◈ 파이널 모의고사 답안

1. 파이널 모의고사 1회

01	②	02	③	03	⑤	04	⑤
05	⑤	06	④	07	②	08	④
09	③	10	④	11	⑤	12	④
13	⑤	14	③	15	④		

3. 파이널 모의고사 3회

01	④	02	①	03	②	04	②
05	④	06	①	07	③	08	④
09	③	10	③	11	⑤	12	①
13	①	14	①	15	①		

2. 파이널 모의고사 2회

01	②	02	⑤	03	③	04	②
05	②	06	④	07	⑤	08	⑤
09	①	10	④	11	③	12	⑤
13	②	14	④	15	⑤		

4. 파이널 모의고사 4회

01	⑤	02	③	03	⑤	04	⑤
05	③	06	③	07	⑤	08	⑤
09	④	10	②	11	④	12	③
13	④	14	④	15	④		

◆ 파이널 모의고사 해설

1 파이널 모의고사 1회

01
[정답] ②

해설 T2 파지는 단백질과 DNA로 구성된다. 단백질은 이황화결합이 있으니까 ^{35}S로, DNA는 핵산이 이인산에 스테르결합으로 결합하기 때문에 ^{32}P로 표지한다.

T2 파지는 숙주세포 내로 유전물질을 주입하고, 대장균과 T2 파지는 크기 차이가 많이 나기 때문에 분리 가능하다. T2 파지는 숙주세포 내로 유전물질을 주입한 뒤 밖의 외피는 떨어진다.

02
[정답] ③

해설 세포에서 분비되는 단백질의 경로는 DNA→mRNA→소포체→골지체→소낭이 원형질막과 융합되면서 세포 밖으로 배출된다.

03
[정답] ⑤

해설 능동수송과 촉진확산의 근본적인 차이는 촉진확산은 에너지를 쓰지 않지만, 능동수송은 ATP를 소모한다는 것이다.

04
[정답] ⑤

해설 원숭이에게 투여된 물질은 짝풀림단백질(uncoupler)이다. 이를 투여하면 미토콘드리아 내막 안팎의 pH 차이를 줄여서 ATP 합성효소를 통한 ATP의 합성이 감소한다. 따라서 ATP 합성을 위해 대사속도가 증가한다.

① 해당과정의 ATP합성을 저해하는 것은 아닐 것이다.
② 대사 속도가 증가한 것으로 보아 NADH ↔ NAD$^+$의 순환은 잘 일어나고 있는 것으로 볼 수 있다.
③ 전자전달 복합체의 전자전달을 촉진한다.
④ 산소 소비가 약간 증가한 것으로 볼 때 산소가 전자를 수용하여 물이 되는 반응을 저해한 것으로 볼 수 없다.
⑤ 짝풀림제는 미토콘드리아 막간공간으로부터 H$^+$이온이 기질로 새어들어오게 하여 내막 안팎에 양성자 농도차이를 발생시키지 않는다. 즉, 전자전달계는 계속 작동하여 양성자를 내막과 외막 사이로 퍼내지만, 짝풀림제는 우회하는 양성자 이동경로를 제공하여 양성자 기울기를 만들지 못한다. 결과적으로 양성자 농도구배에 의해 ATP 생성은 불가능하게 된다. 대표적인 짝풀림제인 디니트로페놀(DNP)은 사람의 대사 속도를 증가시키고, 과도한 열을 발생시켜 기진하다 죽게 만든다.

05

해설 실선은 빛에 의해 유도 공명된 전자가 광계 II와 광계 I을 거치는 비순환적 광인산화를 통해 $NADP^+$를 NADPH로 환원시키는 과정이며, Fd에서 시토크롬 bf복합체로 가는 점선은 광계 I의 반응중심에서 들뜬 전자가 엽록체의 틸라코이드강과 스트로마에 양성자 기울기만 형성시키고 다시 반응중심으로 진행되는 순환적인 과정을 나타낸다.

ㄱ. 광자에 의해 들뜬 전자 2개는 한 분자의 $NADP^+$를 NADPH로 환원시킨다. 따라서 산소 1분자 발생 시 2분자의 NADPH가 형성된다.

ㄴ. 광계 I를 통한 순환적 광인산화 반응에서는 물 분해와 NADPH 형성 없이 엽록체의 틸라코이드강과 스트로마에 H^+ 농도차만 형성하고, 이러한 화학삼투퍼텐셜에 의해 스트로마 쪽에서 ATP가 형성된다. 따라서 물 분해로 인한 산소 발생 없이도 광인산화 반응이 일어난다. 즉, NADPH는 비순환적 광인산화 반응을 통해서 만들어지지만, ATP는 순환적, 비순환적 광인산화 반응 모두에서 만들어진다.

ㄷ. 광저해는 빛에 노출되었을 때 식물이 받는 생리적 스트레스이다. 주로 광계 II의 반응중심이 빛에 의해 손상되어 발생한다.

ㄹ. $H_2O \rightarrow 2H^+ + 1/2O_2 + 2e^-$. 이 과정에서 발생한 전자는 최종적으로 $NADP^+$로 이동하여 NADPH로 되며, 전자가 전달되는 과정에서 틸라코이드강과 스트로마 사이에는 농도기울기가 형성된다.

06

해설 호르몬 ㈎는 에스트로겐으로, 자궁벽의 발달을 촉진하고 자궁 내 옥시토신 수용체를 유도한다. 호르몬 ㈏는 프로스타글란딘(prostaglandin)으로, 많은 세포에서 분비되며 자궁 수축을 촉진하고 통증과 염증을 유발하는 물질로 전환되기도 한다.

분만 시 자궁 수축은 양성 되먹임으로 조절된다. 뇌하수체 후엽에서 분비되는 옥시토신과 태반에서 분비되는 프로스타글란딘은 자궁 수축을 촉진하고, 자궁의 수축은 옥시토신과 프로스타글란딘의 분비를 촉진시켜 자궁을 더욱 수축시키게 된다.

ㄱ. 에스트로겐은 여성의 2차 성징 발현에 관여하며, 폐경기 이후 분비량이 감소하면서 골다공증 등의 갱년기 질환을 일으키는 것으로 확인되고 있다.

ㄴ. 에스트로겐은 FSH 분비 억제, 자궁 내벽 발달 촉진 등 배란주기 조절에 관여하며, 배란 직전 최대치에 이르고 배란 이후 감소하였다가 황체가 형성되면서 다시 분비량이 증가한다.

ㄷ. 프로스타글란딘은 대부분의 세포에서 분비되며, 통증, 발열, 염증과정 등을 촉진한다.

ㄹ. 프로스타글란딘은 20개의 탄소를 갖는 지방산 유도체로, 생물학적으로 활성이 강하고 다양한 조직에서 신호전달물질로 작용한다.

해설 원핵세포의 리보솜은 50S, 30S 소단위체로 구성되며 단백질 합성에 사용되지 않을 때에는 분리된 상태로 존재한다. mRNA 번역 시 30S 소단위체가 먼저 개시코돈 상류의 리보솜 인식서열(샤인―달가노서열)에 결합한다. 이어서 N―포르밀 메티오닌이 장전된 tRNA가 개시코돈에 결합해 개시복합체를 이루게 되며 50S 소단위체가 결합하게 된다. 개시가 되면 A자리 코돈에 알맞은 tRNA가 들어간다. 리보솜 50S 소단위체는 P자리에 있는 tRNA에 부착된 아미노산과의 펩티드결합을 촉매한다. 그 뒤 5'에서 3'방향으로 mRNA를 따라 하나의 코돈만큼씩 이동하면서 신장과정이 계속된다. 종결코돈이 A자리에 오게 되면 방출인자가 들어가 P자리에 있는 tRNA와 폴리펩티드 사이의 결합을 가수분해해 번역을 종결한다.

ㄱ. 50S 소단위체의 23S rRNA는 펩티드 전이효소활성을 가져 펩티드 결합을 촉매한다.
ㄴ. 번역 종결 시 종결인자는 A자리에 결합한다.
ㄷ. fMet―tRNA^{fMet}만이 개시인자에 인식되어 개시복합체의 리보솜 P자리에 있는 개시코돈 AUG와 결합할 수 있다.
ㄹ. 번역 개시 시 mRNA에는 30S 소단위체가 먼저 결합한다.

해설 본 문항은 육상 척추동물 7종의 진화적 유연관계를 보여주는 계통수를 통해 보기의 내용을 판단하는 이해형문제이다.
먼저 양서류의 특징을 살펴보면 유생시기에는 물속에 살면서 아가미로 호흡하고 변태를 거쳐 성체가 되면 육지로 올라와 폐와 피부로 호흡한다. 피부는 털이나 비늘이 없이 매끈하며, 항상 끈끈한 액으로 덮여 있다. 체외수정을 하며 심장은 2심방 1심실이다.
다음으로 파충류의 특징을 살펴보면 피부가 각질의 비늘로 덮여 있으며 체내수정을 하고 알이 단단한 껍질로 싸여 있어 건조한 육상생활에 잘 견딜 수 있다. 폐로 호흡하며 심장은 2심방 불완전 2심실이다.
마지막으로 포유류의 특징을 살펴보면 가장 발달된 척추동물로 대부분 육상에 살며 몸은 털로 덮여 있다. 태생이며 새끼는 어미젖을 먹고 자란다. 심장은 2심방 2심실이며, 내온동물이다.
대뇌가 발달되어 있고 폐로 호흡한다. 양서류와 포유류, 파충류 모두의 공유파생형질로 사지를 들 수 있고, 포유류와 파충류의 공유파생형질로는 양막란이 있다.

ㄱ. 양막란은 양서류를 제외한 파충류와 포유류의 공유파생형질이다. 따라서 7종이 아닌 포유류와 파충류를 포함하는 5종의 공유파생형질이다.
ㄴ. 털은 포유류의 고유파생형질이므로 ⊙ 형질에 해당한다.
ㄷ. 양서류와 파충류, 포유류는 모두 사지류에 속한다. 따라서 파충류에 속하는 능구렁이도 사지류에 속한다.

해설 벽세포는 HCl을 분비하여 펩신을 활성화시킨다. 먼저 H^+/K^+—ATPase에 의해 H^+를 위내강으로 분비하여 위를 산성으로 만든다.

ㄱ. 벽세포에서 능동수송에 의해 양성자를 위내강으로 펌프하기 때문에 세포질은 염기성을 띤다.

ㄴ. 벽세포 세포막의 양이온 펌프는 H^+/K^+—ATPase역할을 한다. ATP를 사용하여 양성자를 위내강으로 펌프하며, 칼륨이온은 교차수송된다.

ㄷ. H^+/K^+ 펌프가 H^+을 위내강으로 내보내면 HCO_3^-와 Cl^-의 교차수송으로 유입된 Cl^-을 위내강으로 방출한다.

ㄹ. 염산이 위내강으로 분비될 때 벽세포에서는 HCO_3^-와 Cl^-의 교차수송으로 HCO_3^-를 조직액으로 방출하므로 이것을 흡수한 모세혈관 혈액의 pH는 다소 상승한다.

해설 그래프는 심전도(ECG or EKG: Electro-cardiogram)로, 심장의 활동전위를 기록한 것이다. 안정시 심장 근세포의 안쪽은 (-)를, 바깥쪽은 (+)전하를 띠며, 분극상태를 유지하고 있다. Na+의 유입으로 발생되는 탈분극으로 심장근육의 수축이 일어나며, 그래프와 같이 세 가지 파장에 의해 구별할 수 있는 심장의 상태가 나타난다.

· P파: 심방의 탈분극과 수축

· Q, R, S파: 심실의 탈분극

· T파: 심실의 재분극

① P파는 동방결절(SA node)을 통해 심방에 전달된 자극이 심방을 탈분극(depolarization)시키면서 나타나는 파장이다. P파가 시작되고 바로 심방이 수축한다.

② Q, R, S파는 심실의 탈분극 시 나타난다.

③ T파는 심실의 재분극(repolarization)시에 나타난다.

④ P—R 분절(interval)은 심방의 수축으로부터 심실의 수축이 일어나기까지의 시간을 의미하며, S—T 분절, 즉 S파와 T파 사이는 심실의 수축시간을 말한다. 심실 수축으로 심실의 혈압이 최고조로 올라간다.

⑤ 제 1심음은 이첨판, 삼첨판이 닫히는 소리이며, 제 2심음은 반월판이 닫히는 소리이다.

해설 ㄱ. Ⅰ형 MHC+항원 펩티드를 항원으로 인지하는 것은 세포 표면에 CD8을 발현하는 세포독성 T세포 수용체이다.

ㄴ. 세포 표면에 발현된 Ⅱ형 MHC+항원 펩티드를 항원으로 인지하는 것은 세포 표면에 CD4를 발현하는 조력 T세포 수용체이다.

ㄷ. 바이러스가 세포에 들어오면 바이러스 단백질이 세포 내에서 합성되고 조작되어 ER에 있는 Ⅰ형 MHC와

결합한 후 세포 표면으로 이동한다. 이를 세포독성 T세포가 인지하여 바이러스에 감염된 세포를 파괴한다.

ㄹ. 조력 T세포는 Ⅱ형 MHC―항원 복합체를 인식한다. 이때 항원 펩티드는 세포 내에서 합성된 것이 아니라 세포 안으로 이동해 와 소낭에서 Ⅱ형 MHC와 결합한 후 세포 표면으로 이동한 것이다.

ㅁ. 세포독성 T세포는 항원을 표시한 세포를 직접 죽인다.

ㅂ. 조력 T세포는 B세포나 대식세포 등을 활성화하여 항원특이 면역세포 반응을 유도한다.

12 [정답] ④

해설 • ㈎: 보먼주머니, 분자직경(작을수록)이나 전하량(양전하일수록)에 따라 여과가 일어난다.
• ㈏: 헨레고리 상행지, 주로 Na+가 간질액 쪽으로 능동수송된다.
• ㈐: 원위세뇨관. 알도스테론에 의한 Na+ 재흡수가 일어난다.
• ㈑: 집합관. 아쿠아포린이 있어서 ADH에 의해 물의 재흡수를 촉진하며, 요소에 대한 투과성이 있어 요소가 수질 안쪽을 빠져나가면서 삼투압 증가로 인한 물의 재흡수가 일어난다.

ㄱ. ㈎는 보먼주머니로, 분자의 크기가 작은 포도당, 아미노산, 요소 등이 여과되며, 혈구, 단백질, 지질 등은 잘 여과되지 않는다.

ㄴ. ㈏는 헨레고리 굵은 상행지로, Na^+ 이온이 주변 조직으로 능동수송된다.

ㄷ. ㈐는 원위세뇨관이다. 혈압이 떨어지면 알도스테론에 의한 Na^+의 재흡수가 증가하며, 그와 함께 삼투압에 의한 물의 재흡수가 일어나 혈류량이 증가함으로써 혈압을 유지한다.

ㄹ. ㈑는 집합관이다.

13 [정답] ⑤

해설 A는 갑상선이며, 티록신과 칼시토닌을 분비한다.
B는 부갑상선이며, 파라토르몬을 분비한다.

ㄱ. 갑상선(A)에서 분비되는 티록신은 지용성 호르몬으로, 갑상선의 여포세포에서 혈액으로부터 흡수된 요오드가 티로글로불린 단백질의 티로신 잔기에 결합하여 형성된다.

ㄴ. 티록신은 주로 세포내 물질대사 중 이화작용을 추진한다. 따라서 성장기에는 어린이의 성숙과 성장을 촉진하고, 성인에서는 물질대사를 촉진하며, 작용결과 산소의 소모량을 증가시킨다.

ㄷ. A에서는 티록신 이외에 칼시토닌을 분비하여 혈액 중 칼슘이온의 농도를 낮추는 작용을 하며, B는 파라토르몬(PTH)을 분비하여 혈액 중 칼슘이온의 농도를 높인다. 칼시토닌과 파라토르몬은 서로 길항적으로 작용하여 체내 칼슘 농도를 조절한다.

해설 ㄱ. Na^+이온과 K^+이온의 상호 반발력은 휴지전위를 유지하는 것과 관련이 없다.

ㄴ. 휴지상태에 있을 때 Na^+-K^+펌프는 Na^+이온은 세포 밖으로, K^+이온은 세포 안으로 수송한다. 그 결과 막 안팎에 분포하는 Na^+이온과 K^+이온의 농도 차이가 생겨 막전위가 형성된다.

ㄷ. 세포막 안쪽과 바깥쪽의 이온 불균등 분포 상태에서 바깥쪽에 많이 분포한 Na^+이온에 대해서는 투과성이 거의 없지만, 세포막 안쪽에 많이 분포한 K^+이온에 대해서는 어느 정도 투과성이 있다. 그 결과 밖으로 나가는 K^+이온 때문에 세포막 안쪽이 바깥쪽에 비해 (-) 전하를 띠게 된다.

ㄹ. 미엘린 수초는 축색돌기에서 Na^+이온과 K^+이온의 유출을 저지하여 도약전도가 일어나게 한다.

해설 생태적 지위(niche)는 종의 생존, 생장 및 번식에 요구되는 물리적, 생물학적 조건의 조합이며, 종이 환경 에서 이용 가능한 자원에 의해 정의될 수 있다. 따라서 모든 종은 생리학적 능력에 의해 정의되는 기본 생태적 지위(fundamental niche)와 다른 종과의 상호작용에 의해 정의되는 실제 생태적 지위(realized niche)를 가진다.

(가)를 보면, 두 식물종 A와 B를 단독으로 생육했을 때 비슷한 토양 수분 함량에서 두 종 모두 가장 많은 건중량 을 보인다는 것을 알 수 있다. 즉, A와 B는 선호하는 토양 수분 함량이 유사하므로 둘의 기본 생태적 지위가 비 슷함을 뜻한다.

(나)를 보면, 두 식물종 A와 B를 혼합하여 생육했을 때 가장 많은 건중량을 보이는 토양 수분 함량값이 단독 생 육 때와는 달라지는 것을 알 수 있다. 즉, A와 B 두 종 사이에 경쟁이 일어나 생태적 지위가 달라졌음을 뜻한다.

ㄱ. (가)는 단독 생육하여 다른 종의 영향이 없는 상태이므로 각 종의 기본 생태적 지위를 보여주는 결과이다.

ㄴ. 경쟁적 배제(competitive exclusion)는 한 종이 다른 종의 자원 이용을 막아 절멸시키는 것을 뜻한다. (나)의 P 에서는 A와 B종 모두 분포하고 있으므로, P에서 경쟁적 배제는 일어나지 않았다.

ㄷ. (가)는 단독 생육을 하여 A의 기본 생태적 지위를 보여주는 것이고, (나)는 혼합 생육을 하여 종간 경쟁이 일 어나 실제 생태적 지위로 변한 것을 보여준다. 따라서 (가)와 (나)에서 A의 생태적 지위는 다르다.

2 파이널 모의고사 2회

01
[정답] ②

해설 ① RNA를 구성하고 있는 오탄당은 리보오스, DNA를 구성하는 오탄당은 디옥시리보오스이다.
② DNA는 A, T, G, C를 갖고 있고, RNA는 T 대신 U(우라실)을 갖고 있다.
③ DNA의 C는 G와 결합하기 때문에 C와 G의 양은 같다.
④ DNA는 핵에 존재하고, RNA는 mRNA 등으로 세포질에도 많이 존재한다.
⑤ DNA는 이중나선, RNA는 단일나선이다.

02
[정답] ⑤

해설 ㈎:핵, ㈏:활면소포체, ㈐:조면소포체, ㈑:골지체, ㈒:미토콘드리아

① 리보솜 소단위체 단백질은 세포질에서 합성되어 핵으로 들어와 rRNA와 결합하여 리보솜으로 조립된다. 원핵세포의 리보솜은 70S(30S+50S)이고, 진핵세포의 리보솜은 80S이다.
② 근육세포의 소포체를 근소포체(SR)라 부르며 근육수축에 중요한 역할을 한다. 운동신경이 신경접합부에서 아세틸콜린을 분비하면 근소포체에서 칼슘이온이 방출되고, 이로 인해 근절의 수축이 발생한다. 운동신경의 자극이 중단되면 칼슘이온이 근소포체로 유입되어 근육은 이완되는 등, 근수축의 조절은 트로포닌-트로포미오신 구조가 칼슘이온의 양을 감지하여 일어난다.
③,④ 분비성 단백질은 외포작용을 통해 세포 외부로 분비되는데, 이 과정에서 정확한 단백질의 구조가 유지되는지, 또는 적절히 다른 단백질과 결합함으로써 이동 경로가 정확하게 이루어지는지 점검되며, 정확한 단백질만이 세포 표면으로 이동되고, 적절치 못한 것들은 분해된다. 먼저 조면소포체에서 공유결합에 의한 단백질 변형 및 당화작용이 일어나고, 정상적인 구조를 지닌 단백질만이 소포체로부터 방출되어 소낭을 통해 골지체로 이동한다. 골지체에서 단백질의 추가적 변형이 일어나고 분류된 후 소낭을 통해 분비되는데, 새롭게 합성된 원형질막 단백질 또는 지질을 통해서 세포 외부로 방출되기도 하며 분비되는 신호에 의해 분비가 조절되기도 한다.
⑤ 미토콘드리아는 ATP를 생성할 뿐 아니라 세포사멸, 이온 항상성, 당 및 지방 대사, 피리미딘·요소·헴 합성 등 생명유지에 필수적인 기능을 수행한다.
미토콘드리아는 자신의 유전자(mtDNA)를 가지고 37개의 유전자(13개는 단백질, 22개는 tRNA, 2개는 rRNA)를 암호화한다. 수천 개의 다른 미토콘드리아 단백질은 핵에 의해 코드되어 세포질에서 만들어진 후 미토콘드리아로 수송된다.

03

[정답] ③

해설 A는 지질로만 구성된 막이며, B는 지질에 물질X를 포함한 막이다.

A의 경우 내부 설탕 농도가 증가할수록 이동 속도가 서서히 증가하는 단순확산의 양상을 띤 반면, B이 경우 설탕 농도가 증가할수록 이동 속도는 hyperbolic 곡선을 그리며 포화된다. 이를 통해 물질 X는 촉진확산을 시키는 물질로 추정된다.

ㄱ. A에서 설탕분자의 이동은 농도 차에 의해 운반되는 단순확산의 형태이므로 에너지가 필요없다.

ㄴ. B에서 설탕 분자는 물질 X에 의한 촉진확산으로 농도 차에 의해 운반되며, 이는 수동수송이다.

ㄷ. 설탕분자에 의해 포화되었으므로 물질 X의 농도를 증가시키면 이동속도가 증가할 것이다.

04

[정답] ②

해설 해당작용은 세포질에서 일어난다. 해당과정으로 생성된 피루브산이 미토콘드리아 기질에서 아세틸-CoA로 전환되어 TCA 회로가 작동한다. 전자전달계는 미토콘드리아 내막에 있다.

05

[정답] ②

해설 광합성 명반응 Z - 도식이다. y축은 에너지 준위를 나타낸 것으로, 광자에 의해 광계 II의 전자가 들뜨면서 에너지 준위가 올라가 반응이 진행된다. 들뜬 전자는 전자전달계를 거치면서 틸라코이드 안팎의 수소이온 농도구배를 변화시키며, 양성자를 틸라코이드 안쪽으로 펌핑한다. 이때 물이 분해되어 광계 II의 들뜬 전자를 보충한다.

전자전달계를 거친 전자는 광계 I 에 수용되며, 또 다른 광자에 의해 들뜨게 된 광계 I 의 전자는 스트로마 쪽 틸라코이드막에 있는 효소에 의해 NADP+를 NADPH로 환원시킨다.

① 광계 I 의 최대 흡수 파장은 700nm이고, 광계 II의 최대 흡수 파장은 680nm로 서로 다르다.

② 광계 I 의 경우 전자는 변형된 클로로필 A0에 의해 수용되며, 광계 II의 1차 전자수용체는 페오피틴 (pheophytin)이다.

③ 물이 가수분해되면서 산소를 발생시키고 수소는 전자를 광계 II에 주면서 양성자로 된다. 따라서 광계 II는 전자를 받으므로 환원이 되는 것이 맞다.

④ 광계 I 은 전자를 잃으며 산화되어 NADP+를 환원시키고, 다시 광계 II에서 전자를 받아 환원된다. 광계 II 는 전자를 광계 I 에 주면서 산화되고, 물 분자에서 전자를 받아 환원된다.

⑤ 명반응에서 ATP는 세포호흡에서와 같이 양성자 농도구배에 따른 화학삼투에너지를 이용하여 효소에 의해 만들어진다.

06

[정답] ④

해설 문제의 조건에 따라 자주색 유전자를 P, 흰색 유전자를 p라고 하면 조건에서 야생형 메밀은 흰색 꽃을 가지므로 유전자형은 pp이다.

한편 (나)에서 P유전자 사본이 하나만 들어가 있는 유전자형 Pp의 경우 진분홍꽃이 피었다. (다)로부터 불완전우성임을 알 수 있다.

유전자 산물의 양에 따라 표현형이 나타나는 비율이 달라질 수 있다. 불완전우성의 경우 이형접합자의 유전자 산물이 우성동형접합자에서만큼 충분하게 발현되지 않아 열성동형접자와 우성동형접합자의 중간에 가까운 표현형이 나타나며, 이것을 중간유전이라고 한다.

① P유전자는 메밀의 흰 꽃을 나타내는 유전자(p)에 대해서 불완전우성이다.
② 유전자형의 분리비와 표현형의 분리비는 같다.
③ 형질전환된 메밀의 꽃 색깔은 삽입된 P유전자 산물의 합성량에 따라 달라진다. P 유전자의 산물이 많으면 자주색, 적으면 진분홍, 없으면 흰색을 나타낸다.
④ 흰 꽃을 가진 개체(pp)와 진분홍 꽃(Pp)을 가진 개체를 교배하는 것은 우성이형접합자와 열성동형접합자를 교배하는 것이다. 퍼네트사각형으로 교배를 해 보면 아래와 같이 진분홍 꽃(Pp)과 흰 꽃(pp)이 1:1로 나타난다.
⑤ 자주색 꽃을 가진 개체(PP)와 흰 꽃을 가진 개체(pp)를 교배하여 얻은 자손은 유전자형이 Pp로 진분홍 꽃이 핀다. 이를 자가수분하면 유전자형이 PP:Pp:pp=1:2:1로 나타나 자주색:진분홍:흰색=1:2:1로 나타날 것이다.

07

[정답] ⑤

해설 주어진 그림은 원핵생물의 폴리리보솜에 대한 것이다. 진핵생물의 세포는 핵에 의해 전사와 번역의 장소가 구분되어 있다. mRNA의 중합방향은 5'→3' 이며, 폴리펩티드의 중합 방향은 N말단 → C말단의 방향이다.

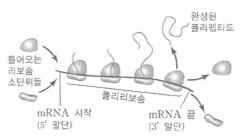

mRNA 분자는 일반적으로 폴리리보솜이라고 불리는 일련의 리보솜들에 의해 동시에 번역된다.

① 원핵생물의 리보솜은 70S(50S＋30S)이다. 80S는 진핵생물의 리보솜(60S＋40S)이다.
② 전사된 RNA의 (다)지점은 5' 말단이다.
③ (나)에서 (가)로 갈수록 mRNA가 길어지므로 RNA 중합효소는 (나)에서 (가)방향으로 전사를 진행한다.

④ 번역된 단백질의 ㈐ 말단은 아미노(amino) 말단이다.

⑤ 합성된 RNA의 길이를 비교해보면 mRNA의 전사는 ㈏에서 ㈎방향으로 일어났다. 전사는 5'에서 3'으로 일어나고, (가)지점은 전사 주형으로 사용된 DNA가닥에서 5'말단이다.

```
DNA주형  5'——————————————————3'
mRNA 합성 방향            ⇐  3'——5'
```

---

08   [정답] ⑤

해설 ㄱ. 담즙(쓸개즙)은 간에서 생성되어 쓸개에 저장되어 있다가 염기성 소화액이 분비될 때, 지방의 소화를 돕기 위해 분비된다. 십이지장으로 유입된 후 지방분자의 유화작용을 담당하며, 대부분 소장 및 대장에서 재흡수되어 간으로 이동한다.

ㄴ. 췌장에서 분비되는 중탄산나트륨($NaHCO_3$)은 위에서 유입된 위산을 중화시켜 pH 8 정도의 약염기성 환경을 만들어 소장 내 효소들이 작용할 수 있게 한다.

$$NaHCO_3 + HCl \rightarrow CO_2 + NaCl + H_2O$$

이 과정을 통해 다량의 NaCl이 만들어지며, 이들은 대장에서 흡수된다.

ㄷ. 대장에서는 어떠한 소화효소도 분비되지 않는다. 소화는 소장에서 거의 완전히 이루어지며, 소화산물의 흡수도 소장에서 거의 끝난다. 따라서 대장의 주된 기능은 수분과 NaCl 및 장내 세균에 의해 생성된 비타민 K, 바이오틴, 엽산 등을 흡수하는 일이다.

---

09   [정답] ①

해설 마라톤을 하면 연료분자를 많이 소모하게 되므로 혈당량이 낮아지게 되는데, 이 경우 이자에서 인슐린 분비는 억제되고 글루카곤 분비는 촉진된다. 또한 강한 운동인 마라톤을 하는 동안에는 교감신경이 흥분되어 있을 것이므로 교감신경에 의해 심박출량과 혈압이 증가하며 인슐린 분비는 억제되고 글루카곤 분비는 촉진된다.

ㄱ. 강한 운동인 마라톤을 하는 동안에는 교감신경이 흥분된다.

ㄴ. 마라톤을 하는 동안에는 혈당량이 낮아지고 교감신경이 흥분되므로, 인슐린 분비가 억제된다.

ㄷ. 마라톤을 하는 동안 분비된 글루카곤과 에피네프린은 지방세포를 자극하여 지방 동원(지방분해)이 일어나므로, 혈장 내 유리지방산이 증가한다.

---

10   [정답] ④

해설 이 문제는 혈액 내 기체 운반과 헤모글로빈의 산소포화도 대해 이해하고 있는지 확인하기 위한 적용형문제이다. 헤모글로빈은 4개의 단위체로 구성되며, 각 단위체는 보결분자로 철이온이 중심에 붙어 있는 헴

(heme)그룹을 가지고 있다. 각 철이온이 한 분자의 O_2와 결합하므로 한 분자의 헤모글로빈에는 4분자의 O_2가 결합할 수 있다. O_2가 헤모글로빈에 결합할 때 한 단위체에 O_2가 결합하면 다른 단위체의 구조가 조금 바뀌어 O_2에 대한 친화도가 바뀌고 O_2가 더 잘 결합할 수 있게 되는데, 이러한 협동성으로 인해 헤모글로빈의 산소해리 곡선은 S자 형으로 나타나게 된다.

ㄱ. 동맥혈(arterial blood)은 혈액 중의 산소를 많이 함유하고 있는 혈액을 의미하고 정맥혈(venous blood)은 산소 함량이 적은 혈액을 의미하는데, 대정맥(상대정맥, 하대정맥)(ⓒ) 과 폐동맥(ⓐ), 우심장에는 정맥혈이 흐르고 폐정맥(ⓑ)과 대동맥(ⓓ), 좌심장에는 동맥혈이 흐른다. 따라서 좌심방에는 동맥혈이 흐르고 우심방에는 정맥혈이 흐른다는 설명은 옳다.

ㄴ. 정맥혈인 ⓐ(폐동맥)에는 탄산가스 함량이 높으므로 pH가 낮다. 반면에 동맥혈인 ⓑ(폐정맥)은 탄산가스 함량이 낮으므로 pH가 높다. 따라서 ⓐ의 pH는 ⓑ의 pH보다 더 낮다는 설명은 옳다.

ㄷ. 문제에서 헤모글로빈의 산소포화도에 대한 CO_2의 영향은 무시한다고 하였으므로 그래프 (가)를 통해 ⓒ에 존재하는 헤모글로빈의 산소포화도와 ⓓ에 존재하는 헤모글로빈의 산소포화도를 알 수 있다. 그래프를 살펴보면, ⓒ에 존재하는 헤모글로빈의 산소포화도는 약 75%이고 ⓓ에 존재하는 헤모글로빈의 산소포화도는 약 100%인 것을 확인할 수 있다. 따라서 ⓒ에 존재하는 헤모글로빈의 산소포화도는 ⓓ에 존재하는 헤모글로빈의 산소포화도의 약 40% 정도라는 설명은 옳지 않다.

11 [정답] ③

해설 (가)는 Ⅰ형 MHC가 발현하지 않으므로 세포독성 T세포의 수가 감소한다.
(나)는 Ⅱ형 MHC가 발현하지 않으므로 조력(또는 보조) T세포의 수가 감소한다.

ㄱ. (가)는 Ⅰ형 MHC를 발현하지 않으므로 세포독성 T세포에 의한 면역반응은 감소할 것이다. IgM은 오량체이며, B세포 표면의 항원수용체로 작용하고 있다. 이들은 1차 면역반응 초기에 주로 분비된다. IgM은 세포독성 T세포와 관계가 없으므로 (가)는 정상인과 비교하여 혈중 IgM농도가 비슷하게 유지될 것이다.

ㄴ. (가)는 Ⅱ형 MHC가 발현되므로 항원제시세포는 항원을 CD4 T세포에 제시할 수 있다. 활성화된 보조 T세포는 B세포나 대식세포를 활성화한다.

ㄷ. (나)는 Ⅱ형 MHC가 발현하지 않으므로 보조 T세포를 활성화하지 않는다. 보조 T세포가 활성화되지 않으므로 CD4 T세포는 증가하지 않는다. 한편 Ⅰ형 MHC는 발현되므로 세포독성 T세포가 활성화된다. 세포독성 T세포의 세포막에는 CD8이 있다. Ⅰ형 MHC는 발현되었고, 이에 관여하는 것은 CD8＋이므로 (나)는 CD8이 CD4보다 훨씬 많이 나타난다. 따라서 흉선에서 값이 정상인에 비해 낮다.

ㄹ. Ⅱ형 MHC가 발현되지 않는 (나)는 조력 T세포가 활성화하지 않으며, 이로 인해 B세포도 활성화되지 않는다. 따라서 면역결핍증상이 나타날 것이다.

12 [정답] ⑤

해설 (가)는 하행지이다. 이곳에서는 삼투압에 의해 물이 간질액 쪽으로 재흡수되므로, 하행지로 이동할수록 세뇨관액의 삼투압은 증가한다. 그러나 간질액의 오스몰농도도 증가하므로 하행지 동안 물은 간질액 쪽으로 재흡수된다.

(다)는 물에 대한 투과성이 상대적으로 없으므로 물의 이동은 제한되며, 능동수송에 의해 Na^+가 간질액 쪽으로 배출된다. 그 결과 세뇨관액의 오스몰농도는 다시 감소한다.

이와 같은 시스템을 역류증폭장치계(Countercurrent multiplier system)라고 한다.

① 헨레고리 하행지 (가)에서는 물에 대한 투과성이 크다. 삼투압에 의해 세뇨관에서 간질액으로 빠져나온 물이 모세혈관으로 들어간다. (수분 재흡수)

② 신장의 피질-외수질-내수질 쪽으로 갈수록 오스몰농도가 점차 높아진다. 신장에서 세뇨관은 피질에서 내수질까지 왔다가 다시 피질 쪽으로 가는 고리형의 구조를 갖는다. 헨레고리 하행지 (가)에서는 세뇨관액의 오스몰농도가 간질액보다 낮아 삼투현상에 의해 물이 간질액으로 이동한다.

③ 세뇨관액은 보먼주머니와 연결된 근위세뇨관에서 헨레고리 하행지 (가), 헨레고리의 정점인 (나)를 거쳐 원위세뇨관이 있는 (다)로 흐른다.

④ (다)에서는 Na^+가 능동수송에 의해 간질액으로 배출된다. 간질액으로 배출된 Na^+는 모세혈관으로 재흡수된다.

⑤ 헨레고리 하행지 (가)에서 간질액의 오스몰농도가 높으므로 삼투현상에 의해 간질액으로 물이 재흡수되어 세뇨관액의 오스몰농도가 높아진다. (다)는 상행지로 물의 투과율은 낮으며, NaCl이 주변의 간질액으로 배출되어 오스몰농도는 다시 낮아진다. 따라서 (나)에서 오스몰농도가 가장 높다.

13

해설 이 문제는 혈중 Ca^{2+} 농도의 호르몬 조절에 대해 이해하고 있는지 확인하기 위한 이해형문제이다. 혈중 칼슘 농도는 뼈의 침착과 흡수, 콩팥에 의한 칼슘 배출과 보존, 소화관에서 칼슘의 흡수를 통해 조절된다.

문제에서 주어진 그림 (가)를 살펴보면, ㉠은 공기통로인 기관의 앞부분을 감싸면서 양쪽으로 뻗은 두 개의 엽 구조인 것으로 보아 갑상샘이라는 것을 알 수 있다. 갑상샘에는 서로 다른 호르몬을 각각 분비하는 두 종류의 세포가 있는데, 여포라고 부르는 상피세포는 티록신을 분비하며 여포 사이의 공간에 있는 세포에서는 칼시토닌을 분비한다. ㉡은 갑상선 뒤쪽 표면에 박혀 있는 4개의 조그마한 구조인 것으로 보아 부갑상샘임을 알 수 있다. 부갑상샘은 부갑상샘호르몬(PTH)을 분비한다.

세 종류의 호르몬(칼시토닌, 부갑상샘호르몬, 비타민 D)이 혈액 내 칼슘농도를 조절하는 것으로 알려져 있다. 뼈에 존재하는 파골세포(osteoclast)는 뼈를 파괴하여 칼슘을 방출시키는 기능을 하는데, 칼시토닌은 파골세포의 활성을 감소시킴으로써 혈중 Ca^{2+} 농도를 낮춘다(참고로, 뼈모세포(osteoblast)는 혈액에서 Ca^{2+}을 흡수하여 뼈에 침착시키는 기능을 함). 한편, 부갑상샘에서 분비되는 부갑상샘호르몬(PTH)은 파골세포로 하여금 광물화된 뼈의 기질을 분해하여 혈액으로 Ca^{2+}을 방출하도록 유도한다. 또한 신장에서는 세뇨관에서 Ca^{2+}의 재흡수를 촉진하며, 비타민 D를 활성형으로 전환시킨다. 활성형 비타민 D는 소장에 작용하여 음식으로부터 Ca^{2+}을 흡수하게 하고, 세뇨관에서 Ca^{2+}의 재흡수를 촉진한다. 이렇게 함으로써 부갑상샘호르몬은 혈중 칼슘 농도를 높인다.

칼시토닌과 부갑상샘호르몬 분비의 1차 조절자는 혈장 Ca^{2+}농도이다. 문제에서 제시된 그림 (나)를 보면, 혈장의 Ca^{2+} 농도가 낮을 때는 높게 분비되다가 Ca^{2+} 농도가 높아지면서 분비가 감소되는 A는 혈장의 Ca^{2+} 농도를 높이는 역할을 하는 호르몬인 PTH임을 알 수 있다. 반면, 혈장의 Ca^{2+} 농도가 높을 때는 높게 분비되다가 Ca^{2+} 농도가 낮아지면서 분비가 감소되는 B는 혈장의 Ca^{2+} 농도를 낮추는 역할을 하는 호르몬인 칼시토닌임을 알 수 있다.

① 칼시토닌(B)은 혈중 Ca^{2+} 농도를 감소시키는 역할을 하므로, 혈장의 Ca^{2+} 농도가 높을 때 많이 분비된다. 따라서 혈중 칼시토닌의 농도는 p_1보다 p_2일 때 더 높은 농도로 존재할 것이다. 따라서 주어진 설명은 옳지 않다.
② 자료해석에서 살펴본 바와 같이 A는 부갑상선호르몬(PTH)이다. PTH는 비타민 D를 활성형으로 전환시키는 작용을 하므로, A는 활성 비타민 D의 형성을 촉진한다는 설명은 옳다.
③ 부갑상샘호르몬(PTH)인 A는 파골세포가 광물화된 뼈의 기질을 분해하여 혈액으로 Ca^{2+}을 방출하도록 유도한다. 따라서 A는 뼈의 Ca^{2+} 방출을 억제한다는 설명은 옳지 않다.
④ 자료해석에서 살펴본 바와 같이, B는 칼시토닌이다. 칼시토닌은 갑상샘인 ㉠에서 분비되므로, B가 분비되는 곳은 ㉡이라는 설명은 옳지 않다.
⑤ 칼시토닌인 B는 펩타이드 호르몬이다. 수용성 호르몬인 펩타이드 호르몬의 수용체는 표적세포의 세포막에 존재하므로, B의 수용체는 핵 내에 존재한다는 설명은 옳지 않다. 참고로, 칼시토닌 수용체는 G 단백질 연결 수용체이다.

---

14 [정답] ④

해설 • t_1(휴지전위) : Na^+채널 닫힘, K^+ 채널 닫힘
• t_2(활동전위 상승기) : (Na^+ 채널 열림/세포내 Na^+ 유입), K^+ 채널 닫힘
• t_3(활동전위 하강기) : Na^+ 채널 닫힘, (K^+ 채널 열림/세포외 K^+ 유출)

① 10 cm의 거리를 5 ms의 시간 동안에 지나갔으므로 $\frac{10cm}{5ms}$ = 20 m/s가 된다.
② t_1은 휴지전위로 Na^+ 채널의 활성게이트가 닫혀 있다.
③ t_2는 활동전위 상승기로 Na^+ 채널이 열려 Na^+이 세포내로 유입된다. 그 결과 막전위가 탈분극 되게 된다.
④ t_3는 활동전위 하강기로 K^+ 채널이 열려 K^+의 유출이 일어난다. 이때 Na^+ 채널이 닫혀 Na^+의 유입이 멈추면서 막전위는 하강하게 된다.
⑤ 전도체의 전기적 저항은 축삭의 단면적에 반비례하므로, d가 작아지면 전도 속도는 느려진다.

---

15 [정답] ⑤

해설 이 문제는 생태적 천이(ecological succession)에 대해 이해하고 있는지 확인하기 위한 이해형문제이다. 생태적 천이는 1차 천이(primary succession)와 2차천이(secondary succession)로 나눌 수 있다. 1차 천이는 빙하, 홍수, 화산 폭발 등에 의해서 지표면 위에 사는 생물과 토양, 토양생물까지 모두 제거된 지역에서 군집이 새로 형성되는 과정을 의미하는데, 1차 천이가 진행되는 동안 군집은 생물이 없는 장소(나지)에서 지의류·선태류 → 초원 → 관목림 → 양수림 → 혼합림 → 음수림의 순으로 변화한다. 2차 천이는 산불이나 벌목 등과 같이 생물들은 제거되었지만 토양은 온전하게 남은 교란이 발생한 지역에서 군집이 다시 형성되는 과정을 의미하는

데, 2차 천이가 진행되는 동안 군집은 초원 → 관목림 → 양수림 → 혼합림 → 음수림의 순으로 변화한다. 2차 천이는 토양이 이미 형성되어 있는 곳에서 진행되는 것이므로, 토양이 전혀 형성되어 있지 못한 지역에서 진행되는 1차 천이에 비하여 그 속도가 빠르다.

문제에서 제시된 자료를 보면, 극상 활엽수림(A)이 개간과 옥수수 농사로 교란된 후에 초원(B)부터 시작해서 관목림과 침엽수림(C)을 거쳐 다시 극상 활엽수림이 형성되는 방식으로 군집의 변화가 일어난 것으로 보아 2차 천이가 일어났다는 것을 알 수 있다.

ㄱ. 극상 활엽수림인 A에서 우점하는 식물은 활엽수(내음성종(shade-adapted species))이고, 침엽수림인 C에서 우점하는 식물은 침엽수(비내음성종(shade-intolerant species))이다. 내음성종은 비내음성종에 비해서 광보상점이 더 낮기 때문에 그늘에 대한 내성이 더 강하다. 따라서 A에서 우점하는 식물은 C에서 우점하는 식물보다 그늘에 대한 내성이 강하다는 설명은 옳다.

ㄴ. B는 천이 초기 단계의 군집인 초원(B)이고, C는 천이 후기 단계의 군집인 침엽수림(C)이다. 천이 초기 단계의 군집인 초원은 주로 수명이 짧은(대부분 1년생) 초본으로 구성되어 있으므로 군집이 불안정하고 빠르게 변한다. 반면에 천이 후기 단계의 군집인 침엽수림은 주로 수명이 긴 교목으로 구성되어 있으므로 군집이 안정적이고 느리게 변한다. 따라서 B는 C에 비해 종 조성의 변화가 빠르다는 설명은 옳다.

ㄷ. 2차 천이는 산불이나 벌목 등과 같이 생물들은 제거되었지만 토양은 온전하게 남은 교란이 발생한 지역에서 군집이 다시 형성되는 과정을 의미한다. 따라서 C(침엽수림)에서 산불이 발생하면 2차 천이가 일어난다는 설명은 옳다.

3 파이널 모의고사 3회

01 [정답] ④

해설 분별원심분리에 의한 세포소기관의 분획 실험이다. 부력, 모양, 질량, 밀도, 용해도 등이 침강속도에 영향을 주며, 세포 파쇄 후 원심 분리하면, (나):핵, (다):미토콘드리아, 리소좀, 퍼옥시좀, 글리옥시좀 등, (라):소포체, 작은 소낭, (마):리보솜, 단백질 등의 순으로 침강된다.

①,② 미토콘드리아에 대한 설명이다.
③ 퍼옥시좀에 대한 설명이다.
④ 소포체에 대한 설명이다. 실험결과에서 (라)의 침전물에 인지질과 당지질이 특히 많은 것으로 보아 소포체는 (라)의 침전물이다.
⑤ 리소좀에 대한 설명이다.

02

해설 (가) 인지질 이중층
(나) 세포골격 미세섬유
(다) 막 단백질
(라) 콜레스테롤
(마) 단백질에 결합되어 있는 올리고당

① (가)는 지질 이중층이며, 탄소수가 적을수록, 이중결합(불포화)이 많을수록 유동성은 증가한다. 따라서 포화지방산이 많아지면 막의 유동성은 감소한다.
② 세포골격 미세섬유는 부착단백질로, 세포골격과 세포 기질에 부착되어 있으며 세포막의 지지 및 보호 작용을 한다.
③ (다)는 막 관통 단백질로 주로 세포의 신호 전달 단백질이거나 물질 수송 단백질이다. 아세틸콜린 수용체, G단백질 연결 수용체 등이 있다.
④ 콜레스테롤은 막지질의 일부로 세포막의 유동성을 조절하는 물질이다. 고온에서는 인지질의 유동성을 감소시키며, 저온에서는 인지질이 너무 굳지 않도록 오히려 유동성 감소를 막는 등 세포막의 안정화에 도움을 준다.
⑤ 당단백질은 단백질과 공유결합되어 있는 가지달린 올리고당과 단백질을 말한다. 외부신호 인식에 관여하여 면역반응의 중요한 요소로 작용하며, 세포막을 보호하는 역할도 한다.

03

해설 한 분자의 포도당이 해당작용을 거쳐 생산하는 에너지는 2개의 ATP와 2개의 NADH이다.

04

해설 사춘기 전의 여자아이 난소에는 제1난모세포이고 감수분열 I 전기상태이다.

05

해설 검정교배 결과 유전자가 독립 또는 완전연관이면 1:1:1:1 또는 1:1의 비율이 나오지만, 연관되어 있으면서 교차가 일어나면 n:1:1:n 또는 1:n:n:1의 비율이 나온다. 이를 토대로 교차율을 계산할 수 있다.
완두콩의 교배는 RrYy × rryy인데, 각 종자수가 약 1:1:1:1로 나타났다. 이것은 R과 Y가 독립되어 있다는 것을 의미한다. 하지만 초파리의 PpVv × ppvv 교배에서는 P_V_:P_vv:ppV_:ppvv=9:1:1:9의 비율로 나타났다. 따라서 P와 V 유전자는 연관되어 있음을 알 수 있다.

ㄱ. R과 Y 유전자는 서로 다른 염색체에 독립되어 있다.

ㄴ. P와 V유전자의 교차율은 (111＋103)/2000＝0.107이다.

ㄷ. 완두 꽃가루의 유전자형 R과 Y는 독립되어 있으므로 RY:Ry 비율은 1:10이다.

ㄹ. P와 V가 같은 염색체상에, p와 v가 같은 염색체상에 있으므로, 감수분열 시 형성된 Pv유전자형 배우자는 교차에 의해 생성된 재조합형이다.

06 [정답] ①

해설 머리핀 모양이 다이서에 의해 약 20bp 정도의 이중가닥 조각으로 절단된다. 이후 이중가닥 조각은 helicase에 의해 변성된 후, 한 가닥이 제거되고 남은 소형단일가닥 RNA가 miRNA이다. miRNA는 RISC(RNA—induced silencing complex)와 결합하여 표적 mRNA의 번역을 억제하거나 표적 mRNA를 빠르게 분해시킨다.

ㄱ. RNA 중합효소 II는 모든 단백질 암호화 유전자의 miRNA를 암호화하는 유전자를 전사한다. 따라서 pri—miRNA는 RNA 중합효소 II에 의해 전사된다.

ㄴ. (가)에서 miRNA가 표적 mRNA를 선택한다.

ㄷ. 성숙 miRNA는 표적 mRNA에 결합해 번역을 방해한다.

07 [정답] ③

해설 소장에서 포도당을 혈액으로 흡수하는 과정이다. 세 종류의 수송단백질이 보인다. ㉮포도당-Na$^+$동향수송체(symporter), ㉯포도당 단일수송체(uniporter), ㉰ Na$^+$/K$^+$ ATPase펌프이다.

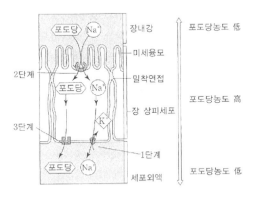

포도당 농도에 역행하여 장내강에서 세포로 포도당을 수송해야 하며, 농도구배에 따라 세포에서 세포외액으로 포도당을 수송해야 한다. 이러한 일들을 수행하기 위해 1단계로 장 상피세포에서 ㉰ Na$^+$/K$^+$ ATPase펌프를 통해 세포는 (-)막전위를 띠게 된다. Na$^+$농도 차와 막전위에 의해 2단계로 ㉮의 포도당-Na$^+$ 동향수송체에 의해 포도당을 흡수할 수 있다. 변형된 에너지를 이용하여 포도당을 운반하였으므로 2차 능동수송임을 알 수 있다. 마지막 3단계로 흡수된 포도당은 GLUT2로 촉매되는 촉진확산에 의해 혈액으로 운반된다.

ㄱ. (가)는 포도당-Na$^+$ 동향수송체로, 2차 능동수송에 의해 포도당을 운반한다.

ㄴ. 밀착연접은 두 세포를 고정하고막의 유동성을 제한하며 단백질 이동을 제한한다. (가)쪽과 (나)쪽에서 포도당 운반단백질(transporter)이 섞이는 것을 방지한다.

ㄷ. (나)의 포도당 운반 단백질에서는 농도구배에 의해 운반되는 촉진확산이 일어나며, 이는 수동수송으로 ATP 는 필요 없다.

ㄹ. Na$^+$/K$^+$ 농도차가 일정해야만 단계를 거쳐 당을 장에서 장 상피세포로 운반할 수 있다.

08   [정답] ④

해설 ㄱ. 혈소판이 감소하면 혈액 응고가 지연된다.

ㄴ. 칼슘이온이 감소되면 프로트롬빈에서 트롬빈이 되는 반응이 일어나지 못해서 혈액 응고가 억제된다.

ㄷ. 비타민 K의 결핍이 혈액 응고를 지연시킨다.

09   [정답] ③

해설 본 문항은 각각의 척추동물에서 순환계의 차이를 구분하고 그 특징을 묻는 이해형문제이다.

척추동물은 2개 또는 그 이상의 방을 가진 심장과 폐쇄순환계를 갖고 있다. 먼저 (가) 붕어와 같은 어류의 심장 은 2개의 방, 즉 1심방과 1심실로 된 심장을 가지며 이들은 혈액이 전체를 순환하는 동안 단 한번 심장을 지나가 는 단일순환(single circulation)을 가진다.

(나)의 개구리와 같은 양서류 심장은 3개의 방으로 된 심장, 즉 2개의 심방과 하나의 심실을 갖는다.

파충류 중 (다) 도마뱀의 심장은 3개의 방으로 구성되었지만, 불완전한 격벽(septum)이 심실을 좌우 둘로 나누 고 있어 불완전한 2심실 구조를 가진다.

(라)의 침팬지와 같은 모든 포유류의 심장은 심실이 완전히 나누어져 있어서 2개의 심방과 2개의 심실이 있다.

심장의 왼쪽은 언제나 고산소 혈액만을 받아 펌프하게 되고, 오른쪽은 항상 저산소 혈액만을 받아 내보낸다.

① (가)의 붕어는 1심방 1심실의 단일순환(single circulation)을 가지며 혈압은 동맥이 정맥보다 높다.

② (나)의 개구리는 2개의 심방과 하나의 심실을 가진다.

③ 자료해석의 내용과 같이 (다)의 도마뱀 심장은 심실의 좌우를 부분적으로 나누는 불완전한 격벽(septum)을 가진다.

④ (라)의 침팬지에서는 우심방이 아닌 좌심방이 폐에서 산소를 얻은 혈액을 받아들여 좌심실로 보낸다.

⑤ 혈류속도는 혈관의 총 단면적에 반비례 하는데 포유류에서 모세혈관의 총 단면적은 동맥의 총 단면적보다 더 크므로, (라)의 침팬지 모세혈관 내 혈류 속도는 동맥 내 혈류 속도보다 느리다.

10   [정답] ③

해설 ① 혈장의 IgA 구조는 (가)와 같은 단량체이다. 침, 눈물 등으로 분비될 때 이량체를 형성한다.

② (나)와 (다)처럼 다량체를 형성할 때는 J 사슬로 연결된다.
③ 알레르기반응에 관여하는 항체는 IgE로 (가)형이다.
④ 점막 부위로 분비되는 항체의 구조는 IgA 이량체로 (나)이다.
⑤ 항원에 1차 노출된 B 세포에서 가장 먼저 분비되는 항체는 IgM으로 (다)이다.

11

해설 지속적인 스트레스는 부신피질 호르몬을 증가시킨다. 부신피질 호르몬은 글루코코르티코이드와 무기질 코르티코이드로 구성되어 있다. 글루코코르티코이드는 혈당 증가, 면역억제의 기능을 가지고 있고, 무기질코르티코이드는 혈압 증가, 나트륨 이온 재흡수의 기능을 가진다.

12
[정답] ①

해설 이 문제는 뇌하수체와 뇌하수체에서 분비되는 호르몬의 생성과 분비조절에 대해 이해하고 있는지 확인하기 위한 이해형문제이다. 뇌하수체는 전엽과 후엽으로 구성되어 있는데, 전엽은 성장호르몬(GH)과 TSH, ACTH 등의 호르몬을 분비하는 내분비샘으로 이들의 분비는 시상하부에서 분비되는 호르몬에 의해서 조절된다. 이 때, 시상하부호르몬은 문맥계라는 특정 형태의 순환계를 통해 뇌하수체 전엽에 도달한다. 한편, 뇌하수체 후엽은 시상하부에서 만들어진 신경호르몬을 분비하는 뇌의 연장조직으로, 이곳에서는 옥시토신과 항이뇨호르몬(ADH)이 분비된다. 문제에서 주어진 그림을 살펴보면, 문맥계 혈관을 통해 시상하부의 뉴런들과 연결된 (가)는 뇌하수체 전엽이고 시상하부의 뉴런이 직접 뻗어져있는 (나)는 뇌하수체 후엽이다.

① 항이뇨호르몬(ADH)는 뇌하수체 후엽인 (나)에서 분비된다.
② 성장호르몬(GH)는 뇌하수체 전엽인 (가)에서 생성되고 분비된다.
③ (가)(뇌하수체 전엽)에서 분비되는 호르몬의 양은 시상하부에서 분비되는 호르몬에 의해 조절된다.
④ 옥시토신은 뇌하수체 후엽인 (나)에서 분비된다.
⑤ 뇌하수체 후엽인 (나)에서 분비되는 호르몬은 시상하부에서 생성되는 신경호르몬이다.

13
[정답] ①

해설 운동뉴런의 활동전위가 축삭 말단에 도착하면 Na^+ 채널이 열려 탈분극되고 전압 개폐성 Ca^{2+} 채널이 열린다. Ca^{2+}가 세포로 유입되면 아세틸콜린 소포가 시냅스전 세포막에 융합되어 아세틸콜린이 시냅스 틈으로 방출된다. 니코틴성 아세틸콜린 수용체는 뇌, 자율신경절, 골격근 섬유 등에서 발견된다.

① (가)는 Ca^{2+}이며, (나)는 Na^+와 K^+가 통과할 수 있는 니코틴성 아세틸콜린 수용체이다.

14

[정답] ①

해설 이 문제는 질소순환에 대해 이해하고 있는지 확인하기 위한 이해형문제이다. 대기의 78%가 질소기체(N_2)이지만 식물을 비롯한 대부분의 생물은 기체 상태의 질소를 이용할 수 없다. 식물은 암모늄이온(NH_4^+) 또는 질산이온(NO_3^-)과 같은 두 가지 무기질 형태의 질소를 사용할 수 있다.

문제에서 주어진 그림에서 살펴볼 수 있는 것처럼 질소의 생물 지구화학적 순환(질소순환)에는 식물과 세균이 참여한다. 동식물의 사체나 동물의 노폐물 등과 같은 유기질소는 분해자들의 암모니아화 과정(ammonification)을 통해 암모늄이온(NH_4^+)으로 전환한다. 토양 NH_4^+의 다른 근원은 질소고정세균(ⓒ)으로, 이 세균은 기체 상태의 질소(N_2)를 암모니아(NH_3)로 전환한다(질소고정(nitrogen fixation)). NH_4^+와 더불어 식물은 질산이온(NO_3^-) 형태로도 질소를 얻을 수 있는데, NH_4^+는 두 단계의 질산화 과정(nitrification)을 통해 NO_3^-로 전환된다. 이 과정에서 서로 다른 유형의 질산화세균(nitrifying bacteria)(ⓛ)들이 각각의 단계를 중계한다. 뿌리가 NO_3^-를 흡수하면 식물효소는 이것을 NH_4^+로 환원시키고, 또 다른 효소가 아미노산 등의 유기화합물에 이것을 결합시킨다(질소동화(nitrogen assimilation)). 일부 세균(탈질화세균(denitrifying bacteria)(ㄱ))들은 질산염(NO_3^-)을 질소기체(N_2)로 환원시키는 탈질화 과정(denitrification)을 수행한다. 질소순환 과정을 간단히 나타내면 아래와 같다.

① ㉠(탈질화세균(denitrification bacteria))에 의해 수행되는 과정은 탈질화 과정(denitrification)인데, 탈질화세균은 혐기성 종속영양생물이므로 탈질화 반응은 혐기성 환경에서 일어난다. 따라서 주어진 설명은 옳지 않다.
② 질산화세균인 ㉡은 암모늄이온(NH_4^+)을 질산이온(NO_3^-)으로 전환(산화)시킨다. 따라서 ㉡은 암모늄이온을 산화시킨다는 설명은 옳다.
③ ㉢은 질소고정세균으로 콩과식물의 뿌리에 공생하는 Rhizobium 속 세균(뿌리혹박테리아)이다. 콩과식물은 뿌리혹박테리아로부터 고정된 질소를 얻고 뿌리혹박테리아는 식물로부터 에너지원을 획득하므로, 콩과식물과 뿌리혹박테리아는 상리공생 관계이다. 따라서 주어진 설명은 옳다.
④ 분해자에는 호기성 또는 혐기성 박테리아 및 곰팡이 등이 포함된다. 곰팡이는 진핵생물이므로, 분해자는 진핵생물을 포함한다는 설명은 옳다.
⑤ 질소고정 효소를 갖는 질소고정세균에는 뿌리혹박테리아, 남세균, 아조토박터, 방선균 등이 있다. 이들 중 어떤 것(남세균)은 수생 생태계에서 질소를 고정하고, 다른 어떤 것(아조토박터(Azotobacter), 뿌리혹박테리아)은 토양에서 질소를 고정한다. 따라서 아조토박터(Azotobacter)는 토양에서 질소를 고정한다는 설명은 옳다.

15

[정답] ①

해설 A= 사막, B= 툰드라, C= 북방침엽수림(타이가), D= 온대활엽수림(낙엽수림), E= 열대우림
ㄱ. 사막은 위도 30도 부근에 나타난다.
ㄴ. 툰드라가 사막보다 더 습하다.
ㄷ. 타이가는 열대우림보다 온도가 낮아서 지표에 퇴적되어 있는 잎이 잘 썩지 않아 열대우림의 낙엽층보다 더 두껍다.

4 파이널 모의고사 4회

01

해설 A는 T와 수소결합하고, G와 C는 수소결합한다. 따라서 A와 T의 갯수가 같고, G와 C의 갯수가 같다는 게 샤가프의 법칙이라 A+G(퓨린)=T+C(피리미딘)이라고 해야 한다.

02

해설 내포작용으로 들어온 물질이나 손상된 세포소기관이 ㈎리소좀과 융합한 뒤 리소좀의 분해효소에 의해 분해되는 과정을 나타낸 것이다.

ㄱ. 리소좀은 골지체나 소포체로부터 생성된 소낭으로 가수분해 효소를 가지고 있다. 단일막인 골지체나 소포체로부터 생성되었으므로 역시 단일막 구조를 가지며 지질 이중층으로 이루어져 있다.

ㄴ. 리소좀의 가수분해효소가 결핍되면 세포에 불필요한 물질이 과량으로 쌓여 저장병을 일으킨다. 저장병에는 폼페병, 테이삭스병 등이 있다. 테이삭스병은 중추신경계에 영향을 주어 정신장애, 시력감퇴 등을 유발한다. 폼페병은 글루코시다아제의 결핍으로 과잉 축적된 글리코겐이 리소좀을 파괴하여 발생하며, 간세포 등이 파괴된다.

ㄷ. 리소좀의 내부는 ATP를 사용한 양성자펌프에 의해 산성을 유지하며, 산성에서 활성을 보이는 가수분해 효소에 의해 분해작용이 일어난다.

03

해설 그림 ㈎는 반응물인 A의 농도가 점점 줄어들다 A농도의 상대값이 1이 될 때 평형상태에 도달한 것을 보여준다. 그림 ㈏는 A와 B의 자유에너지 차이를 보여주고 있는데, A에서 B로 변하는 방향이 자발적 반응이며, 반응이 일어나기 위해 필요한 활성화에너지를 보여 주고 있다.

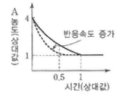
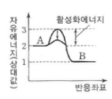

효소는 활성화에너지를 낮춰 반응이 쉽게 일어나도록 해 주는 일종의 생체 촉매이다. 촉매는 활성화에너지를 변화시키므로 반응속도에 영향을 미치나, 반응의 평형상태나 반응물과 생성물의 자유에너지에는 영향을 미치지 못한다.

효소를 첨가하면 반응속도를 증가시키므로 평형상태 즉, 이 문제에서는 A 농도가 1이 될 때까지 반응이 빠르게 진행된다. 따라서 ⑤의 그래프처럼 A농도가 1이 될 때까지의 반응시간이 짧아진다.

한편, A와 B의 자유에너지는 ㈏와 같다. 효소는 정반응뿐 아니라 역반응에서도 활성화에너지를 낮춰준다. 다만 A가 B에 비해 자유에너지가 크므로 정방향의 반응이 우세할 뿐이다.

04
[정답] ⑤

해설 ㄱ. CAM 형 식물은 밤에 말산으로 탄소고정을 해서 액포에 저장시켜 놓는다. 따라서 액포의 pH는 밤에 더 낮다.

ㄴ. C3 형의 일부 식물 종은 극한 상황에서는 CAM 형의 광합성을 수행하기도 한다.

ㄷ. C3 형의 식물이 광합성에 가장 많은 물을 소모한다.

05
[정답] ③

해설 세정관은 정자가 형성되는 장소로, 생식상피에서 안쪽으로 들어가면서 감수분열과 분화과정을 진행하여 정자를 형성한다. 그림에서 A는 정원세포, B는 정세포, C는 정자, D는 세르톨리 세포이다.

ㄱ. 기저막에 붙어있는 A(정원세포) 중에는 줄기세포가 있어 유사분열을 하여 많은 정원세포를 만든다.

ㄴ. 정소에서 만들어진 정자는 운동성과 수정 능력을 갖고 있지 못한 상태이며, 부정소를 지나면서 운동성과 수정 능력을 갖게 된다.

ㄷ. 세르톨리 세포는 테스토스테론과 여포자극호르몬에 의한 정자 생성을 조절하는 장소이다. 따라서 이들 호르몬의 작용을 받기 위해 수용체를 발현한다.

06
[정답] ③

해설 PCR의 원리에 대한 단순한 문항이다. PCR은 주형이 되는 double strand DNA의 표적 부분 양끝의 특정 염기 배열 정보로부터 상류와 하류의 DNA 프라이머를 합성하고, 내열성 DNA 폴리머라아제(Taq polymerase)와 thermocycler를 이용해 유전자의 특정 영역을 증폭한다. 이론적으로는 반응 사이클의 2n으로 증폭이 가능하다.

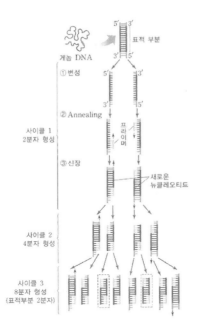

① ☆표시한 DNA 가닥의 왼쪽 아래에 프라이머가 있으므로 DNA가닥의 왼쪽은 3'말단이다.

② ㈎~㈐ 단계 중 반응 온도가 가장 높은 곳은 DNA를 변성시켜 단일가닥으로 만드는 단계인 ㈎이다.

③ ㈎~㈐ 단계 중 Tm의 고려가 가장 필요한 곳은 프라이머를 상보적인 주형에 특이적으로 결합시키는 ㈏이다.

④ ㈑단계에서 전기영동한 DNA를 확인하기 위한 방법으로 브롬화 에티듐(ethidium bromide)염색을 많이 사용한다.

⑤ 원하는 DNA 단편을 100배 이상으로 증폭하기 위해서는 ㈎에서 ㈐까지의 과정을 반복하여야 한다. 한번 반복할 때마다 2^n으로 증가하므로 $2^n > 100$인 자연수 n은 7이다. ($2^7 = 128$)

해설 히스톤 단백질의 N—말단은 염색사의 30nm 섬유구조를 형성하는데 필요하다. 히스톤 단백질은 양전하를 가진 리신과 아르기닌이 많아 DNA의 음전화를 안정화시킨다. 히스톤 단백질이 변성되어 리신이 아세틸화되면 응축된 부분이 느슨해져 DNA의 전사가 일어나기 쉽게 구조의 변화가 일어난다. 이러한 특징을 알고 있는지를 묻는 문항이다.

ㄱ. 응축된 염색질은 리신이 탈아세틸화되어 있다.

ㄴ. 아세틸화된 히스톤 H_3는 히스톤 단백질 구조를 변형시켜 유전자 활성화에 기여한다.

ㄷ. 이 부위에 있는 리신과 DNA 가닥의 결합은 공유결합이 아니라 서로 다른 전하 간의 이온 결합이다.

ㄹ. 리신이 탈아세틸화되면 히스톤 H_3의 양전하와 DNA가닥의 음전하 간의 상호작용으로 결합력이 강화된다.

[정답] ⑤

> **해설** 아드레날린 신호전달체계이다. 아드레날린이 세포막 수용체에 결합하여 G단백질을 활성화시키면, G
α—GTP는 아데닐시클라아제를 활성화시켜 cAMP를 형성한다. 세포내 2차 신호전달자인 cAMP는 불활성화 효
소를 활성화시키는 연쇄 반응을 통해 신호를 증폭시킨다. 그 결과 글리코겐이 포도당으로 전환된다.

ㄱ. 아드레날린이 세포막 수용체와 결합하면 ATP는 cAMP로 전환되어 세포내 신호를 전달한다. 이러한 cAMP
를 2차 신호전달자라고 한다.
ㄴ. cAMP로부터 각종 인산화효소를 거치는 연쇄반응에 의해 신호는 증폭된다. 연쇄반응은 단순한 시스템보다
협력 및 조절의 기회를 더 많이 제공할 수 있다.
ㄷ. 교감신경의 흥분으로 부신수질에서 분비되는 아드레날린은 간세포에 작용하여 혈당량을 증가시킨다.

09

[정답] ④

> **해설** 모세혈관과 조직액 사이의 물질교환에 관련된 그래프이다.
㈎ 소동맥 말단, 모세혈관, 소정맥 말단에서의 혈압—조직액압(편의상 혈압)과 혈장과 조직액의 삼투압 차(편의
상 삼투압)를 그린 그래프이다.
• 여과: 동맥 쪽에서는 혈압이 삼투압보다 크므로 그 차이만큼 혈관에서 조직액 쪽으로 혈관의 소공을 통해
혈액 성분이 빠져나간다.
• 흡수: 정맥 쪽에서는 삼투압이 더 크므로 검은색 부분만큼 조직액에서 모세혈관으로 물질이 이동한다.
㈏ • A: 조직액압이 높을수록 림프 흐름이 증가한다. 즉 조직액에서 림프관으로의 이동량이 증가한다.
• B: 일정 크기 이상의 조직액압에서는 림프의 흐름이 일정하다. 림프관으로 흘러들어갈 수 있는 조직액에는
한계가 있으므로 더 이상 림프의 흐름이 증가하지 않는다.

④ ㈏의 A 영역에서 조직액압의 증가는 림프의 흐름을 증가시킨다. 조직액압의 증가를 일으키는 요인을 고려하
면, 먼저 혈압이 증가하면 여과되는 혈액량이 증가하여 조직액압의 증가로 이어진다. 혈장 단백질 농도의 감소
는 혈장삼투압을 감소시키므로 조직액압을 증가시키는 요인이 될 것이며, 그 결과 림프 흐름은 증가할 것이다.

10

[정답] ②

> **해설** 아나필락시스를 유발하는 제1형 과민반응에 대한 설명이다. 제1형 과민반응은 즉시형 과민반응이라고
도 하며, 항원이 비만세포를 자극하여 히스타민이 분비된다. 히스타민은 모세혈관의 투과성을 증가시켜 피부가
붓지만 적혈구가 빠져나오는 것은 아니다. 또한 히스타민은 기관지 평활근을 수축시켜 호흡 곤란을 유발하
지만 에피네프린을 주사하면 기관지를 확장시켜 상태를 호전시킬 수 있다.

11

해설 B세포의 분화와 증식을 나타낸 모식도이다.

(가)~(다)는 골수에서 성숙 B세포를 형성하는 과정으로, 유전자 재배열을 통해 다양한 항체를 가진 성숙 B세포가 만들어지나 선택과정을 통해 면역반응에 적합한 일부만 살아남는다.

(라)에서는 성숙 미경험 B세포 중 특이 항원과 결합할 수 있는 B세포가 반응한다. 이때 항원에 대한 수용체는 IgM이나 IgD이다.

(마)~(사)는 항원과의 접촉 후 B세포가 증식하며 분화되는 과정으로, 항체를 형성하는 형질세포와 기억세포로 분화된다.

ㄱ. B세포는 골수에서 생성·성숙하여 혈액을 통해 이동한 후 림프절에 머물며 항원과 접촉한다. (가)→(다)단계는 전구 B세포(Pro B cell) → 전 B세포(Pre B cell) → 미성숙 B세포(Immature B cell)로, 이 단계에서는 유전자 재배열을 통해 매우 다양한 항원과 결합할 수 있는 능력이 형성되지만, 면역에 적합한 B세포만 성숙하여 혈액으로 이동한다.

ㄴ. (라)에서 성숙 미경험 B세포는 표면에 IgM과 IgD를 가지고 있다.

ㄷ. (마)→(사)는 외부항원을 만나는 곳이기에 말초면역기관이다.

12

[정답] ③

해설 혈액 내 칼슘 농도 조절 호르몬은 칼시토닌과 PTH이다. 칼시토닌은 혈중 칼슘 농도가 높을 때 분비되어 낮추는 작용을 하고, PTH는 혈중 칼슘 농도가 낮을 때 분비되어 높이는 작용을 한다.

13

[정답] ④

해설 신경세포는 자극에 의해 나트륨 이온이 유입되면서 탈분극이 일어나고 활동전위를 생성한다. 이후 칼륨 이온이 서서히 유출되면서 막전위가 다시 회복되는 재분극이 일어난다.

14

[정답] ④

해설 운동단위(motor unit)

하나의 운동신경세포와 그 운동신경세포가 조절하는 근섬유들로 구성

• 근섬유는 수축 속도에 따라 속근섬유와 지근섬유로 나눌 수 있다.

	속근(백근)	지근(적근)
수축 시간	빠르다	느리다
피로	빠르다	느리다
근섬유의 직경	크다	작다
신경전달 속도	빠르다	느리다
미오글로빈 함량	작다	많다
미토콘드리아 밀도	낮다	높다
수축력	크다	작다

(나) 그래프
- 운동단위 Ⅰ은 수축 속도가 빠르고, 근수축 세기도 크므로 속근이다.
- 운동단위 Ⅱ는 수축 속도도 느리고, 근수축 세기도 작으므로 지근이다.

ㄱ. 단일 자극을 주었을 때 운동단위 Ⅰ의 근수축 세기가 빠르게 높아지고, 근수축 속도가 빠르다.
ㄴ. 운동단위 Ⅰ은 주로 속근으로 이루어져 있고 운동단위 Ⅱ는 주로 지근으로 이루어져 있다. 근섬유의 피로는 속근에서 빨리 나타나므로 운동단위 Ⅰ에서 빨리 나타난다.
ㄷ. 근섬유의 직경은 속근이 더 크므로 운동단위 Ⅰ이 크다고 할 수 있다.

15

해설 ㄱ. 극상 상태는 이미 크게 자라있는 나무의 그늘 때문에 숲 바닥에는 햇빛이 적게 필요한 음수의 어린 개체 수가 더 많다.
ㄴ. r-선택종은 곤충 등과 같이 척박한 환경에 더 잘 적응하고, K-선택종은 사람, 포유류와 같이 안정된 환경에 더 잘 적응하는 종이다. 따라서 B와 같은 천이 초기단계에는 K-선택종보다 r-선택종의 우점도가 더 높다.
ㄷ. C와 같이 용암대지인 경우 1차 천이부터 시작된다. 산불이 난 경우에는 2차 천이부터 시작된다.

Critical 포인트 객관식 생 물

초 판 발 행   2021년 4월 28일
전면개정2판발행 2022년 3월 15일
전면개정3판발행 2024년 3월 11일

저   자 박 윤
발   행   인 정 상 훈
발   행   처 고시계사

          서울특별시 관악구 봉천로 472
          코업레지던스 B1층 102호 고시계사

          대 표 817-2400   팩 스 817-8998
          考試界 · 고시계사 · 미디어북 817-0419
          www.gosi-law.com
          E-mail: goshigye@chollian.net

정가 26,000원   ISBN 978-89-5822-641-3   13470

법치주의의 길잡이 70년 月刊 考試界